理工系の　演習線形代数学

硲　野　敏　博

山　田　　　浩

山　辺　元　雄

共　　著

学術図書出版社

まえがき

線形代数学は，微分積分学とならんで，大学初年度における数学の2本の大きな柱である．それは，線形代数学の理論が自然科学や工学はもちろんのこと，情報科学や人文社会科学などの分野で広く応用されているからである．線形代数の内容は相当多岐にわたるにもかかわらず，大学での講義時間は限られていて，その中で問題演習に十分な時間をあてることができないのがおおかたの実状である．さらに，線形代数に限らず数学の理解には，理論を支える具体的イメージが必要であり，適切な具体例を数多く学習することが大切である．そのため本書は，大学の講義の補助的な参考書あるいは学生の自習書として活用できるようにと配慮して書かれた線形代数の演習書である．

本書は基本的事項・例題・練習問題・解答の4項目から構成されている．各節のはじめに基本的事項を掲げ，続いてその基本的事項を理解するための典型的な例題・素直に解ける例題を選んで配列した．練習問題は基本的で具体的な問題を数多く取り入れた．比較的容易に解ける［A］とやや進んだ問題［B］に分かれている．線形代数をはじめて学ぶ学習者は自身の力で［A］を解かれることが望ましく，学習の理解に応じて［B］に進めばよいと考えられる．

本書の出版にあたって，いくつかの線形代数の教科書や演習書を参考にさせていただきました．ここに深く感謝いたします．また，お世話になりました学術図書出版社の発田孝夫氏をはじめ編集部の皆さまにお礼申し上げます．

2001年2月

著　者

目　次

5. 線形空間と線形写像

6. 内積空間

7. 行列の標準化

1 行　列

1.1 行列とその演算

◆行　列◆　いくつかの数を長方形に並べてカッコで囲んだものを**行列**といい，並んでいる数を**成分**という．行列の横の並びを**行**といい，たての並びを**列**という．

m 個の行と n 個の列からなる行列

$$A = \begin{pmatrix} a_{11} & a_{12} & \cdots & a_{1j} & \cdots & a_{1n} \\ a_{21} & a_{22} & \cdots & a_{2j} & \cdots & a_{2n} \\ & & \cdots\cdots & & & \\ a_{i1} & a_{i2} & \cdots & a_{ij} & \cdots & a_{in} \\ & & \cdots\cdots & & & \\ a_{m1} & a_{m2} & \cdots & a_{mj} & \cdots & a_{mn} \end{pmatrix} \begin{matrix} \leftarrow \text{第 } 1 \text{ 行} \\ \leftarrow \text{第 } 2 \text{ 行} \\ \\ \leftarrow \text{第 } i \text{ 行} \\ \\ \leftarrow \text{第 } m \text{ 行} \end{matrix}$$

$$\begin{matrix} \uparrow & \uparrow & \uparrow & \uparrow \\ \text{第 } 1 \text{ 列} & \text{第 } 2 \text{ 列} & \text{第 } j \text{ 列} & \text{第 } n \text{ 列} \end{matrix}$$

を **m 行 n 列の行列，$m \times n$ 行列，(m, n) 行列**などという．第 i 行と第 j 列の交差する数 a_{ij} を **(i, j) 成分**という．行列 A を簡単に $A = (a_{ij})$ で表す．

1行だけからなる $1 \times n$ 行列を n 項**行ベクトル**，1列だけからなる $m \times 1$ 行列を m 項**列ベクトル**といい，$n \times n$ 行列は n 次**正方行列**という．なお，1×1 行列は通常の数と同一視する．

行列の成分は実数あるいは複素数であるが，すべての成分が実数であるときを**実行列**といい，複素数の成分をもつとき**複素行列**という．

◆ **行列の相等** ◆　行列 A, B がともに $m \times n$ 行列のとき，同じ型の行列であるという．A, B が同じ型の行列であって，その対応する成分がすべて等しいとき，行列 A と B は等しいといって，$A = B$ で表す．等しくないときは $A \neq B$ で表す．

◆ **行列の和とスカラー倍** ◆　同じ型の2つの行列 $A = (a_{ij})$，$B = (b_{ij})$ に対して

和　　　　：$A+B = (a_{ij}+b_{ij})$

スカラー倍：$cA = (ca_{ij})$　（c は実数または複素数）

で定義する．また，$(-1)A = -A$ と書けば，差は $A-B = A+(-B)$．
すべての成分が0である行列を**零行列**といって O で表す．

同じ型の行列に対して通常の演算法則が成り立つ：

定理 1.1

（1）$A+B = B+A$

（2）$(A+B)+C = A+(B+C)$

（3）$A+O = O+A = A$

（4）$A+(-A) = (-A)+A = O$

（5）$c(A+B) = cA+cB$

（6）$(c+d)A = cA+dA$

（7）$c(dA) = (cd)A$

（8）$1A = A$

◆ **行列の積** ◆　$A = (a_{ij})$ を $l \times m$ 行列，$B = (b_{ij})$ を $m \times n$ 行列とするとき，積 AB を

$$AB = \begin{pmatrix} a_{11} & a_{12} & \cdots & a_{1m} \\ & \cdots\cdots & & \\ a_{i1} & a_{i2} & \cdots & a_{im} \\ & \cdots\cdots & & \\ a_{l1} & a_{l2} & \cdots & a_{lm} \end{pmatrix} \begin{pmatrix} b_{11} & \cdots & b_{1j} & \cdots & b_{1n} \\ b_{21} & \cdots & b_{2j} & \cdots & b_{2n} \\ & & \cdots\cdots & & \\ b_{m1} & \cdots & b_{mj} & \cdots & b_{mn} \end{pmatrix}$$

$$= \begin{pmatrix} c_{11} & \cdots & c_{1j} & \cdots & c_{1n} \\ & & \cdots\cdots & & \\ c_{i1} & \cdots & c_{ij} & \cdots & c_{in} \\ & & \cdots\cdots & & \\ c_{l1} & \cdots & c_{lj} & \cdots & c_{ln} \end{pmatrix}, \quad c_{ij} = a_{i1}b_{1j} + a_{i2}b_{2j} + \cdots + a_{im}b_{mj}$$

で定義する．積 AB は $l \times n$ 行列になる．

$A = \begin{pmatrix} 1 & 2 \\ 3 & 4 \end{pmatrix}$，$B = \begin{pmatrix} 3 & 5 & -1 \\ 4 & 6 & 0 \end{pmatrix}$ のとき，

$$AB = \begin{pmatrix} 1\times3+2\times4 & 1\times5+2\times6 & 1\times(-1)+2\times0 \\ 3\times3+4\times4 & 3\times5+4\times6 & 3\times(-1)+4\times0 \end{pmatrix} = \begin{pmatrix} 11 & 17 & -1 \\ 25 & 39 & -3 \end{pmatrix}$$

和と積が定義されている行列に対して

定理 1.2

（1）$(AB)C = A(BC)$

（2）$A(B+C) = AB+AC$，$(A+B)C = AC+BC$

（3）$(cA)B = A(cB) = c(AB)$

一般には $AB \neq BA$ であるが，$AB = BA$ が成り立つときは A と B は**可換**であるという．正方行列 A に対して，A の r 個の積 $A\cdots A = A^r$ を A の r 乗という．

◆ **転置行列** ◆　行列 A の行と列を入れかえた行列を ${}^tA$ で表し，A の**転置行列**という．複素行列 A のすべての成分 a_{ij} を共役複素数 $\overline{a_{ij}}$ に変えた行列

を A の**共役行列**といい，$\bar{A}$ で表す．また，$\bar{A}$ の転置行列 ${}^t(\bar{A})$ を A^* で表す：

$$A^* = {}^t(\bar{A}) = \overline{{}^tA}$$

この A^* を A の**随伴行列**という．

$$A = \begin{pmatrix} -i & 2-i \\ 3i & 5 \\ 1 & -1+i \end{pmatrix} \text{のとき，} \quad \bar{A} = \begin{pmatrix} i & 2+i \\ -3i & 5 \\ 1 & -1-i \end{pmatrix},$$

$$A^* = \begin{pmatrix} i & -3i & 1 \\ 2+i & 5 & -1-i \end{pmatrix}$$

和と積が定義されている行列に対して

定理 1.3

（1） ${}^t(A+B) = {}^tA + {}^tB$, $(A+B)^* = A^* + B^*$

（2） ${}^t(cA) = c\,{}^tA$, $(cA)^* = \bar{c}A^*$

（3） ${}^t(AB) = {}^tB\,{}^tA$, $(AB)^* = B^*A^*$

（4） ${}^t({}^tA) = A$, $(A^*)^* = A$

◆ **行列の分割** ◆　　行列をいくつかの横線とたて線で区切ることを行列の分割という．区切られた各区画を行列とみて，**小行列**という．

例題 1.1 （1） 次の行列 A の型は何か．また，A の $(3,2)$ 成分と $(2,4)$ 成分は何か．

$$A=\begin{pmatrix} 4 & 2 & -1 & 7 \\ -2 & 6 & 0 & 5 \\ 1 & 3 & 2 & -4 \end{pmatrix}$$

（2） (i,j) 成分が $3i-(-1)^{i+j}j$ である 3×4 行列 B を求めよ．

さらに，（1）の行列 A と B の和 $A+B$ を計算せよ．

解 （1） 3 個の行と 4 個の列からなっているから，A は 3×4 行列である．$(3,2)$ 成分は，第 3 行と第 2 列の交差するところだから，3 である．同様に $(2,4)$ 成分は 5 である．

（2） B の (i,j) 成分 $b_{ij}=3i-(-1)^{i+j}j$ を計算する：

$$B=\begin{pmatrix} 3\cdot1-(-1)^2 1 & 3\cdot1-(-1)^3 2 & 3\cdot1-(-1)^4 3 & 3\cdot1-(-1)^5 4 \\ 3\cdot2-(-1)^3 1 & 3\cdot2-(-1)^4 2 & 3\cdot2-(-1)^5 3 & 3\cdot2-(-1)^6 4 \\ 3\cdot3-(-1)^4 1 & 3\cdot3-(-1)^5 2 & 3\cdot3-(-1)^6 3 & 3\cdot3-(-1)^7 4 \end{pmatrix}$$

$$=\begin{pmatrix} 2 & 5 & 0 & 7 \\ 7 & 4 & 9 & 2 \\ 8 & 11 & 6 & 13 \end{pmatrix}.$$

これから

$$A+B=\begin{pmatrix} 4 & 2 & -1 & 7 \\ -2 & 6 & 0 & 5 \\ 1 & 3 & 2 & -4 \end{pmatrix}+\begin{pmatrix} 2 & 5 & 0 & 7 \\ 7 & 4 & 9 & 2 \\ 8 & 11 & 6 & 13 \end{pmatrix}$$

$$=\begin{pmatrix} 4+2 & 2+5 & -1+0 & 7+7 \\ -2+7 & 6+4 & 0+9 & 5+2 \\ 1+8 & 3+11 & 2+6 & -4+13 \end{pmatrix}=\begin{pmatrix} 6 & 7 & -1 & 14 \\ 5 & 10 & 9 & 7 \\ 9 & 14 & 8 & 9 \end{pmatrix}.$$

類題 (i,j) 成分が次で与えられる 3 次正方行列を求めよ．

（1） $2i+3j$ （2） $(-i)^{j-1}$ （3） $ij-j^2$

類題の解

（1） $\begin{pmatrix} 5 & 8 & 11 \\ 7 & 10 & 13 \\ 9 & 12 & 15 \end{pmatrix}$ （2） $\begin{pmatrix} 1 & -1 & 1 \\ 1 & -2 & 4 \\ 1 & -3 & 9 \end{pmatrix}$ （3） $\begin{pmatrix} 0 & -2 & -6 \\ 1 & 0 & -3 \\ 2 & 2 & 0 \end{pmatrix}$

例題 1.2 $A=\begin{pmatrix} 2 & 3 \\ -7 & 0 \\ 1 & 5 \end{pmatrix}$, $B=\begin{pmatrix} 0 & 1 \\ 3 & -2 \\ 2 & -1 \end{pmatrix}$, $C=\begin{pmatrix} 3 & -1 & 4 \\ -6 & 2 & 1 \end{pmatrix}$

のとき

（1） AC および CA を計算せよ．

（2） $3(A+B)C-2AC$ を計算せよ．

解 （1）
$$AC=\begin{pmatrix} 2 & 3 \\ -7 & 0 \\ 1 & 5 \end{pmatrix}\begin{pmatrix} 3 & -1 & 4 \\ -6 & 2 & 1 \end{pmatrix}$$
$$=\begin{pmatrix} 2\cdot3+3\cdot(-6) & 2\cdot(-1)+3\cdot2 & 2\cdot4+3\cdot1 \\ (-7)\cdot3+0\cdot(-6) & (-7)\cdot(-1)+0\cdot2 & (-7)\cdot4+0\cdot1 \\ 1\cdot3+5\cdot(-6) & 1\cdot(-1)+5\cdot2 & 1\cdot4+5\cdot1 \end{pmatrix}$$
$$=\begin{pmatrix} -12 & 4 & 11 \\ -21 & 7 & -28 \\ -27 & 9 & 9 \end{pmatrix},$$
$$CA=\begin{pmatrix} 3 & -1 & 4 \\ -6 & 2 & 1 \end{pmatrix}\begin{pmatrix} 2 & 3 \\ -7 & 0 \\ 1 & 5 \end{pmatrix}$$
$$=\begin{pmatrix} 3\cdot2+(-1)\cdot(-7)+4\cdot1 & 3\cdot3+(-1)\cdot0+4\cdot5 \\ (-6)\cdot2+2\cdot(-7)+1\cdot1 & (-6)\cdot3+2\cdot0+1\cdot5 \end{pmatrix}$$
$$=\begin{pmatrix} 17 & 29 \\ -25 & -13 \end{pmatrix}.$$

（2）
$$3(A+B)C-2AC=3AC+3BC-2AC=AC+3BC$$
$$=(A+3B)C,$$
$$A+3B=\begin{pmatrix} 2 & 3 \\ -7 & 0 \\ 1 & 5 \end{pmatrix}+3\begin{pmatrix} 0 & 1 \\ 3 & -2 \\ 2 & -1 \end{pmatrix}=\begin{pmatrix} 2 & 3 \\ -7 & 0 \\ 1 & 5 \end{pmatrix}+\begin{pmatrix} 0 & 3 \\ 9 & -6 \\ 6 & -3 \end{pmatrix}=\begin{pmatrix} 2 & 6 \\ 2 & -6 \\ 7 & 2 \end{pmatrix}.$$

よって

$$(A+3B)C=\begin{pmatrix} 2 & 6 \\ 2 & -6 \\ 7 & 2 \end{pmatrix}\begin{pmatrix} 3 & -1 & 4 \\ -6 & 2 & 1 \end{pmatrix}$$
$$=\begin{pmatrix} -30 & 10 & 14 \\ 42 & -14 & 2 \\ 9 & -3 & 30 \end{pmatrix}.$$

例題 1.3 $A = \begin{pmatrix} 2 & 1 & 3 \\ 0 & -5 & 4 \\ 1 & 2 & -1 \end{pmatrix}$, $B = \begin{pmatrix} 1 & 0 & 7 \\ 4 & 1 & -3 \\ -2 & 5 & 6 \end{pmatrix}$ のとき

$$(A+B)(A-B) \quad \text{および} \quad A^2-B^2$$

を計算せよ.

解

$$A+B = \begin{pmatrix} 2 & 1 & 3 \\ 0 & -5 & 4 \\ 1 & 2 & -1 \end{pmatrix} + \begin{pmatrix} 1 & 0 & 7 \\ 4 & 1 & -3 \\ -2 & 5 & 6 \end{pmatrix} = \begin{pmatrix} 3 & 1 & 10 \\ 4 & -4 & 1 \\ -1 & 7 & 5 \end{pmatrix},$$

$$A-B = \begin{pmatrix} 2 & 1 & 3 \\ 0 & -5 & 4 \\ 1 & 2 & -1 \end{pmatrix} - \begin{pmatrix} 1 & 0 & 7 \\ 4 & 1 & -3 \\ -2 & 5 & 6 \end{pmatrix} = \begin{pmatrix} 1 & 1 & -4 \\ -4 & -6 & 7 \\ 3 & -3 & -7 \end{pmatrix},$$

$$A^2 = \begin{pmatrix} 2 & 1 & 3 \\ 0 & -5 & 4 \\ 1 & 2 & -1 \end{pmatrix}\begin{pmatrix} 2 & 1 & 3 \\ 0 & -5 & 4 \\ 1 & 2 & -1 \end{pmatrix} = \begin{pmatrix} 7 & 3 & 7 \\ 4 & 33 & -24 \\ 1 & -11 & 12 \end{pmatrix},$$

$$B^2 = \begin{pmatrix} 1 & 0 & 7 \\ 4 & 1 & -3 \\ -2 & 5 & 6 \end{pmatrix}\begin{pmatrix} 1 & 0 & 7 \\ 4 & 1 & -3 \\ -2 & 5 & 6 \end{pmatrix} = \begin{pmatrix} -13 & 35 & 49 \\ 14 & -14 & 7 \\ 6 & 35 & 7 \end{pmatrix}$$

であるから

$$(A+B)(A-B) = \begin{pmatrix} 3 & 1 & 10 \\ 4 & -4 & 1 \\ -1 & 7 & 5 \end{pmatrix}\begin{pmatrix} 1 & 1 & -4 \\ -4 & -6 & 7 \\ 3 & -3 & -7 \end{pmatrix} = \begin{pmatrix} 29 & -33 & -75 \\ 23 & 25 & -51 \\ -14 & -58 & 18 \end{pmatrix},$$

$$A^2-B^2 = \begin{pmatrix} 7 & 3 & 7 \\ 4 & 33 & -24 \\ 1 & -11 & 12 \end{pmatrix} - \begin{pmatrix} 13 & 35 & 49 \\ 14 & -14 & 7 \\ 6 & 35 & 7 \end{pmatrix} = \begin{pmatrix} 20 & 32 & 42 \\ -10 & 47 & -31 \\ -5 & -46 & 5 \end{pmatrix}.$$

注意 この例題からもわかるように，行列に対しては数の場合と違って，必ずしも

$$(A+B)(A-B) = A^2-B^2, \quad (A+B)^2 = A^2+2AB+B^2$$

などは成り立たない．ただし，$AB = BA$（可換）であればこれらは成立する．

例題 1.4 （1） $A=\begin{pmatrix} 1 & 2 \\ -3 & 0 \\ 5 & 1 \end{pmatrix}$, $B=\begin{pmatrix} 4 & 2 & 1 \\ -1 & 3 & 6 \end{pmatrix}$ のとき，${}^t(AB)$, ${}^tA\,{}^tB$ を求めよ．

（2） $A=\begin{pmatrix} 1+2i & -3i \\ 4 & 2+i \end{pmatrix}$, $B=\begin{pmatrix} 3-2i & 5 \\ i & -1+i \end{pmatrix}$ のとき，$(AB)^*$, B^*A^* を求めよ．

解 （1） $AB=\begin{pmatrix} 1 & 2 \\ -3 & 0 \\ 5 & 1 \end{pmatrix}\begin{pmatrix} 4 & 2 & 1 \\ -1 & 3 & 6 \end{pmatrix}=\begin{pmatrix} 2 & 8 & 13 \\ -12 & -6 & -3 \\ 19 & 13 & 11 \end{pmatrix}$

より

$$
{}^t(AB)=\begin{pmatrix} 2 & -12 & 19 \\ 8 & -6 & 13 \\ 13 & -3 & 11 \end{pmatrix}.
$$

次に

$$
{}^tA\,{}^tB=\begin{pmatrix} 1 & -3 & 5 \\ 2 & 0 & 1 \end{pmatrix}\begin{pmatrix} 4 & -1 \\ 2 & 3 \\ 1 & 6 \end{pmatrix}=\begin{pmatrix} 3 & 20 \\ 9 & 4 \end{pmatrix}.
$$

（2）

$$
\begin{aligned}
AB&=\begin{pmatrix} 1+2i & -3i \\ 4 & 2+i \end{pmatrix}\begin{pmatrix} 3-2i & 5 \\ i & -1+i \end{pmatrix} \\
&=\begin{pmatrix} (1+2i)(3-2i)-3i^2 & 5(1+2i)-3i(-1+i) \\ 4(3-2i)+(2+i)i & 20+(2+i)(-1+i) \end{pmatrix}=\begin{pmatrix} 10+4i & 8+13i \\ 11-6i & 17+i \end{pmatrix}
\end{aligned}
$$

より

$$
(AB)^*={}^t(\overline{AB})={}^t\begin{pmatrix} 10-4i & 8-13i \\ 11+6i & 17-i \end{pmatrix}=\begin{pmatrix} 10-4i & 11+6i \\ 8-13i & 17-i \end{pmatrix}.
$$

次に

$$
B^*=\begin{pmatrix} 3+2i & -i \\ 5 & -1-i \end{pmatrix},\quad A^*=\begin{pmatrix} 1-2i & 4 \\ 3i & 2-i \end{pmatrix}
$$

であるから

$$
B^*A^*=\begin{pmatrix} 3+2i & -i \\ 5 & -1-i \end{pmatrix}\begin{pmatrix} 1-2i & 4 \\ 3i & 2-i \end{pmatrix}=\begin{pmatrix} 10-4i & 11+6i \\ 8-13i & 17-i \end{pmatrix}=(AB)^*.
$$

例題 1.5　2つの行列 A, B を次のように分割するとき，積 AB を求めよ．

$$A = \left(\begin{array}{cc|cc} 1 & -2 & 5 & 2 \\ 4 & -1 & 1 & 4 \\ \hline 2 & 1 & -2 & 3 \end{array}\right), \quad B = \left(\begin{array}{cc|c} 0 & -2 & -3 \\ 3 & 7 & 1 \\ \hline 5 & 1 & 0 \\ 2 & 3 & 4 \end{array}\right)$$

解

$$A = \begin{pmatrix} A_{11} & A_{12} \\ A_{21} & A_{22} \end{pmatrix} = \left(\begin{array}{cc|cc} 1 & -2 & 5 & 2 \\ 4 & -1 & 1 & 4 \\ \hline 2 & 1 & -2 & 3 \end{array}\right), \quad B = \begin{pmatrix} B_{11} & B_{12} \\ B_{21} & B_{22} \end{pmatrix} = \left(\begin{array}{cc|c} 0 & -2 & -3 \\ 3 & 7 & 1 \\ \hline 5 & 1 & 0 \\ 2 & 3 & 4 \end{array}\right)$$

とすれば

$$\begin{aligned}
A_{11}B_{11}+A_{12}B_{21} &= \begin{pmatrix} 1 & -2 \\ 4 & -1 \end{pmatrix}\begin{pmatrix} 0 & -2 \\ 3 & 7 \end{pmatrix}+\begin{pmatrix} 5 & 2 \\ 1 & 4 \end{pmatrix}\begin{pmatrix} 5 & 1 \\ 2 & 3 \end{pmatrix} \\
&= \begin{pmatrix} -6 & -16 \\ -3 & -15 \end{pmatrix}+\begin{pmatrix} 29 & 11 \\ 13 & 13 \end{pmatrix} = \begin{pmatrix} 23 & -5 \\ 10 & -2 \end{pmatrix}, \\
A_{11}B_{12}+A_{12}B_{22} &= \begin{pmatrix} 1 & -2 \\ 4 & -1 \end{pmatrix}\begin{pmatrix} -3 \\ 1 \end{pmatrix}+\begin{pmatrix} 5 & 2 \\ 1 & 4 \end{pmatrix}\begin{pmatrix} 0 \\ 4 \end{pmatrix} = \begin{pmatrix} -5 \\ -13 \end{pmatrix}+\begin{pmatrix} 8 \\ 16 \end{pmatrix} = \begin{pmatrix} 3 \\ 3 \end{pmatrix}, \\
A_{21}B_{11}+A_{22}B_{21} &= (2 \quad 1)\begin{pmatrix} 0 & -2 \\ 3 & 7 \end{pmatrix}+(-2 \quad 3)\begin{pmatrix} 5 & 1 \\ 2 & 3 \end{pmatrix} \\
&= (3 \quad 3)+(-4 \quad 7) = (-1 \quad 10), \\
A_{21}B_{12}+A_{22}B_{22} &= (2 \quad 1)\begin{pmatrix} -3 \\ 1 \end{pmatrix}+(-2 \quad 3)\begin{pmatrix} 0 \\ 4 \end{pmatrix} = -5+12 = 7
\end{aligned}$$

よって

$$AB = \begin{pmatrix} 23 & -5 & 3 \\ 10 & -2 & 3 \\ -1 & 10 & 7 \end{pmatrix}.$$

注意　このように，小行列に分割された2つの行列の和や積を計算するとき，対応する小行列どうしの和や積が計算可能な場合には，各小行列を行列の成分のように考えて計算ができる．

1.2 正方行列

◈ **正方行列** ◈　n 次正方行列 $A=\begin{pmatrix} a_{11} & a_{12} & \cdots & a_{1n} \\ a_{21} & a_{22} & \cdots & a_{2n} \\ & \cdots & \cdots & \\ a_{n1} & a_{n2} & \cdots & a_{nn} \end{pmatrix}$ の網目の部分を**対角成分**といい，対角成分の和 $\mathrm{tr}\,A = a_{11}+a_{22}+\cdots+a_{nn}$ を A の**トレース**という．

A の対角成分以外の成分がすべて 0 である行列 $\begin{pmatrix} a_{11} & & & O \\ & a_{22} & & \\ & & \ddots & \\ O & & & a_{nn} \end{pmatrix}$ を**対角行列**という．ここで，O と書いた部分は成分がすべて 0 であることを意味する．対角成分がすべて 1 の対角行列 $E_n = E = \begin{pmatrix} 1 & & & O \\ & 1 & & \\ & & \ddots & \\ O & & & 1 \end{pmatrix}$ を n 次**単位行列**という．**クロネッカーのデルタ記号**

$$\delta_{ij} = \begin{cases} 0 & (i \neq j) \\ 1 & (i = j) \end{cases}$$

を用いれば，$E = (\delta_{ij})$ で表される．

正方行列に対して，$AE = EA = A$ が成り立つ．

$aE = \begin{pmatrix} a & & & O \\ & a & & \\ & & \ddots & \\ O & & & a \end{pmatrix}$ を**スカラー行列**という．また，

$\begin{pmatrix} a_{11} & a_{12} & \cdots & a_{1n} \\ & a_{22} & \cdots & a_{2n} \\ & & \ddots & \vdots \\ O & & & a_{nn} \end{pmatrix}$ を上 3 角行列，$\begin{pmatrix} a_{11} & & & O \\ a_{21} & a_{22} & & \\ \vdots & & \ddots & \\ a_{n1} & a_{n2} & \cdots & a_{nn} \end{pmatrix}$ を下 3 角行列と

いう．両方あわせて**3角行列**という．

◆ **正則行列** ◆　n 次正方行列 A に対して，$AX = XA = E$ となる正方行列 X が存在するとき，X を A の**逆行列**といい，A^{-1} と書く．逆行列をもつ正方行列を**正則行列**という．

$A = \begin{pmatrix} a & b \\ c & d \end{pmatrix}$ は $ad - bc \neq 0$ のとき，正則行列になり

$$A^{-1} = \frac{1}{ad-bc}\begin{pmatrix} d & -b \\ -c & a \end{pmatrix}$$

実は，正方行列 A に対して $AX = E$ もしくは $XA = E$ のどちらか一方の X が存在すれば，A は正則になり $X = A^{-1}$ が成り立つ（第2章3節参照）．

定理 1.4　A，B が正則行列ならば

（1）　AB は正則行列であって，$(AB)^{-1} = B^{-1}A^{-1}$

（2）　A^{-1} は正則行列であって，$(A^{-1})^{-1} = A$

（3）　${}^tA, A^*$ は正則行列であって

$$({}^tA)^{-1} = {}^t(A^{-1}),\quad (A^*)^{-1} = (A^{-1})^*$$

A^{-1} の r 個の積 $A^{-1}\cdots A^{-1} = (A^{-1})^r$ を A^{-r} と書く．このとき，$A^0 = E$ とすれば，任意の整数 r, s に対して $A^rA^s = A^{r+s}$，$(A^r)^s = A^{rs}$ が成り立つ．

◆ **いろいろな行列** ◆

対称行列……………………${}^tA = A$ を満たす行列

交代行列……………………${}^tA = -A$ を満たす行列

エルミート行列…………$A^* = A$ を満たす行列

エルミート交代行列……$A^* = -A$ を満たす行列

直交行列……………………${}^tAA = A{}^tA = E$ を満たす実行列

例題 1.6 A, B がそれぞれ m 次，n 次の正則行列のとき，行列 $X = \begin{pmatrix} A & C \\ O & B \end{pmatrix}$ は正則行列になることを示し，X の逆行列を求めよ．この結果を利用して $\begin{pmatrix} 2 & 1 & 1 & 3 \\ -1 & 0 & -2 & 1 \\ 0 & 0 & 1 & 1 \\ 0 & 0 & 3 & 2 \end{pmatrix}$ の逆行列を計算せよ．

解 P, S をそれぞれ m 次，n 次の正方行列として，$Y = \begin{pmatrix} P & Q \\ R & S \end{pmatrix}$ とおく．

$$XY = \begin{pmatrix} A & C \\ O & B \end{pmatrix}\begin{pmatrix} P & Q \\ R & S \end{pmatrix} = \begin{pmatrix} E_m & O \\ O & E_n \end{pmatrix} = E$$

とすれば，$AP+CR = E_m$，$AQ+CS = O$，$BR = O$，$BS = E_n$．

B は正則行列であるから，$BR = O$，$BS = E_n$ のそれぞれの左から B^{-1} を掛ければ $R = O$，$S = B^{-1}$．よって，$AP = E_m$，$AQ = -CB^{-1}$．A も正則行列であるから，この 2 式に A^{-1} を左から掛ければ $P = A^{-1}$，$Q = -A^{-1}CB^{-1}$．さらに，

$$YX = \begin{pmatrix} P & Q \\ R & S \end{pmatrix}\begin{pmatrix} A & C \\ O & B \end{pmatrix} = \begin{pmatrix} A^{-1} & -A^{-1}CB^{-1} \\ O & B^{-1} \end{pmatrix}\begin{pmatrix} A & C \\ O & B \end{pmatrix} = \begin{pmatrix} E_m & O \\ O & E_n \end{pmatrix} = E.$$

したがって，$XY = YX = E$ となる行列 Y が存在するから，X は正則行列になって，逆行列は $X^{-1} = Y = \begin{pmatrix} A^{-1} & -A^{-1}CB^{-1} \\ O & B^{-1} \end{pmatrix}$.

次に，$A = \begin{pmatrix} 2 & 1 \\ -1 & 0 \end{pmatrix}$, $B = \begin{pmatrix} 1 & 1 \\ 3 & 2 \end{pmatrix}$, $C = \begin{pmatrix} 1 & 3 \\ -2 & 1 \end{pmatrix}$ とするとき

$$A^{-1} = \begin{pmatrix} 0 & -1 \\ 1 & 2 \end{pmatrix},\quad B^{-1} = \begin{pmatrix} -2 & 1 \\ 3 & -1 \end{pmatrix},\quad A^{-1}CB^{-1} = \begin{pmatrix} -7 & 3 \\ 21 & -8 \end{pmatrix}$$

であるから

$$\begin{pmatrix} 2 & 1 & 1 & 3 \\ -1 & 0 & -2 & 1 \\ 0 & 0 & 1 & 1 \\ 0 & 0 & 3 & 2 \end{pmatrix}^{-1} = \begin{pmatrix} A^{-1} & -A^{-1}CB^{-1} \\ O & B^{-1} \end{pmatrix} = \begin{pmatrix} 0 & -1 & 7 & -3 \\ 1 & 2 & -21 & 8 \\ 0 & 0 & -2 & 1 \\ 0 & 0 & 3 & -1 \end{pmatrix}.$$

例題 1.7 （1） 正方行列 A に対して，$A+{}^tA$ は対称行列，$A-{}^tA$ は交代行列になることを示せ．

（2） 任意の正方行列は対称行列と交代行列の和としてただ1通りに表されることを示せ．

（3） $A=\begin{pmatrix}3&7&4\\5&1&-2\\0&6&5\end{pmatrix}$ を対称行列と交代行列の和で表せ．

解 （1） ${}^t(A+{}^tA)={}^tA+{}^t({}^tA)={}^tA+A=A+{}^tA,$
${}^t(A-{}^tA)={}^tA-{}^t({}^tA)={}^tA-A=-(A-{}^tA)$
から示された．

（2）（1）から $\dfrac{1}{2}(A+{}^tA)$ は対称行列であり，$\dfrac{1}{2}(A-{}^tA)$ は交代行列である．また

$$A=\frac{1}{2}(A+{}^tA)+\frac{1}{2}(A-{}^tA)$$

と書けるから，任意の正方行列 A は対称行列と交代行列の和の形で書ける．

次に，S と S' を対称行列，T と T' を交代行列として，A が

$$A=S+T=S'+T'$$

と2通りに書けたとする．このとき，$S-S'=T'-T=B$ とおけば，容易に $B=S-S'$ は対称行列，$B=T'-T$ は交代行列となることがわかるから，B は対称行列であり同時に交代行列になる．すなわち，${}^tB=B$，${}^tB=-B$ より $B=-B$ が成り立つから $B=O$．

したがって，$S=S'$，$T=T'$ となり，任意の正方行列 A は対称行列と交代行列の和としてただ1通りに書けることになる．

（3） $A=\begin{pmatrix}3&7&4\\5&1&-2\\0&6&5\end{pmatrix}$，${}^tA=\begin{pmatrix}3&5&0\\7&1&6\\4&-2&5\end{pmatrix}$ であるから

$$A=\frac{1}{2}(A+{}^tA)+\frac{1}{2}(A-{}^tA)=\begin{pmatrix}3&6&2\\6&1&2\\2&2&5\end{pmatrix}+\begin{pmatrix}0&1&2\\-1&0&-4\\-2&4&0\end{pmatrix}.$$

例題 1.8 $A=\begin{pmatrix}1 & a & 0\\ 0 & 1 & a\\ 0 & 0 & 1\end{pmatrix}$ のとき，n を自然数として A^n および A^{-1} を求めよ．

解 $A^2=\begin{pmatrix}1 & a & 0\\ 0 & 1 & a\\ 0 & 0 & 1\end{pmatrix}\begin{pmatrix}1 & a & 0\\ 0 & 1 & a\\ 0 & 0 & 1\end{pmatrix}=\begin{pmatrix}1 & 2a & a^2\\ 0 & 1 & 2a\\ 0 & 0 & 1\end{pmatrix}$

$$A^3=A^2A=\begin{pmatrix}1 & 2a & a^2\\ 0 & 1 & 2a\\ 0 & 0 & 1\end{pmatrix}\begin{pmatrix}1 & a & 0\\ 0 & 1 & a\\ 0 & 0 & 1\end{pmatrix}=\begin{pmatrix}1 & 3a & 3a^2\\ 0 & 1 & 3a\\ 0 & 0 & 1\end{pmatrix}$$

より，自然数 k に対して，$A^k=\begin{pmatrix}1 & ka & c_k a^2\\ 0 & 1 & ka\\ 0 & 0 & 1\end{pmatrix}$ と予想できる．このとき

$$A^{k+1}=A^kA=\begin{pmatrix}1 & ka & c_k a^2\\ 0 & 1 & ka\\ 0 & 0 & 1\end{pmatrix}\begin{pmatrix}1 & a & 0\\ 0 & 1 & a\\ 0 & 0 & 1\end{pmatrix}=\begin{pmatrix}1 & (k+1)a & (k+c_k)a^2\\ 0 & 1 & (k+1)a\\ 0 & 0 & 1\end{pmatrix}$$

すなわち，$k+1$ のときも，同様な形になる．そこで，$(1,3)$ 成分を見てみると，すべての自然数 n に対して，$c_{n+1}=n+c_n$，$c_1=0$ が成り立つ．この漸化式より $c_n=\dfrac{1}{2}n(n-1)$ を得る．したがって，$A^n=\begin{pmatrix}1 & na & \dfrac{1}{2}n(n-1)a^2\\ 0 & 1 & na\\ 0 & 0 & 1\end{pmatrix}$．

次に，$X=\begin{pmatrix}x_{11} & x_{12} & x_{13}\\ x_{21} & x_{22} & x_{23}\\ x_{31} & x_{32} & x_{33}\end{pmatrix}$ とおけば

$$AX=\begin{pmatrix}x_{11}+ax_{21} & x_{12}+ax_{22} & x_{13}+ax_{23}\\ x_{21}+ax_{31} & x_{22}+ax_{32} & x_{23}+ax_{33}\\ x_{31} & x_{32} & x_{33}\end{pmatrix}=\begin{pmatrix}1 & 0 & 0\\ 0 & 1 & 0\\ 0 & 0 & 1\end{pmatrix}.$$

この式から $x_{11},\cdots,x_{33}$ を求めると，これらは $XA=E$ をも満たすから，結局 $A^{-1}=X=\begin{pmatrix}1 & -a & a^2\\ 0 & 1 & -a\\ 0 & 0 & 1\end{pmatrix}$（上の A^n で $n=-1$ とおいたものである）．

練習問題1

[A]

1. 次を満たす a, b, c, d を求めよ．

（1）$\begin{pmatrix} a-2 & 6 \\ b & 1 \end{pmatrix} = \begin{pmatrix} 1 & 3d \\ 2 & c+3 \end{pmatrix}$ （2）$\begin{pmatrix} 2 & a+3 \\ b-5 & c-d \end{pmatrix} = {}^t\begin{pmatrix} c & 4-a \\ 2b & 0 \end{pmatrix}$

2. 次を計算せよ．

（1）$3\begin{pmatrix} 5 \\ 2 \end{pmatrix} + 4\begin{pmatrix} -1 \\ 3 \end{pmatrix}$ （2）$\begin{pmatrix} 1 \\ 2 \\ 3 \end{pmatrix}(1 \quad 2 \quad 3)\begin{pmatrix} 1 & 2 & 3 \\ 4 & 5 & 6 \\ 7 & 8 & 9 \end{pmatrix}$

（3）$\begin{pmatrix} 1 & 5 & 6 \\ 2 & -1 & 3 \end{pmatrix}\begin{pmatrix} 0 & 3 & 2 & 1 \\ 6 & -2 & 1 & 0 \\ 1 & 5 & 4 & -3 \end{pmatrix}\begin{pmatrix} 2 & -1 \\ 0 & 3 \\ 1 & 4 \\ 5 & 6 \end{pmatrix}$

3. $A = \begin{pmatrix} 1 & 2 & 1 \\ 4 & 0 & -2 \end{pmatrix}$ のとき，$A\boldsymbol{b} = O$ を満たす O でない列ベクトル $\boldsymbol{b}$ を1つ求めよ．

4. 次の行列 A, B に対して，AB と BA を求めよ．

（1）$A = \begin{pmatrix} 2 & 3 & -5 \\ 1 & 5 & 4 \end{pmatrix}$, $B = \begin{pmatrix} 3 & -2 \\ 2 & 5 \\ 1 & 4 \end{pmatrix}$

（2）$A = \begin{pmatrix} 5 & -1 \\ 0 & -4 \\ 3 & 2 \end{pmatrix}$, $B = \begin{pmatrix} 4 & 2 & -3 \\ 3 & 1 & 6 \end{pmatrix}$

5. 次を満たす行列 (a_{ij}) があれば求めよ．

（1）$\begin{pmatrix} 3 & 7 \\ 1 & 4 \end{pmatrix}\begin{pmatrix} a_{11} \\ a_{21} \end{pmatrix} = \begin{pmatrix} 6 \\ 7 \end{pmatrix}$ （2）$\begin{pmatrix} a_{11} & a_{12} \\ a_{21} & a_{22} \end{pmatrix}\begin{pmatrix} 1 & 3 \\ 2 & 6 \end{pmatrix} = \begin{pmatrix} 0 & 2 \\ 3 & -5 \end{pmatrix}$

（3）$\begin{pmatrix} 3 & 2 \\ 6 & 4 \end{pmatrix}\begin{pmatrix} a_{11} & a_{12} \\ a_{21} & a_{22} \end{pmatrix} = \begin{pmatrix} 0 & 0 \\ 0 & 0 \end{pmatrix}$ （4）$\begin{pmatrix} 1 & 2 \\ 3 & 4 \\ 5 & 6 \end{pmatrix}\begin{pmatrix} a_{11} & a_{12} \\ a_{21} & a_{22} \end{pmatrix} = \begin{pmatrix} 2 & 5 \\ 4 & 7 \\ 6 & 9 \end{pmatrix}$

6. $A = \begin{pmatrix} 1 & 2 & -3 \\ 5 & 1 & -4 \\ 3 & -9 & 5 \end{pmatrix}$, $B = \begin{pmatrix} 2 & 0 & 1 \\ -3 & 1 & 5 \\ 2 & 7 & 1 \end{pmatrix}$, $C = \begin{pmatrix} 6 & 1 & 4 \\ 0 & 3 & 7 \\ 4 & 0 & -1 \end{pmatrix}$ のとき，次の行列を計算せよ．

（1）$2(A+B)-3C$ （2）$(A+3B-C)+(-A+B+2C)$

（3）${}^t(2A+B)C$ （4）${}^t(AB)C$

7. $A=\begin{pmatrix} 1 & -2 & 3 \\ 0 & 5 & 4 \\ -1 & 4 & 2 \end{pmatrix}$, $B=\begin{pmatrix} 1 & -2 \\ 3 & 5 \\ 2 & 6 \end{pmatrix}$, $C=\begin{pmatrix} 2 \\ 9 \\ -1 \end{pmatrix}$, $D=\begin{pmatrix} 0 & 1 & 8 \\ -3 & 2 & 5 \end{pmatrix}$,

$F=(3 \quad 0 \quad -4)$

に対して，2つの行列の積が定義されるものについて，そのすべての積を計算せよ．

8. $A=\begin{pmatrix} 1+i & 2-i & 0 \\ 3 & 1-2i & 3+i \end{pmatrix}$, $B=\begin{pmatrix} 2 & 2+3i \\ 1+i & 0 \\ i & -3i \end{pmatrix}$ のとき，$3iA+{}^tB$, $A^*+\bar{B}$, AB, B^*A^* を計算せよ．

9. $\begin{pmatrix} 3 & 2a-1 & c-2 \\ b+1 & -2 & 5-b \\ -b & a+c & 5 \end{pmatrix}$ が対称行列になるように，また $\begin{pmatrix} 0 & d+6 & -1 \\ d & 4-e^2 & 2 \\ e+3 & -2 & f \end{pmatrix}$ が交代行列になるように a, b, c, d, e, f を定めよ．

10. $J=\begin{pmatrix} 0 & 1 \\ -1 & 0 \end{pmatrix}$ のとき，任意の2次正方行列 B に対して，$\begin{pmatrix} aJ & JB \\ {}^tBJ & bJ \end{pmatrix}$ は交代行列になることを示せ．

11. 次の行列と可換な行列はどのような行列か．

（1）$\begin{pmatrix} 0 & 1 \\ 1 & 0 \end{pmatrix}$　（2）$\begin{pmatrix} 1 & -1 \\ 0 & 1 \end{pmatrix}$　（3）$\begin{pmatrix} 1 & 1 \\ 0 & -1 \end{pmatrix}$

（4）$\begin{pmatrix} 0 & 1 & 0 \\ 0 & 0 & 1 \\ 1 & 0 & 0 \end{pmatrix}$　（5）$\begin{pmatrix} p & 1 & 0 \\ 0 & p & 1 \\ 0 & 0 & p \end{pmatrix}$

12. 任意の2次正方行列と可換な行列はどのような行列か．3次の正方行列に対してはどうか．

13. 次の行列を A とするとき，それぞれに対して A^2, A^3, A^4 を計算せよ．

（1）$\begin{pmatrix} 1 & 1 \\ 1 & -1 \end{pmatrix}$　（2）$\begin{pmatrix} 1 & 2 & 3 \\ 0 & 1 & 2 \\ 0 & 0 & 1 \end{pmatrix}$　（3）$\begin{pmatrix} -1 & 1 & 1 \\ 1 & -1 & 1 \\ 1 & 1 & -1 \end{pmatrix}$

（4）$\begin{pmatrix} 1 & 1 & 1 \\ 1 & \omega & \omega^2 \\ 1 & \omega^2 & \omega \end{pmatrix}$ $(\omega^3=1,\ \omega \neq 1)$　（5）$\begin{pmatrix} 1 & 1 & 1 & 1 \\ 1 & i & -1 & -i \\ 1 & -1 & 1 & -1 \\ 1 & -i & -1 & i \end{pmatrix}$

14. 次の行列 A に対して，A^r（r は自然数）を求めよ．

（1）$\begin{pmatrix} 1 & 0 & 0 \\ 0 & 0 & 1 \\ 0 & 1 & 0 \end{pmatrix}$　（2）$\begin{pmatrix} 1 & 1 & 1 \\ 1 & 1 & 1 \\ 1 & 1 & 1 \end{pmatrix}$　（3）$\begin{pmatrix} 0 & a \\ a & 0 \end{pmatrix}$

（4） $\begin{pmatrix} 1 & a & a \\ 0 & 1 & 0 \\ 0 & 0 & 1 \end{pmatrix}$　（5） $\begin{pmatrix} 1 & 0 & a \\ 0 & 1 & b \\ 0 & 0 & 1 \end{pmatrix}$

15. A が $m \times n$ 行列で $X = \begin{pmatrix} E_m & A \\ O & E_n \end{pmatrix}$ のとき，自然数 r に対して X^r を計算せよ．

16. A, B が正方行列のとき，次が成り立つことを示せ．

（1） $\mathrm{tr}(AB) = \mathrm{tr}(BA)$

（2） P が正則行列ならば，$\mathrm{tr}(P^{-1}AP) = \mathrm{tr}\,A$

（3） $A = \begin{pmatrix} A_1 & O \\ O & A_2 \end{pmatrix}$, $B = \begin{pmatrix} B_1 & O \\ O & B_2 \end{pmatrix}$（$A_1, B_1$ は m 次行列，A_2, B_2 は n 次行列）とするとき，$\mathrm{tr}(AB) = \mathrm{tr}(A_1B_1) + \mathrm{tr}(A_2B_2)$

17. $B \neq O$ のとき，$AB = O$ ならば A は正則にならない．これを示せ．

18. 複素正方行列 A に対して，$A + A^*$ はエルミート行列になり，$A - A^*$ はエルミート交代行列になることを示せ．

[B]

1. 次の n 次正方行列 A の r 乗を求めよ．

（1） $\begin{pmatrix} & O & & 1 \\ & & 1 & \\ & ⋰ & & \\ 1 & & O & \end{pmatrix}$　（2） $\begin{pmatrix} 1 & 1 & & & O \\ & 1 & 1 & & \\ & & \ddots & \ddots & \\ & O & & \ddots & 1 \\ & & & & 1 \end{pmatrix}$

2. n が自然数のとき数学的帰納法で次を証明せよ．

（1） $\begin{pmatrix} a & b \\ 0 & 1 \end{pmatrix}^n = \begin{pmatrix} a^n & (a^{n-1} + a^{n-2} + \cdots + a + 1)b \\ 0 & 1 \end{pmatrix}$

（2） $\begin{pmatrix} 1 & a & a^2 \\ 0 & 1 & a \\ 0 & 0 & 1 \end{pmatrix}^n = \begin{pmatrix} 1 & na & \frac{1}{2}n(n+1)a^2 \\ 0 & 1 & na \\ 0 & 0 & 1 \end{pmatrix}$

（3） $\begin{pmatrix} a & 1 & 0 \\ 0 & a & 1 \\ 0 & 0 & a \end{pmatrix}^n = \begin{pmatrix} a^n & na^{n-1} & \frac{1}{2}n(n-1)a^{n-2} \\ 0 & a^n & na^{n-1} \\ 0 & 0 & a^n \end{pmatrix}$

3. A が実行列のとき，$\mathrm{tr}({}^tAA) \geqq 0$ が成り立つことを示せ．また，A が実対称行列で $A^2 = O$ ならば，$A = O$ になることを示せ．

4. A, B が正方行列のとき，次を示せ．

（1） $AB-BA=E$ となる A, B は存在しない．

（2） $AB-BA$ がスカラー行列ならば，A と B は可換になる．

5. 正方行列 A, B が $AB=A$，$BA=B$ を満たすとき，次が成り立つことを示せ．

（1） $A^2=A$，　$B^2=B$

（2） $(AB)^r=AB^{r-1}$，$(BA)^r=BA^{r-1}$

（3） A が正則ならば，$A=B=E$

6. $E+A$ が正則であるような行列 A に対して，$B=(E-A)(E+A)^{-1}$ とおく．このとき，次を示せ．

（1） $E+B$ は正則行列である．

（2） $A=(E-B)(E+B)^{-1}$ が成り立つ．

（3） A が直交行列のとき，B は交代行列になる．

7. （1） エルミート行列 A は，$A=B+iC$（B は実対称行列，C は実交代行列）と表されることを示せ．

（2） エルミート交代行列 A は，$A=B+iC$（B は実交代行列，C は実対称行列）と表されることを示せ．

8. ある自然数 m に対して，正方行列 A が $A^m=O$ を満たすとする（このような A を**べき零行列**という）．このとき，$E-A, E+A$ はともに正則になることを示し，それぞれの逆行列を求めよ．

9. A, B を正方行列とするとき，A と B の交換子積を

$$[A, B]=AB-BA$$

で定義する．このとき，次を証明せよ．

（1） $[A,[B,C]]+[B,[C,A]]+[C,[A,B]]=O$

（ヤコビの恒等式という）

（2） $[A,[B,C]]=[[A,B],C] \Longleftrightarrow [B,[C,A]]=O$

（3） A, B が対称行列ならば，$[A, B]$ は交代行列である

10. 次を満たす 2 次の実行列をすべて求めよ．

（1） $A^2=O$　（2） $A^2=E$　（3） $A^2=A$

練習問題1のヒントと解答

［**A**］

1. （1） $a=3,\quad b=2,\quad c=-2,\quad d=2$

（2） $a=5,\quad b=4,\quad c=d=2$

2. （1） $\begin{pmatrix} 11 \\ 18 \end{pmatrix}$ （2） $\begin{pmatrix} 30 & 36 & 42 \\ 60 & 72 & 84 \\ 90 & 108 & 126 \end{pmatrix}$ （3） $\begin{pmatrix} 18 & 55 \\ -26 & 90 \end{pmatrix}$

3. たとえば $\begin{pmatrix} 2 \\ -3 \\ 4 \end{pmatrix}$

4. （1） $AB=\begin{pmatrix} 7 & -9 \\ 17 & 39 \end{pmatrix},\quad BA=\begin{pmatrix} 4 & -1 & -23 \\ 9 & 31 & 10 \\ 6 & 23 & 11 \end{pmatrix}$

（2） $AB=\begin{pmatrix} 17 & 9 & -21 \\ -12 & -4 & -24 \\ 18 & 8 & 3 \end{pmatrix},\quad BA=\begin{pmatrix} 11 & -18 \\ 33 & 5 \end{pmatrix}$

5. （1） $\begin{pmatrix} -5 \\ 3 \end{pmatrix}$ （2） なし （3） たとえば $\begin{pmatrix} 2 & 2 \\ -3 & -3 \end{pmatrix}$ （4） $\begin{pmatrix} 0 & -3 \\ 1 & 4 \end{pmatrix}$

6. （1） $\begin{pmatrix} -12 & 1 & -16 \\ 4 & -5 & -19 \\ -2 & -4 & 15 \end{pmatrix}$ （2） $4B+C$ を計算して $\begin{pmatrix} 14 & 1 & 8 \\ -12 & 7 & 27 \\ 12 & 28 & 3 \end{pmatrix}$

（3） $\begin{pmatrix} 56 & 25 & 57 \\ -20 & 13 & 48 \\ 14 & -14 & -52 \end{pmatrix}$ （4） $\begin{pmatrix} 112 & -13 & -90 \\ -10 & -100 & -291 \\ -100 & 26 & 111 \end{pmatrix}$

7. $AB=\begin{pmatrix} 1 & 6 \\ 23 & 49 \\ 15 & 34 \end{pmatrix},\quad AC=\begin{pmatrix} -19 \\ 41 \\ 32 \end{pmatrix},\quad BD=\begin{pmatrix} 6 & -3 & -2 \\ -15 & 13 & 49 \\ -18 & 14 & 46 \end{pmatrix},$

$DA=\begin{pmatrix} -8 & 37 & 20 \\ -8 & 36 & 9 \end{pmatrix},\quad DB=\begin{pmatrix} 19 & 53 \\ 13 & 46 \end{pmatrix},\quad CF=\begin{pmatrix} 6 & 0 & -8 \\ 27 & 0 & -36 \\ -3 & 0 & 4 \end{pmatrix},$

$DC=\begin{pmatrix} 1 \\ 7 \end{pmatrix},\quad FA=(7\quad -22\quad 1),\quad FB=(-5\quad -30),\quad FC=10$

8. $3iA+{}^tB=\begin{pmatrix} -1+3i & 4+7i & i \\ 2+12i & 6+3i & -3+6i \end{pmatrix},\quad A^*+\bar{B}=\begin{pmatrix} 3-i & 5-3i \\ 3 & 1+2i \\ -i & 3+2i \end{pmatrix},$

$$AB=\begin{pmatrix}5+3i & -1+5i\\ 8+2i & 9\end{pmatrix},\quad B^*A^*=(AB)^*=\begin{pmatrix}5-3i & 8-2i\\ -1-5i & 9\end{pmatrix}$$

9. $2a-1=b+1$, $a+c=5-b$, $c-2=-b$ から $a=3$, $b=4$, $c=-2$, 次に $4-e^2=f=0$, $d+6=-d$, $e+3=1$ から $d=-3$, $e=-2$, $f=0$.

10. $B=\begin{pmatrix}c & d\\ e & f\end{pmatrix}$ とおけば, $\begin{pmatrix}aJ & JB\\ {}^tBJ & bJ\end{pmatrix}=\begin{pmatrix}0 & a & e & f\\ -a & 0 & -c & -d\\ -e & c & 0 & b\\ -f & d & -b & 0\end{pmatrix}$.

11. （1） $\begin{pmatrix}0 & 1\\ 1 & 0\end{pmatrix}\begin{pmatrix}a & b\\ c & d\end{pmatrix}=\begin{pmatrix}a & b\\ c & d\end{pmatrix}\begin{pmatrix}0 & 1\\ 1 & 0\end{pmatrix}$, すなわち $\begin{pmatrix}c & d\\ a & b\end{pmatrix}=\begin{pmatrix}b & a\\ d & c\end{pmatrix}$ から $a=d$, $b=c$. よって, $\begin{pmatrix}a & b\\ b & a\end{pmatrix}$ の形になる.

（2） $\begin{pmatrix}1 & -1\\ 0 & 1\end{pmatrix}\begin{pmatrix}a & b\\ c & d\end{pmatrix}=\begin{pmatrix}a & b\\ c & d\end{pmatrix}\begin{pmatrix}1 & -1\\ 0 & 1\end{pmatrix}$ から $a-c=a$, $b-d=-a+b$, $d=-c+d$. よって, $\begin{pmatrix}a & b\\ 0 & a\end{pmatrix}$ の形になる.

（3） 同様にして, $\begin{pmatrix}a & b\\ 0 & a-2b\end{pmatrix}$ の形になる.

（4） $\begin{pmatrix}a & b & c\\ d & e & f\\ g & h & i\end{pmatrix}$ として可換性から $a=e=i$, $b=f=g$, $c=d=h$. よって, $\begin{pmatrix}a & b & c\\ c & a & b\\ b & c & a\end{pmatrix}$ の形になる.

（5） （4）と同様にして $\begin{pmatrix}a & b & c\\ 0 & a & b\\ 0 & 0 & a\end{pmatrix}$ の形になる.

12. 求める2次行列を $A=\begin{pmatrix}a & b\\ c & d\end{pmatrix}$, 任意の2次行列を X とする. $X=\begin{pmatrix}1 & 0\\ 0 & 0\end{pmatrix}$ とすれば, $XA=AX$ より $b=c=0$. $X=\begin{pmatrix}0 & 0\\ 1 & 0\end{pmatrix}$ とすれば, $b=0$, $a=d$. よって, $A=\begin{pmatrix}a & 0\\ 0 & a\end{pmatrix}=aE_2$（スカラー行列）. 逆に, $\begin{pmatrix}a & 0\\ 0 & a\end{pmatrix}$ は任意の2次行列 X と可換である. 同様に, 3次の場合も aE_3 になる.

13. A^2, A^3, A^4 の順に

（1） $\begin{pmatrix} 2 & 0 \\ 0 & 2 \end{pmatrix}$, $\begin{pmatrix} 2 & 2 \\ 2 & -2 \end{pmatrix}$, $\begin{pmatrix} 4 & 0 \\ 0 & 4 \end{pmatrix}$

（2） $\begin{pmatrix} 1 & 4 & 10 \\ 0 & 1 & 4 \\ 0 & 0 & 1 \end{pmatrix}$, $\begin{pmatrix} 1 & 6 & 21 \\ 0 & 1 & 6 \\ 0 & 0 & 1 \end{pmatrix}$, $\begin{pmatrix} 1 & 8 & 36 \\ 0 & 1 & 8 \\ 0 & 0 & 1 \end{pmatrix}$

（3） $\begin{pmatrix} 3 & -1 & -1 \\ -1 & 3 & -1 \\ -1 & -1 & 3 \end{pmatrix}$, $\begin{pmatrix} -5 & 3 & 3 \\ 3 & -5 & 3 \\ 3 & 3 & -5 \end{pmatrix}$, $\begin{pmatrix} 11 & -5 & -5 \\ -5 & 11 & -5 \\ -5 & -5 & 11 \end{pmatrix}$

（4） $\begin{pmatrix} 3 & 0 & 0 \\ 0 & 0 & 3 \\ 0 & 3 & 0 \end{pmatrix}$, $3\begin{pmatrix} 1 & 1 & 1 \\ 1 & \omega^2 & \omega \\ 1 & \omega & \omega^2 \end{pmatrix}$, $9\begin{pmatrix} 1 & 0 & 0 \\ 0 & 1 & 0 \\ 0 & 0 & 1 \end{pmatrix}$

（5） $4\begin{pmatrix} 1 & 0 & 0 & 0 \\ 0 & 0 & 0 & 1 \\ 0 & 0 & 1 & 0 \\ 0 & 1 & 0 & 0 \end{pmatrix}$, $4\begin{pmatrix} 1 & 1 & 1 & 1 \\ 1 & -i & -1 & i \\ 1 & -1 & 1 & -1 \\ 1 & i & -1 & -i \end{pmatrix}$, $16\begin{pmatrix} 1 & 0 & 0 & 0 \\ 0 & 1 & 0 & 0 \\ 0 & 0 & 1 & 0 \\ 0 & 0 & 0 & 1 \end{pmatrix}$

14. （1） $A^r = \begin{cases} E & (r：\text{偶数}) \\ A & (r：\text{奇数}) \end{cases}$ （2） $3^{r-1}\begin{pmatrix} 1 & 1 & 1 \\ 1 & 1 & 1 \\ 1 & 1 & 1 \end{pmatrix}$

（3） r が偶数のとき $\begin{pmatrix} a^r & 0 \\ 0 & a^r \end{pmatrix}$, r が奇数のとき $\begin{pmatrix} 0 & a^r \\ a^r & 0 \end{pmatrix}$

（4） $\begin{pmatrix} 1 & ra & ra \\ 0 & 1 & 0 \\ 0 & 0 & 1 \end{pmatrix}$ （5） $\begin{pmatrix} 1 & 0 & ra \\ 0 & 1 & rb \\ 0 & 0 & 1 \end{pmatrix}$

15. 小行列への分割に対して X^2, X^3 を計算することから $X^r = \begin{pmatrix} E_m & rA \\ O & E_n \end{pmatrix}$

16. （1） $A = (a_{ij})$, $B = (b_{ij})$ とすれば，$\mathrm{tr}(AB) = a_{11}b_{11} + a_{12}b_{21} + \cdots + a_{1n}b_{n1} + a_{21}b_{12} + a_{22}b_{22} + \cdots + a_{2n}b_{n2} + \cdots = \sum_{i=1}^{n}\left(\sum_{k=1}^{n} a_{ik}b_{ki}\right) = \sum_{k=1}^{n}\left(\sum_{i=1}^{n} b_{ki}a_{ik}\right) = \mathrm{tr}(BA)$

（2） （1）を用いて $\mathrm{tr}(P^{-1}(AP)) = \mathrm{tr}((AP)P^{-1}) = \mathrm{tr}\,A$

（3） $\mathrm{tr}(AB) = \mathrm{tr}\begin{pmatrix} A_1B_1 & O \\ O & A_2B_2 \end{pmatrix} = \mathrm{tr}(A_1B_1) + \mathrm{tr}(A_2B_2)$

17. A が正則行列ならば，両辺に A^{-1} を左から掛けると $B = O$ を得る．

18. $(A+A^*)^* = A^* + A^{**} = A + A^*$, $(A-A^*) = A^* - A^{**} = -(A-A^*)$

[B]

1. （1） $A^2=E$ であるから，$A^r=\begin{cases} A & (r：奇数) \\ E & (r：偶数) \end{cases}$

（2） $A=\begin{pmatrix} 1 & & & O \\ & 1 & & \\ & & \ddots & \\ O & & & 1 \end{pmatrix}+\begin{pmatrix} 0 & 1 & & O \\ & 0 & \ddots & \\ & & \ddots & 1 \\ O & & & 0 \end{pmatrix}=E+N$ とおけば，$N^n=O$.

$$A^r=(E+N)^r=E+{}_r\mathrm{C}_1N+{}_r\mathrm{C}_2N^2+\cdots+N^r$$

$$=\begin{pmatrix} 1 & {}_r\mathrm{C}_1 & {}_r\mathrm{C}_2 & \cdots & {}_r\mathrm{C}_{n-1} \\ & 1 & \ddots & \ddots & \vdots \\ & & \ddots & \ddots & {}_r\mathrm{C}_2 \\ & O & & 1 & {}_r\mathrm{C}_1 \\ & & & & 1 \end{pmatrix} \quad (r<k のとき，{}_r\mathrm{C}_k=0 とする)$$

2. （1） $n=1$ のときは明らか．$n=k$ のとき，成り立つとすれば

$$\begin{pmatrix} a & b \\ 0 & 1 \end{pmatrix}^{k+1}=\begin{pmatrix} a & b \\ 0 & 1 \end{pmatrix}^{k}\begin{pmatrix} a & b \\ 0 & 1 \end{pmatrix}=\begin{pmatrix} a^k & (a^{k-1}+\cdots+a+1)b \\ 0 & 1 \end{pmatrix}\begin{pmatrix} a & b \\ 0 & 1 \end{pmatrix}$$

$$=\begin{pmatrix} a^{k+1} & (a^k+a^{k-1}+\cdots+a+1)b \\ 0 & 1 \end{pmatrix}$$

（2） （1）と同様に

$$\begin{pmatrix} 1 & a & a^2 \\ 0 & 1 & a \\ 0 & 0 & 1 \end{pmatrix}^{k+1}=\begin{pmatrix} 1 & a & a^2 \\ 0 & 1 & a \\ 0 & 0 & 1 \end{pmatrix}^{k}\begin{pmatrix} 1 & a & a^2 \\ 0 & 1 & a \\ 0 & 0 & 1 \end{pmatrix}$$

$$=\begin{pmatrix} 1 & ka & \frac{1}{2}k(k+1)a^2 \\ 0 & 1 & ka \\ 0 & 0 & 1 \end{pmatrix}\begin{pmatrix} 1 & a & a^2 \\ 0 & 1 & a \\ 0 & 0 & 1 \end{pmatrix}$$

$$=\begin{pmatrix} 1 & a+ka & a^2+ka^2+\frac{1}{2}k(k+1)a^2 \\ 0 & 1 & a+ka \\ 0 & 0 & 1 \end{pmatrix}$$

$$=\begin{pmatrix} 1 & (k+1)a & \frac{1}{2}(k+1)(k+2)a^2 \\ 0 & 1 & (k+1)a \\ 0 & 0 & 1 \end{pmatrix}$$

（3） （1），（2）と同様に考えればよい．

3. $A=(a_{ij})$ として，$\mathrm{tr}({}^tAA)=\sum_{i=1}^{n}({a_{1i}}^2+\cdots+{a_{ni}}^2)\geqq 0$. A を実対称行列と

して，$\mathrm{tr}\,({}^tAA) = \mathrm{tr}\,(A^2) = \mathrm{tr}\,O = 0$，すなわち ${a_{11}}^2+\cdots+{a_{1n}}^2+{a_{21}}^2+\cdots+{a_{nn}}^2 = 0$ であるから $a_{ij} = 0$.

4. （1） 左辺のトレースは問題［A］16（1）により $\mathrm{tr}\,(AB-BA) = \mathrm{tr}\,AB - \mathrm{tr}\,BA = 0$. 右辺のトレースは n であるから，このような A, B は存在しない.

（2） $AB-BA = cE$ として両辺のトレースをとれば，$0 = nc$ となり $c = 0$ を得る.

5. （1） $A^2 = (AB)(AB) = (A(BA))B = (AB)B = AB = A$,
$B^2 = (BA)(BA) = (B(AB))A = (BA)A = BA = B$

（2） $(AB)\cdots(AB) = A(BA)\cdots(BA)B = A(BA)^{r-1}B = AB^{r-1}B$
$= AB^{r-2}B^2 = AB^{r-2}B = AB^{r-1}$，2 つ目も同様.

（3） A^{-1} が存在することから，$A^2 = A$ と $AB = A$ の両辺に左から A^{-1} を掛ける.

6. （1） $B = (E-A)(E+A)^{-1}$ より $B(E+A) = E-A$. この両辺に $E+A$ を加えて 2 で割ると $\dfrac{1}{2}(E+B)(E+A) = E$ となり $E+B$ は正則になる.

（2） $B(E+A) = E-A$ より $A+BA = E-B$，すなわち $(E+B)A = E-B$. $(E-B)(E+B) = E-B^2 = (E+B)(E-B)$ であり，$E+B$ は正則であるから，$A = (E+B)^{-1}(E-B) = (E-B)(E+B)^{-1}$.

（3） ${}^tB = {}^t((E-A)(E+A)^{-1}) = {}^t((E+A)^{-1})\,{}^t(E-A)$
$= ({}^t(E+A))^{-1}\,{}^t(E-A) = (E+{}^tA)^{-1}(E-{}^tA)$ であるから $(E+{}^tA){}^tB = E-{}^tA$. 左から A を掛けて，$A(E+{}^tA){}^tB = A-A{}^tA$. $A{}^tA = E$ より $(A+E){}^tB = -(E-A)$. よって ${}^tB = -(E+A)^{-1}(E-A)$
$= -(E-A)(E+A)^{-1} = -B$.

7. $A = (a_{ij}) = (b_{ij}+ic_{ij}) = (b_{ij})+i(c_{ij}) = B+iC$ （B, C は実行列）と書ける.

（1） $B+iC = A = A^* = (B+iC)^* = B^*-iC^* = {}^tB-i{}^tC$ であるから，実部と虚部をくらべて $B = {}^tB$，$C = -{}^tC$.

（2） $-(B+iC) = -A = A^* = (B+iC)^* = B^*-iC^* = {}^tB-i{}^tC$ であるから $-B = {}^tB$，$C = {}^tC$.

8. $(E-A)(E+A+A^2+\cdots+A^{m-1}) = (E+A+\cdots+A^{m-1})(E-A) = E-A^m = E$ であるから，$E-A$ は正則行列で $(E-A)^{-1} = E+A+A^2+\cdots+A^{m-1}$. 同様にして，$(E+A)^{-1} = E-A+A^2-\cdots+(-1)^{m-1}A^{m-1}$.

9. （1） 定義から，左辺 $= A(BC-CB)-(BC-CB)A+B(CA-AC)-(CA-AC)B+C(AB-BA)-(AB-BA)C = O$

（2） 定義に従って計算すれば

$$ACB+BCA = BAC+CAB \iff B(CA-AC) = (CA-AC)B$$

（3） ${}^t[A, B] = {}^t(AB-BA) = {}^tB{}^tA-{}^tA{}^tB = BA-AB$
$= -(AB-BA) = -[A, B]$

10. $A=\begin{pmatrix} a & b \\ c & d \end{pmatrix}$ とおくと，$A^2=\begin{pmatrix} a^2+bc & b(a+d) \\ c(a+d) & bc+d^2 \end{pmatrix}$

（1） $b(a+d)=c(a+d)=0$．$a+d=0$ のとき $a^2+bc=0$．$b=0$ のとき $a=d=0$．よって，A は $\begin{pmatrix} a & b \\ -a^2/b & -a \end{pmatrix}$ $(b \neq 0)$，$\begin{pmatrix} 0 & 0 \\ c & 0 \end{pmatrix}$ の形になる．

（2）（1）と同様に $a+d=0$ のとき $a^2+bc=1$．$b=0$ のとき $a^2=d^2=1$ となり $a=d$，$a+d=0$ に分けて考えれば A は

$$\begin{pmatrix} a & b \\ (1-a^2)/b & -a \end{pmatrix} \ (b \neq 0),\quad \begin{pmatrix} 1 & 0 \\ c & -1 \end{pmatrix},\quad \begin{pmatrix} -1 & 0 \\ c & 1 \end{pmatrix},\quad E,\quad -E$$

の形になる．

（3） $b, c \neq 0$ のとき $a+d=1$，$a^2+bc=a$．$b=0$ のとき a, d は 0 および 1 となり $a+d=0, 1, 2$．よって，A は

$$\begin{pmatrix} a & b \\ a(1-a)/b & 1-a \end{pmatrix} \ (b \neq 0),\quad \begin{pmatrix} 1 & 0 \\ c & 0 \end{pmatrix},\quad \begin{pmatrix} 0 & 0 \\ c & 1 \end{pmatrix},\quad E,\quad O$$

の形になる．

2 行列式

2.1 行列式の定義

◆**順　列**◆　1 から n までの自然数を任意の順序で一列に並べたものを $\{1, 2, \cdots, n\}$ の**順列**といい，$(p_1\ p_2\ \cdots\ p_n)$ で表す．このような順列は全部で $n!$ 個ある．

順列 $(p_1\ p_2\ \cdots\ p_n)$ に対して，p_i よりあとにあって，p_i より小さい数の個数を $k_i\ (i = 1, 2, \cdots, n-1)$ とするとき，$k_1+k_2+\cdots+k_{n-1}$ を順列の**転倒数**という．順列の転倒数が偶数のとき**偶順列**であるといい，奇数のときは**奇順列**であるという．このとき，順列 $(p_1\ p_2\ \cdots\ p_n)$ の**符号**を

$$\varepsilon(p_1\ p_2\ \cdots\ p_n) = \begin{cases} 1 & ((p_1\ p_2\ \cdots\ p_n)\text{ は偶順列}) \\ -1 & ((p_1\ p_2\ \cdots\ p_n)\text{ は奇順列}) \end{cases}$$

で定義する．

順列 $(4\ 2\ 3\ 1)$ に対して，$k_1 = 3$，$k_2 = 1$，$k_3 = 1$ であるからこの順列の転倒数は $3+1+1 = 5$ であって，$\varepsilon(4\ 2\ 3\ 1) = -1$.

◆**置　換**◆　$\{1, 2, \cdots, n\}$ からそれ自身への 1 対 1 の写像を n 文字の**置換**という．置換 σ に対して，$\sigma(1) = p_1$，$\sigma(2) = p_2$，$\cdots$，$\sigma(n) = p_n$ であるとき

$$\sigma = \begin{pmatrix} 1 & 2 & \cdots & n \\ p_1 & p_2 & \cdots & p_n \end{pmatrix}$$

で表す．n 文字の置換は $n!$ 個ある．2 つの置換 σ, τ に対して，積 $\tau\sigma$ を合成写像 $(\tau\sigma)(i) = \tau(\sigma(i))$ で定義する．恒等写像 $\iota(i) = i$ は**恒等置換**，σ の逆写像 σ^{-1} は**逆置換**と呼ばれる：

$$\iota = \begin{pmatrix} 1 & 2 & \cdots & n \\ 1 & 2 & \cdots & n \end{pmatrix} = (1), \quad \sigma^{-1} = \begin{pmatrix} p_1 & p_2 & \cdots & p_n \\ 1 & 2 & \cdots & n \end{pmatrix}.$$

$\begin{pmatrix} p_1 & p_2 & \cdots & p_r \\ p_2 & p_3 & \cdots & p_1 \end{pmatrix} = (p_1 \quad p_2 \quad \cdots \quad p_r)$ を長さ r の**巡回置換**という．とくに，長さ 2 の巡回置換を**互換**という．

> **定理 2.1** 任意の置換はいくつかの互換の積で表される．この互換の積が偶数個であるか奇数個であるかは，はじめに与えられた置換によって定まる．

偶数個の互換の積で表される置換を**偶置換**，奇数個の互換の積で表される置換を**奇置換**という．置換 σ の**符号**を

$$\operatorname{sgn} \sigma = \begin{cases} 1 & (\sigma \text{ は偶置換}) \\ -1 & (\sigma \text{ は奇置換}) \end{cases}$$

で定める．このとき

$$\operatorname{sgn}(1) = 1, \quad \operatorname{sgn} \sigma^{-1} = \operatorname{sgn} \sigma,$$
$$\operatorname{sgn}(\sigma\tau) = \operatorname{sgn} \sigma \operatorname{sgn} \tau$$

が成り立つ．

$\sigma = \begin{pmatrix} 1 & 2 & 3 & 4 \\ 4 & 1 & 2 & 3 \end{pmatrix}$ のとき，$\sigma = (1 \quad 4 \quad 3 \quad 2) = (1 \quad 2)(1 \quad 3)(1 \quad 4)$,

$$\sigma^{-1} = \begin{pmatrix} 4 & 1 & 2 & 3 \\ 1 & 2 & 3 & 4 \end{pmatrix} = \begin{pmatrix} 1 & 2 & 3 & 4 \\ 2 & 3 & 4 & 1 \end{pmatrix} = (1 \quad 2 \quad 3 \quad 4)$$
$$= (1 \quad 4)(1 \quad 3)(1 \quad 2),$$
$$\operatorname{sgn} \sigma = \operatorname{sgn} \sigma^{-1} = -1$$

◆ 行列式の定義 1 ◆　n 次正方行列 $A = (a_{ij})$ に対して，A の**行列式**を

$$\begin{vmatrix} a_{11} & a_{12} & \cdots & a_{1n} \\ a_{21} & a_{22} & \cdots & a_{2n} \\ & \cdots\cdots & & \\ a_{n1} & a_{n2} & \cdots & a_{nn} \end{vmatrix} = \sum \varepsilon(p_1 \ p_2 \ \cdots \ p_n) a_{1p_1} a_{2p_2} \cdots a_{np_n}$$

で定義する．$\sum$ は $\{p_1, p_2, \cdots, p_n\}$ の $n!$ 個からなるすべての順列に関する和を表す．

行列式は1つの数値である．A の行列式を $|A|$, $\det(A)$ などで表す．

$n=2$ のとき

$$\begin{vmatrix} a_{11} & a_{12} \\ a_{21} & a_{22} \end{vmatrix} = \varepsilon(1\ 2)a_{11}a_{22}+\varepsilon(2\ 1)a_{12}a_{21} = a_{11}a_{22}-a_{12}a_{21}$$

◈ 行列式の定義2 ◈　n 次正方行列 $A=(a_{ij})$ に対して，A の行列式を

$$\begin{vmatrix} a_{11} & a_{12} & \cdots & a_{1n} \\ a_{21} & a_{22} & \cdots & a_{2n} \\ & \cdots\cdots & & \\ a_{n1} & a_{n2} & \cdots & a_{nn} \end{vmatrix} = \sum \operatorname{sgn}\begin{pmatrix} 1 & 2 & \cdots & n \\ p_1 & p_2 & \cdots & p_n \end{pmatrix} a_{1p_1}a_{2p_2}\cdots a_{np_n}$$

で定義する．$\sum$ は $n!$ 個からなる n 文字の置換すべてに関する和を表す．

$n=2$ のとき

$$\begin{vmatrix} a_{11} & a_{12} \\ a_{21} & a_{22} \end{vmatrix} = \operatorname{sgn}\begin{pmatrix} 1 & 2 \\ 1 & 2 \end{pmatrix} a_{11}a_{22} + \operatorname{sgn}\begin{pmatrix} 1 & 2 \\ 2 & 1 \end{pmatrix} a_{12}a_{21}$$
$$= a_{11}a_{22}-a_{12}a_{21}$$

定理 2.2　置換 $\sigma = \begin{pmatrix} 1 & 2 & \cdots & n \\ p_1 & p_2 & \cdots & p_n \end{pmatrix}$ と順列 $(p_1\ p_2\ \cdots\ p_n)$ に対して，両方の符号は一致する：$\operatorname{sgn}\sigma = \varepsilon(p_1\ p_2\ \cdots\ p_n)$．すなわち，行列式の2つの定義式は同一のものである．

例題 2.1 5文字の置換 $\sigma = \begin{pmatrix} 1 & 2 & 3 & 4 & 5 \\ 4 & 5 & 2 & 3 & 1 \end{pmatrix}$, $\tau = \begin{pmatrix} 1 & 2 & 3 & 4 & 5 \\ 2 & 4 & 5 & 1 & 3 \end{pmatrix}$ に対して

（1） 置換 $\sigma^{-1}, \tau\sigma$ を求めよ．

（2） τ, σ^{-1} を巡回置換の積で表せ．

（3） $\sigma^{-1}\tau\sigma, \tau^2$ を互換の積で表し，それらの符号を求めよ．

解 （1） $\sigma^{-1} = \begin{pmatrix} 4 & 5 & 2 & 3 & 1 \\ 1 & 2 & 3 & 4 & 5 \end{pmatrix} = \begin{pmatrix} 1 & 2 & 3 & 4 & 5 \\ 5 & 3 & 4 & 1 & 2 \end{pmatrix}$,

$$\tau\sigma = \begin{pmatrix} 1 & 2 & 3 & 4 & 5 \\ 2 & 4 & 5 & 1 & 3 \end{pmatrix}\begin{pmatrix} 1 & 2 & 3 & 4 & 5 \\ 4 & 5 & 2 & 3 & 1 \end{pmatrix} = \begin{pmatrix} 1 & 2 & 3 & 4 & 5 \\ 1 & 3 & 4 & 5 & 2 \end{pmatrix}$$

（2） τ は $1 \to 2$，$2 \to 4$，$4 \to 1$ および $3 \to 5$，$5 \to 3$ であるから

$$\tau = \begin{pmatrix} 1 & 2 & 3 & 4 & 5 \\ 2 & 4 & 5 & 1 & 3 \end{pmatrix} = \begin{pmatrix} 1 & 2 & 4 & 3 & 5 \\ 2 & 4 & 1 & 5 & 3 \end{pmatrix} = (1\ \ 2\ \ 4)(3\ \ 5)$$

σ^{-1} は $1 \to 5$，$5 \to 2$，$2 \to 3$，$3 \to 4$，$4 \to 1$ であるから

$$\sigma^{-1} = \begin{pmatrix} 1 & 2 & 3 & 4 & 5 \\ 5 & 3 & 4 & 1 & 2 \end{pmatrix} = \begin{pmatrix} 1 & 5 & 2 & 3 & 4 \\ 5 & 2 & 3 & 4 & 1 \end{pmatrix} = (1\ \ 5\ \ 2\ \ 3\ \ 4)$$

（3） $\sigma^{-1}\tau\sigma = \sigma^{-1}(\tau\sigma) = \begin{pmatrix} 1 & 2 & 3 & 4 & 5 \\ 5 & 3 & 4 & 1 & 2 \end{pmatrix}\begin{pmatrix} 1 & 2 & 3 & 4 & 5 \\ 1 & 3 & 4 & 5 & 2 \end{pmatrix}$

$$= \begin{pmatrix} 1 & 2 & 3 & 4 & 5 \\ 5 & 4 & 1 & 2 & 3 \end{pmatrix} = (1\ \ 5\ \ 3)(2\ \ 4) = (1\ \ 3)(1\ \ 5)(2\ \ 4)$$

$$\tau^2 = \tau\tau = \begin{pmatrix} 1 & 2 & 3 & 4 & 5 \\ 2 & 4 & 5 & 1 & 3 \end{pmatrix}\begin{pmatrix} 1 & 2 & 3 & 4 & 5 \\ 2 & 4 & 5 & 1 & 3 \end{pmatrix} = \begin{pmatrix} 1 & 2 & 3 & 4 & 5 \\ 4 & 1 & 3 & 2 & 5 \end{pmatrix}$$

$$= (1\ \ 4\ \ 2) = (1\ \ 2)(1\ \ 4)$$

したがって

$$\mathrm{sgn}\,(\sigma^{-1}\tau\sigma) = -1, \quad \mathrm{sgn}\,(\tau^2) = 1.$$

注意 互換の積の表し方は一意的ではないので，（3）における互換の積表示は1つの例である．

例題 2.2 （1） $\{1, 2, 3\}$ のすべての順列の符号を求めて，3 次の行列式

$$\begin{vmatrix} a_{11} & a_{12} & a_{13} \\ a_{21} & a_{22} & a_{23} \\ a_{31} & a_{32} & a_{33} \end{vmatrix}$$

を順列を用いた定義により計算せよ．

（2）（1）を用いて，行列式 $\begin{vmatrix} 2 & -1 & 5 \\ 1 & 4 & -2 \\ 3 & 6 & 1 \end{vmatrix}$ の値を求めよ．

解 （1） $\{1, 2, 3\}$ の順列は $(1\ 2\ 3), (1\ 3\ 2), (2\ 1\ 3), (2\ 3\ 1), (3\ 1\ 2), (3\ 2\ 1)$ の 6 個ある．このとき，転倒数はそれぞれ順に $0, 1, 1, 2, 2, 3$ になる．よって，符号は

$$\varepsilon(1\ 2\ 3) = 1,\quad \varepsilon(1\ 3\ 2) = -1,\quad \varepsilon(2\ 1\ 3) = -1,$$
$$\varepsilon(2\ 3\ 1) = 1,\quad \varepsilon(3\ 1\ 2) = 1,\quad \varepsilon(3\ 2\ 1) = -1$$

したがって

$$\begin{vmatrix} a_{11} & a_{12} & a_{13} \\ a_{21} & a_{22} & a_{23} \\ a_{31} & a_{32} & a_{33} \end{vmatrix} = \varepsilon(1\ 2\ 3)a_{11}a_{22}a_{33} + \varepsilon(1\ 3\ 2)a_{11}a_{23}a_{32} + \varepsilon(2\ 1\ 3)a_{12}a_{21}a_{33}$$
$$+ \varepsilon(2\ 3\ 1)a_{12}a_{23}a_{31} + \varepsilon(3\ 1\ 2)a_{13}a_{21}a_{32} + \varepsilon(3\ 2\ 1)a_{13}a_{22}a_{31}$$
$$= a_{11}a_{22}a_{33} + a_{12}a_{23}a_{31} + a_{13}a_{21}a_{32} - a_{13}a_{22}a_{31} - a_{12}a_{21}a_{33} - a_{11}a_{23}a_{32}$$

（2）
$$\begin{vmatrix} 2 & -1 & 5 \\ 1 & 4 & -2 \\ 3 & 6 & 1 \end{vmatrix} = 2 \cdot 4 \cdot 1 + (-1) \cdot (-2) \cdot 3 + 5 \cdot 1 \cdot 6 - 5 \cdot 4 \cdot 3 - (-1) \cdot 1 \cdot 1$$
$$- 2 \cdot (-2) \cdot 6 = 9$$

注意 2 次と 3 次の行列式は，**サラスの方法**と呼ばれる次の図で記憶すると便利である：

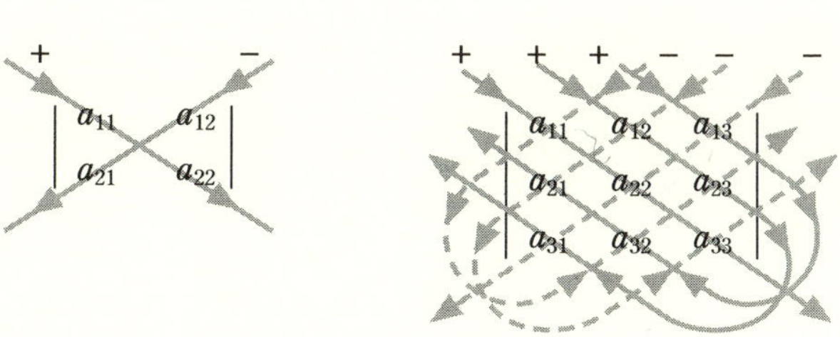

例題 2.3 3文字のすべての置換の符号を求めて，3次の行列式

$$\begin{vmatrix} a_{11} & a_{12} & a_{13} \\ a_{21} & a_{22} & a_{23} \\ a_{31} & a_{32} & a_{33} \end{vmatrix}$$

を置換を用いた定義により計算せよ．

解 3文字の置換は6個あり，これらを互換の積で表して符号を求める：

$$\operatorname{sgn}\begin{pmatrix} 1 & 2 & 3 \\ 1 & 2 & 3 \end{pmatrix} = \operatorname{sgn}(1) = 1, \quad \operatorname{sgn}\begin{pmatrix} 1 & 2 & 3 \\ 1 & 3 & 2 \end{pmatrix} = \operatorname{sgn}(2\ \ 3) = -1,$$

$$\operatorname{sgn}\begin{pmatrix} 1 & 2 & 3 \\ 3 & 2 & 1 \end{pmatrix} = \operatorname{sgn}(1\ \ 3) = -1, \quad \operatorname{sgn}\begin{pmatrix} 1 & 2 & 3 \\ 2 & 1 & 3 \end{pmatrix} = \operatorname{sgn}(1\ \ 2) = -1,$$

$$\operatorname{sgn}\begin{pmatrix} 1 & 2 & 3 \\ 2 & 3 & 1 \end{pmatrix} = \operatorname{sgn}(1\ \ 2\ \ 3) = \operatorname{sgn}(1\ \ 3)(1\ \ 2) = 1,$$

$$\operatorname{sgn}\begin{pmatrix} 1 & 2 & 3 \\ 3 & 1 & 2 \end{pmatrix} = \operatorname{sgn}(1\ \ 3\ \ 2) = \operatorname{sgn}(1\ \ 2)(1\ \ 3) = 1$$

したがって

$$\begin{aligned}
&\begin{vmatrix} a_{11} & a_{12} & a_{13} \\ a_{21} & a_{22} & a_{23} \\ a_{31} & a_{32} & a_{33} \end{vmatrix} \\
&= \operatorname{sgn}\begin{pmatrix} 1 & 2 & 3 \\ 1 & 2 & 3 \end{pmatrix} a_{11}a_{22}a_{33} + \operatorname{sgn}\begin{pmatrix} 1 & 2 & 3 \\ 1 & 3 & 2 \end{pmatrix} a_{11}a_{23}a_{32} \\
&\quad + \operatorname{sgn}\begin{pmatrix} 1 & 2 & 3 \\ 3 & 2 & 1 \end{pmatrix} a_{13}a_{22}a_{31} + \operatorname{sgn}\begin{pmatrix} 1 & 2 & 3 \\ 2 & 1 & 3 \end{pmatrix} a_{12}a_{21}a_{33} \\
&\quad + \operatorname{sgn}\begin{pmatrix} 1 & 2 & 3 \\ 2 & 3 & 1 \end{pmatrix} a_{12}a_{23}a_{31} + \operatorname{sgn}\begin{pmatrix} 1 & 2 & 3 \\ 3 & 1 & 2 \end{pmatrix} a_{13}a_{21}a_{32} \\
&= a_{11}a_{22}a_{33} + a_{12}a_{23}a_{31} + a_{13}a_{21}a_{32} - a_{13}a_{22}a_{31} - a_{12}a_{21}a_{33} - a_{11}a_{23}a_{32}
\end{aligned}$$

注意 当然のことであるが，例題 2.2 と同じ結果（サラスの方法）が得られる．

例題 2.4　置換を用いた行列式の定義に従い，次の行列式の値を求めよ．

（1）$\begin{vmatrix} 1 & 0 & 0 & 0 \\ 2 & 3 & 0 & 0 \\ 4 & 5 & 6 & 0 \\ 7 & 8 & 9 & 10 \end{vmatrix}$　　（2）$\begin{vmatrix} 1 & 0 & 2 & 0 \\ 3 & 4 & 0 & 5 \\ 0 & 6 & 0 & 7 \\ 0 & 0 & 8 & 9 \end{vmatrix}$

解　その定義に従えば行列式は，各行から1つずつ成分を取り出して（しかも，すべての列から1つだけ取り出すようにする）積をつくり，それに取り出した位置に対応する置換（または順列）の符号をつけて加えたものである．

（1）　この場合は0にならない積は$1\cdot3\cdot6\cdot10$だけである．成分表示は$a_{11}a_{22}a_{33}a_{44}$にあたるから，求める行列式の値は

$$\mathrm{sgn}\begin{pmatrix} 1 & 2 & 3 & 4 \\ 1 & 2 & 3 & 4 \end{pmatrix} 1\cdot3\cdot6\cdot10 = 1\cdot3\cdot6\cdot10 = 180.$$

（2）　0以外の積は，$1\cdot4\cdot7\cdot8$，$1\cdot5\cdot6\cdot8$，$2\cdot3\cdot6\cdot9$であり，それらを成分で表示すれば，それぞれ$a_{11}a_{22}a_{34}a_{43}$，$a_{11}a_{24}a_{32}a_{43}$，$a_{13}a_{21}a_{32}a_{44}$であるから，行列式の値は

$$\mathrm{sgn}\begin{pmatrix} 1 & 2 & 3 & 4 \\ 1 & 2 & 4 & 3 \end{pmatrix} 1\cdot4\cdot7\cdot8 + \mathrm{sgn}\begin{pmatrix} 1 & 2 & 3 & 4 \\ 1 & 4 & 2 & 3 \end{pmatrix} 1\cdot5\cdot6\cdot8 + \mathrm{sgn}\begin{pmatrix} 1 & 2 & 3 & 4 \\ 3 & 1 & 2 & 4 \end{pmatrix} 2\cdot3\cdot6\cdot9$$

で与えられる．

$$\begin{pmatrix} 1 & 2 & 3 & 4 \\ 1 & 2 & 4 & 3 \end{pmatrix} = (3 \ \ 4),\ \begin{pmatrix} 1 & 2 & 3 & 4 \\ 1 & 4 & 2 & 3 \end{pmatrix} = (2 \ \ 4 \ \ 3) = (2 \ \ 3)(2 \ \ 4),$$

$\begin{pmatrix} 1 & 2 & 3 & 4 \\ 3 & 1 & 2 & 4 \end{pmatrix} = (1 \ \ 3 \ \ 2) = (1 \ \ 2)(1 \ \ 3)$と書けるから

$$\mathrm{sgn}\begin{pmatrix} 1 & 2 & 3 & 4 \\ 1 & 2 & 4 & 3 \end{pmatrix} = -1,\quad \mathrm{sgn}\begin{pmatrix} 1 & 2 & 3 & 4 \\ 1 & 4 & 2 & 3 \end{pmatrix} = 1,\quad \mathrm{sgn}\begin{pmatrix} 1 & 2 & 3 & 4 \\ 3 & 1 & 2 & 4 \end{pmatrix} = 1$$

したがって，求める行列式の値は

$$-1\cdot4\cdot7\cdot8 + 1\cdot5\cdot6\cdot8 + 2\cdot3\cdot6\cdot9 = -224 + 240 + 324 = 340.$$

注意　（1）の考え方から対角行列や3角行列の行列式は対角成分の積である．（2）から4次の行列式にはサラスの方法は使えないことがわかる．

2.2 行列式の性質

◈ 行と列の交換 ◈

定理 2.3 正方行列 A の行列式と A の転置行列 ${}^tA$ の行列式は等しい：$|A| = |{}^tA|$，すなわち

$$\begin{vmatrix} a_{11} & a_{12} & \cdots & a_{1n} \\ a_{21} & a_{22} & \cdots & a_{2n} \\ & \cdots\cdots & & \\ a_{n1} & a_{n2} & \cdots & a_{nn} \end{vmatrix} = \begin{vmatrix} a_{11} & a_{21} & \cdots & a_{n1} \\ a_{12} & a_{22} & \cdots & a_{n2} \\ & \cdots\cdots & & \\ a_{1n} & a_{2n} & \cdots & a_{nn} \end{vmatrix}$$

このことから行列式の行に関する性質は列に移行できる．

次の定理 2.4 は行列式の次数を 1 つ下げることができることを意味している．4 次以上の高次の行列式を計算するには，以下の基本性質を利用して定理 2.4 が使える形に行列式を変形する．

定理 2.4

$$\begin{vmatrix} a_{11} & 0 & \cdots & 0 \\ a_{21} & a_{22} & \cdots & a_{2n} \\ & \cdots\cdots & & \\ a_{n1} & a_{n2} & \cdots & a_{nn} \end{vmatrix} = a_{11} \begin{vmatrix} a_{22} & a_{23} & \cdots & a_{2n} \\ a_{32} & a_{33} & \cdots & a_{3n} \\ & \cdots\cdots & & \\ a_{n2} & a_{n3} & \cdots & a_{nn} \end{vmatrix}$$

$$\begin{vmatrix} a_{11} & a_{12} & \cdots & a_{1n} \\ 0 & a_{22} & \cdots & a_{2n} \\ & \cdots\cdots & & \\ 0 & a_{n2} & \cdots & a_{nn} \end{vmatrix} = a_{11} \begin{vmatrix} a_{22} & a_{23} & \cdots & a_{2n} \\ a_{32} & a_{33} & \cdots & a_{3n} \\ & \cdots\cdots & & \\ a_{n2} & a_{n3} & \cdots & a_{nn} \end{vmatrix}$$

この定理 2.4 から，3 角行列と対角行列の行列式は対角成分の積になる．

◆ 行列式の基本性質 ◆

定理 2.5

（I）
$$\begin{vmatrix} a_{11} & a_{12} & \cdots & a_{1n} \\ & \cdots\cdots & & \\ ca_{i1} & ca_{i2} & \cdots & ca_{in} \\ & \cdots\cdots & & \\ a_{n1} & a_{n2} & \cdots & a_{nn} \end{vmatrix} = c \begin{vmatrix} a_{11} & a_{12} & \cdots & a_{1n} \\ & \cdots\cdots & & \\ a_{i1} & a_{i2} & \cdots & a_{in} \\ & \cdots\cdots & & \\ a_{n1} & a_{n2} & \cdots & a_{nn} \end{vmatrix}$$

（II）
$$\begin{vmatrix} a_{11} & \cdots & a_{1n} \\ & \cdots\cdots & \\ a_{i1}+a_{i1}' & \cdots & a_{in}+a_{in}' \\ & \cdots\cdots & \\ a_{n1} & \cdots & a_{nn} \end{vmatrix}$$
$$= \begin{vmatrix} a_{11} & \cdots & a_{1n} \\ & \cdots\cdots & \\ a_{i1} & \cdots & a_{in} \\ & \cdots\cdots & \\ a_{n1} & \cdots & a_{nn} \end{vmatrix} + \begin{vmatrix} a_{11} & \cdots & a_{1n} \\ & \cdots\cdots & \\ a_{i1}' & \cdots & a_{in}' \\ & \cdots\cdots & \\ a_{n1} & \cdots & a_{nn} \end{vmatrix}$$

（III） 行列式の 2 つの行を入れかえれば，行列式の符号が変わる：
$$\begin{vmatrix} a_{11} & a_{12} & \cdots & a_{1n} \\ & \cdots\cdots & & \\ a_{j1} & a_{j2} & \cdots & a_{jn} \\ & \cdots\cdots & & \\ a_{i1} & a_{i2} & \cdots & a_{in} \\ & \cdots\cdots & & \\ a_{n1} & a_{n2} & \cdots & a_{nn} \end{vmatrix} = - \begin{vmatrix} a_{11} & a_{12} & \cdots & a_{1n} \\ & \cdots\cdots & & \\ a_{i1} & a_{i2} & \cdots & a_{in} \\ & \cdots\cdots & & \\ a_{j1} & a_{j2} & \cdots & a_{jn} \\ & \cdots\cdots & & \\ a_{n1} & a_{n2} & \cdots & a_{nn} \end{vmatrix}$$

（IV） 行列式の 2 つの行が一致すれば，行列式の値は 0 になる．

（V） 行列式の 1 つの行に他の行の定数倍を加えても値は変わらない：

$$\begin{vmatrix} a_{11} & a_{12} & \cdots & a_{1n} \\ & \cdots\cdots & & \\ a_{i1}+ca_{j1} & a_{i2}+ca_{j2} & \cdots & a_{in}+ca_{jn} \\ & \cdots\cdots & & \\ a_{j1} & a_{j2} & \cdots & a_{jn} \\ & \cdots\cdots & & \\ a_{n1} & a_{n2} & \cdots & a_{nn} \end{vmatrix} = \begin{vmatrix} a_{11} & a_{12} & \cdots & a_{1n} \\ & \cdots\cdots & & \\ a_{i1} & a_{i2} & \cdots & a_{in} \\ & \cdots\cdots & & \\ a_{j1} & a_{j2} & \cdots & a_{jn} \\ & \cdots\cdots & & \\ a_{n1} & a_{n2} & \cdots & a_{nn} \end{vmatrix}$$

定理 2.5 にあたることが列についても成り立つ.

◆ 行列の積の行列式 ◆

定理 2.6 n 次正方行列 A, B に対して, $|AB| = |A||B|$

$$\begin{pmatrix} a & b \\ -b & a \end{pmatrix}\begin{pmatrix} c & d \\ -d & c \end{pmatrix} = \begin{pmatrix} ac-bd & ad+bc \\ -(ad+bc) & ac-bd \end{pmatrix}$$

の両辺の行列式をとると, 次の等式を得る.

$$(a^2+b^2)(c^2+d^2) = (ac-bd)^2+(ad+bc)^2$$

例題 2.5 次の行列式を計算せよ．

(1) $\begin{vmatrix} 1 & -2 & -1 & 4 \\ 3 & 5 & 4 & 2 \\ 2 & 7 & 5 & -2 \\ 1 & -3 & 7 & 3 \end{vmatrix}$　　(2) $\begin{vmatrix} 1 & 5 & -1 & 4 \\ 2 & 1 & 2 & -3 \\ 3 & -2 & 1 & 2 \\ -1 & 3 & 1 & -2 \end{vmatrix}$

解 (1)
$$\begin{vmatrix} 1 & -2 & -1 & 4 \\ 3 & 5 & 4 & 2 \\ 2 & 7 & 5 & -2 \\ 1 & -3 & 7 & 3 \end{vmatrix} \underset{\text{第3行+第1行}}{=} \begin{vmatrix} 1 & -2 & -1 & 4 \\ 3 & 5 & 4 & 2 \\ 3 & 5 & 4 & 2 \\ 1 & -3 & 7 & 3 \end{vmatrix} \underset{\substack{\text{第2行と第3行}\\\text{が一致}}}{=} 0.$$

(2)
$$\begin{vmatrix} 1 & 5 & -1 & 4 \\ 2 & 1 & 2 & -3 \\ 3 & -2 & 1 & 2 \\ -1 & 3 & 1 & -2 \end{vmatrix} \underset{\substack{\text{第2列+第1列×(−5),}\\\text{第3列+第1列,}\\\text{第4列+第1列×(−4)}}}{=} \begin{vmatrix} 1 & 0 & 0 & 0 \\ 2 & -9 & 4 & -11 \\ 3 & -17 & 4 & -10 \\ -1 & 8 & 0 & 2 \end{vmatrix}$$

$$= \begin{vmatrix} -9 & 4 & -11 \\ -17 & 4 & -10 \\ 8 & 0 & 2 \end{vmatrix} \underset{\text{第2列は4の倍数}}{=} 4\begin{vmatrix} -9 & 1 & -11 \\ -17 & 1 & -10 \\ 8 & 0 & 2 \end{vmatrix}$$

$$\underset{\text{第1列と第2列の入れかえ}}{=} -4\begin{vmatrix} 1 & -9 & -11 \\ 1 & -17 & -10 \\ 0 & 8 & 2 \end{vmatrix}$$

$$\underset{\text{第2行+第1行×(−1)}}{=} -4\begin{vmatrix} 1 & -9 & -11 \\ 0 & -8 & 1 \\ 0 & 8 & 2 \end{vmatrix}$$

$$= -4\begin{vmatrix} -8 & 1 \\ 8 & 2 \end{vmatrix} = (-4)\cdot 8\begin{vmatrix} -1 & 1 \\ 1 & 2 \end{vmatrix} = (-32)\cdot(-3) = 96.$$

注意 たとえば，第3行+第1行，第2列+第1列×(−5) は，それぞれ第3行に第1行を加える，第2列に第1列の −5 倍を加えるという操作を意味する．

類題 次を確かめよ．

(1) $\begin{vmatrix} 1 & 1 & 0 & -1 \\ 3 & 2 & -2 & 0 \\ 1 & 5 & -4 & 2 \\ -1 & -2 & 1 & 3 \end{vmatrix} = 33$　　(2) $\begin{vmatrix} 2 & 1 & 3 & -1 \\ 5 & -1 & 1 & 4 \\ -2 & -5 & -3 & 0 \\ 1 & -6 & -2 & 1 \end{vmatrix} = 44$

例題 2.6　次の行列式を因数分解せよ．

$$\begin{vmatrix} a & a^2 & b+c \\ b & b^2 & c+a \\ c & c^2 & a+b \end{vmatrix}$$

解

$$\begin{vmatrix} a & a^2 & b+c \\ b & b^2 & c+a \\ c & c^2 & a+b \end{vmatrix} \underset{\text{第1列+第3列}}{=} \begin{vmatrix} a+b+c & a^2 & b+c \\ b+c+a & b^2 & c+a \\ c+a+b & c^2 & a+b \end{vmatrix}$$

$$= (a+b+c)\begin{vmatrix} 1 & a^2 & b+c \\ 1 & b^2 & c+a \\ 1 & c^2 & a+b \end{vmatrix}$$

$$\underset{\text{第2行−第1行，第3行−第1行}}{=} (a+b+c)\begin{vmatrix} 1 & a^2 & b+c \\ 0 & b^2-a^2 & a-b \\ 0 & c^2-a^2 & a-c \end{vmatrix}$$

$$= (a+b+c)\begin{vmatrix} b^2-a^2 & a-b \\ c^2-a^2 & a-c \end{vmatrix}$$

$$= (a+b+c)\begin{vmatrix} (b+a)(b-a) & a-b \\ (c+a)(c-a) & a-c \end{vmatrix}$$

$$= (a+b+c)(b-a)(c-a)\begin{vmatrix} b+a & -1 \\ c+a & -1 \end{vmatrix}$$

$$= (a+b+c)(b-a)(c-a)(c-b)$$

$$= (a+b+c)(a-b)(b-c)(c-a).$$

類題　次を因数分解せよ．

（i）$\begin{vmatrix} 1 & 1 & 1 \\ a & b & c \\ bc & ca & ab \end{vmatrix}$　　（ii）$\begin{vmatrix} a & bc & b+c \\ b & ca & c+a \\ c & ab & a+b \end{vmatrix}$

類題の解

（i）$(a-b)(b-c)(c-a)$

（ii）$(a+b+c)(a-b)(b-c)(c-a)$

例題 2.7 $\begin{vmatrix} 1 & a & a^2 \\ 1 & b & b^2 \\ 1 & c & c^2 \end{vmatrix} = (a-b)(b-c)(c-a)$ を示せ．

解 $\begin{vmatrix} 1 & a & a^2 \\ 1 & b & b^2 \\ 1 & c & c^2 \end{vmatrix} \underset{\text{第2行−第1行，第3行−第1行}}{=} \begin{vmatrix} 1 & a & a^2 \\ 0 & b-a & b^2-a^2 \\ 0 & c-a & c^2-a^2 \end{vmatrix}$

$$= \begin{vmatrix} b-a & (b-a)(b+a) \\ c-a & (c-a)(c+a) \end{vmatrix} = (b-a)(c-a)\begin{vmatrix} 1 & b+a \\ 1 & c+a \end{vmatrix}$$

$$= (b-a)(c-a)(c-b) = (a-b)(b-c)(c-a).$$

別解 $D = \begin{vmatrix} 1 & a & a^2 \\ 1 & b & b^2 \\ 1 & c & c^2 \end{vmatrix}$ を a の多項式とみるとき，$a=b$ としても $a=c$ としても 2 つの行が一致することから $D=0$．よって，因数定理により D は $(a-b)(a-c)$ で割り切れる．また，D を b の多項式とみて，$b=c$ とすれば $D=0$．

したがって，$D = k(a-b)(b-c)(c-a)$ と書ける．この両辺の bc^2 の項を比較すると $k=1$ を得るから，$D=(a-b)(b-c)(c-a)$．

類題 $\begin{vmatrix} 1 & a & a^2 & a^3 \\ 1 & b & b^2 & b^3 \\ 1 & c & c^2 & c^3 \\ 1 & d & d^2 & d^3 \end{vmatrix} = (a-b)(a-c)(a-d)(b-c)(b-d)(c-d)$

を示せ．

注意 別解のような考え方で

$$\begin{vmatrix} 1 & x_1 & {x_1}^2 & \cdots & {x_1}^{n-1} \\ 1 & x_2 & {x_2}^2 & \cdots & {x_2}^{n-1} \\ \vdots & \vdots & \vdots & & \vdots \\ 1 & x_n & {x_n}^2 & \cdots & {x_n}^{n-1} \end{vmatrix} = (-1)^{\frac{n(n-1)}{2}} \prod_{1 \leqq i < j \leqq n} (x_i - x_j)$$

を示すことができる．これを**ヴァンデルモンドの行列式**という．

例題 2.8 （1） A を m 次正方行列，B を n 次正方行列とするとき，次を示せ．

$$\begin{vmatrix} A & O \\ C & B \end{vmatrix} = |A||B|$$

（2） A, B ともに n 次正方行列とするとき，次を示せ．

$$\begin{vmatrix} A & B \\ B & A \end{vmatrix} = |A+B||A-B|$$

解 （1） まず $\begin{pmatrix} A & O \\ C & B \end{pmatrix} = \begin{pmatrix} A & O \\ O & E \end{pmatrix}\begin{pmatrix} E & O \\ C & B \end{pmatrix}$ に注意する．

定理 2.4 を繰り返し用いれば，$\begin{vmatrix} E & O \\ C & B \end{vmatrix} = |B|$．次に，$\begin{vmatrix} A & O \\ O & E \end{vmatrix}$ の第 $m+1$ 行をすぐ上の行と入れかえる，さらにまたそのすぐ上の行と入れかえる．これを繰り返して第 1 行にもってくる．同様な操作で第 $m+2$ 行を第 2 行に，…，第 $m+n$ 行を第 n 行にもってくる．さらに列に対しても同じことを行えば

$$\begin{vmatrix} A & O \\ O & E \end{vmatrix} = (-1)^{mn}\begin{vmatrix} O & E \\ A & O \end{vmatrix} = (-1)^{2mn}\begin{vmatrix} E & O \\ O & A \end{vmatrix} = |A|.$$

よって，$\begin{vmatrix} A & O \\ C & B \end{vmatrix} = \begin{vmatrix} A & O \\ O & E \end{vmatrix}\begin{vmatrix} E & O \\ C & B \end{vmatrix} = |A||B|$.

（2）
$$\begin{vmatrix} A & B \\ B & A \end{vmatrix} \underset{\substack{\text{第 1 行+第}(n+1)\text{行,} \\ \text{第 2 行+第}(n+2)\text{行,} \cdots, \\ \text{第 } n \text{ 行+第 } 2n \text{ 行}}}{=} \begin{vmatrix} A+B & B+A \\ B & A \end{vmatrix}$$

$$\underset{\substack{\text{第}(n+1)\text{列}-\text{第 1 列,} \\ \text{第}(n+2)\text{列}-\text{第 2 列,} \cdots, \\ \text{第 } 2n \text{ 列}-\text{第 } n \text{ 列}}}{=} \begin{vmatrix} A+B & O \\ B & A-B \end{vmatrix}$$

$$\underset{(1)\text{より}}{=} |A+B||A-B|.$$

注意 たとえば（2）を用いれば

$$\begin{vmatrix} a & b & c & d \\ b & a & d & c \\ c & d & a & b \\ d & c & b & a \end{vmatrix} = \begin{vmatrix} a+c & b+d \\ b+d & a+c \end{vmatrix}\begin{vmatrix} a-c & b-d \\ b-d & a-c \end{vmatrix}$$
$$= ((a+c)^2-(b+d)^2)((a-c)^2-(b-d)^2)$$
$$= (a+b+c+d)(a-b+c-d)(a+b-c-d)(a-b-c+d)$$

例題 2.9 $A=\begin{pmatrix} a & b & c & d \\ -b & a & -d & c \\ -c & d & a & -b \\ -d & -c & b & a \end{pmatrix}$ に対して

（1） ${}^tAA$ を計算せよ．

（2） 行列式 $|A|$ を求めよ．

解 （1） $${}^tAA=\begin{pmatrix} a & -b & -c & -d \\ b & a & d & -c \\ c & -d & a & b \\ d & c & -b & a \end{pmatrix}\begin{pmatrix} a & b & c & d \\ -b & a & -d & c \\ -c & d & a & -b \\ -d & -c & b & a \end{pmatrix}$$

$$=\begin{pmatrix} a^2+b^2+c^2+d^2 & 0 & 0 & 0 \\ 0 & a^2+b^2+c^2+d^2 & 0 & 0 \\ 0 & 0 & a^2+b^2+c^2+d^2 & 0 \\ 0 & 0 & 0 & a^2+b^2+c^2+d^2 \end{pmatrix}$$

（2） （1）より

$$|{}^tAA|=\begin{vmatrix} a^2+b^2+c^2+d^2 & 0 & 0 & 0 \\ 0 & a^2+b^2+c^2+d^2 & 0 & 0 \\ 0 & 0 & a^2+b^2+c^2+d^2 & 0 \\ 0 & 0 & 0 & a^2+b^2+c^2+d^2 \end{vmatrix}$$

$$=(a^2+b^2+c^2+d^2)^4.$$

$|{}^tAA|=|{}^tA||A|=|A|^2$ であるから

$$|A|=\pm(a^2+b^2+c^2+d^2)^2$$

ところが，$b=c=d=0$ とすれば，$|A|=a^4$ であるから

$$|A|=(a^2+b^2+c^2+d^2)^2.$$

類題 $A=\begin{pmatrix} 1 & \cos\alpha & \cos(\alpha+\beta) \\ 0 & \sin\alpha & \sin(\alpha+\beta) \\ 0 & 0 & 0 \end{pmatrix}$ として，${}^tAA$ を計算することで

$\begin{vmatrix} 1 & \cos\alpha & \cos(\alpha+\beta) \\ \cos\alpha & 1 & \cos\beta \\ \cos(\alpha+\beta) & \cos\beta & 1 \end{vmatrix}=0$ を確かめよ．

2.3　行列式の展開と応用

◆ **余因子** ◆　n 次正方行列 A から第 i 行と第 j 列を取り除いて得られる $n-1$ 次の行列の行列式に $(-1)^{i+j}$ を掛けたものを A_{ij} で表す：

$$A_{ij} = (-1)^{i+j} \begin{vmatrix} a_{11} & \cdots & a_{1j} & \cdots & a_{1n} \\ \vdots & & \vdots & & \vdots \\ a_{i1} & \cdots & a_{ij} & \cdots & a_{in} \\ \vdots & & \vdots & & \vdots \\ a_{n1} & \cdots & a_{nj} & \cdots & a_{nn} \end{vmatrix} \quad \text{（アミ部を除く）}$$

これを (i, j) 成分 a_{ij} の**余因子**または余因数という．

次の定理により，n 次の行列式は $n-1$ 次の行列式に帰着される．

定理 2.7

$$|A| = a_{i1}A_{i1} + a_{i2}A_{i2} + \cdots + a_{in}A_{in} \quad (i = 1, 2, \cdots, n)$$

（第 i 行での展開）

$$|A| = a_{1j}A_{1j} + a_{2j}A_{2j} + \cdots + a_{nj}A_{nj} \quad (j = 1, 2, \cdots, n)$$

（第 j 列での展開）

さらに，$i \neq k$，$j \neq k$ のときは，次が成り立つ．

$$a_{i1}A_{k1} + a_{i2}A_{k2} + \cdots + a_{in}A_{kn} = 0 \quad (i,\ k = 1, 2, \cdots, n)$$

$$a_{1j}A_{1k} + a_{2j}A_{2k} + \cdots + a_{nj}A_{nk} = 0 \quad (j, k = 1, 2, \cdots, n)$$

定理 2.8　n 次正方行列 A に対して

$$A \text{ が正則行列} \iff |A| \neq 0.$$

A が正則行列のとき

$$A^{-1} = \frac{1}{|A|} \begin{pmatrix} A_{11} & A_{21} & \cdots & A_{n1} \\ A_{12} & A_{22} & \cdots & A_{n2} \\ & \cdots\cdots & & \\ A_{1n} & A_{2n} & \cdots & A_{nn} \end{pmatrix}, \quad |A^{-1}| = |A|^{-1}$$

$$A = \begin{pmatrix} a & b \\ c & d \end{pmatrix} \text{に対して，} \begin{vmatrix} a & b \\ c & d \end{vmatrix} = ad - bc \neq 0 \text{のとき}$$

$$A^{-1} = \frac{1}{ad-bc}\begin{pmatrix} d & -b \\ -c & a \end{pmatrix}$$

◈ 連立1次方程式 ◈

定理 2.9（クラメルの公式） $x_1, x_2, \cdots, x_n$ を未知数とする n 元連立1次方程式

$$\begin{cases} a_{11}x_1 + a_{12}x_2 + \cdots + a_{1n}x_n = b_1 \\ a_{21}x_1 + a_{22}x_2 + \cdots + a_{2n}x_n = b_2 \\ \qquad\qquad \cdots\cdots \\ a_{n1}x_1 + a_{n2}x_2 + \cdots + a_{nn}x_n = b_n \end{cases}$$

の係数行列 $A = (a_{ij})$ が正則行列のとき，この連立1次方程式はただ1組の解をもち，解は次の形で与えられる：

$$x_j = \frac{1}{|A|}\begin{vmatrix} a_{11} & \cdots & b_1 & \cdots & a_{1n} \\ a_{21} & \cdots & b_2 & \cdots & a_{2n} \\ & & \cdots\cdots & & \\ a_{n1} & \cdots & \underset{j\text{列}}{b_n} & \cdots & a_{nn} \end{vmatrix} \quad (j = 1, 2, \cdots, n)$$

$$\begin{cases} ax + by = c \\ a'x + b'y = c' \end{cases} \text{の解は，} \begin{vmatrix} a & b \\ a' & b' \end{vmatrix} \neq 0 \text{のとき}$$

$$x = \frac{\begin{vmatrix} c & b \\ c' & b' \end{vmatrix}}{\begin{vmatrix} a & b \\ a' & b' \end{vmatrix}} = \frac{b'c - bc'}{ab' - a'b}, \quad y = \frac{\begin{vmatrix} a & c \\ a' & c' \end{vmatrix}}{\begin{vmatrix} a & b \\ a' & b' \end{vmatrix}} = \frac{ac' - a'c}{ab' - a'b}$$

で与えられる．

例題 2.10

$$\text{行列 } A = \begin{pmatrix} 3 & -1 & 2 & 5 \\ -2 & 4 & 1 & 3 \\ 6 & -5 & -3 & 1 \\ -3 & 7 & -2 & 4 \end{pmatrix} \text{ に対して}$$

（1） $(2, 3)$ 成分の余因子 A_{23} と $(4, 2)$ 成分の余因子 A_{42} を求めよ．

（2） 第 2 行で展開することにより，行列式 $|A|$ の値を求めよ．

解 （1） $A_{23} = (-1)^{2+3} \begin{vmatrix} 3 & -1 & 5 \\ 6 & -5 & 1 \\ -3 & 7 & 4 \end{vmatrix} = -81,$

$$A_{42} = (-1)^{4+2} \begin{vmatrix} 3 & 2 & 5 \\ -2 & 1 & 3 \\ 6 & -3 & 1 \end{vmatrix} = 70$$

（2） 第 2 行で直接展開すると

$$|A| = (-2)A_{21} + 4A_{22} + A_{23} + 3A_{24}$$

$$= (-2)(-1)^3 \begin{vmatrix} -1 & 2 & 5 \\ -5 & -3 & 1 \\ 7 & -2 & 4 \end{vmatrix} + 4(-1)^4 \begin{vmatrix} 3 & 2 & 5 \\ 6 & -3 & 1 \\ -3 & -2 & 4 \end{vmatrix} + (-1)^5 \begin{vmatrix} 3 & -1 & 5 \\ 6 & -5 & 1 \\ -3 & 7 & 4 \end{vmatrix}$$

$$+3(-1)^6 \begin{vmatrix} 3 & -1 & 2 \\ 6 & -5 & -3 \\ -3 & 7 & -2 \end{vmatrix}$$

$$= 2 \cdot 219 + 4(-189) - 81 + 3 \cdot 126 = -21.$$

（2）の別解 第 1 列＋第 3 列×2，第 2 列＋第 3 列×(-4)，第 4 列＋第 3 列×(-3) により

$$|A| = \begin{vmatrix} 7 & -9 & 2 & -1 \\ 0 & 0 & 1 & 0 \\ 0 & 7 & -3 & 10 \\ -7 & 15 & -2 & 10 \end{vmatrix} \underset{\text{第 2 行での展開}}{=} (-1)^5 \begin{vmatrix} 7 & -9 & -1 \\ 0 & 7 & 10 \\ -7 & 15 & 10 \end{vmatrix}$$

$$\underset{\text{第 3 行＋第 1 行}}{=} -\begin{vmatrix} 7 & -9 & -1 \\ 0 & 7 & 10 \\ 0 & 6 & 9 \end{vmatrix} \underset{\text{第 1 列で展開}}{=} -7 \begin{vmatrix} 7 & 10 \\ 6 & 9 \end{vmatrix} = -7 \cdot 3 = -21.$$

注意 行列式を計算するときは，別解のように，特定の行または列の成分に 0 を多くして，その行または列について展開すればよい．

例題 2.11 次の行列 A に逆行列があれば，余因子を計算することで求めよ．

（1）$\begin{pmatrix} 6 & 5 \\ 1 & 3 \end{pmatrix}$ （2）$\begin{pmatrix} 2 & 1 & 8 \\ 3 & 5 & 5 \\ 1 & 1 & 3 \end{pmatrix}$ （3）$\begin{pmatrix} 2 & -1 & 3 \\ 1 & 2 & -1 \\ 5 & 1 & 8 \end{pmatrix}$

解 （1）$|A| = \begin{vmatrix} 6 & 5 \\ 1 & 3 \end{vmatrix} = 18-5 = 13 \neq 0$ より逆行列をもつ．

$$A^{-1} = \begin{pmatrix} 6 & 5 \\ 1 & 3 \end{pmatrix}^{-1} = \frac{1}{13}\begin{pmatrix} A_{11} & A_{21} \\ A_{12} & A_{22} \end{pmatrix} = \frac{1}{13}\begin{pmatrix} 3 & -5 \\ -1 & 6 \end{pmatrix}.$$

（2）$\begin{vmatrix} 2 & 1 & 8 \\ 3 & 5 & 5 \\ 1 & 1 & 3 \end{vmatrix} = 30+5+24-40-10-9 = 0$

であるから，逆行列をもたない．

（3）$|A| = \begin{vmatrix} 2 & -1 & 3 \\ 1 & 2 & -1 \\ 5 & 1 & 8 \end{vmatrix} = 32+5+3-30+2+8 = 20 \neq 0$

より逆行列をもつ．

$$A^{-1} = \begin{pmatrix} 2 & -1 & 3 \\ 1 & 2 & -1 \\ 5 & 1 & 8 \end{pmatrix}^{-1} = \frac{1}{|A|}\begin{pmatrix} A_{11} & A_{21} & A_{31} \\ A_{12} & A_{22} & A_{32} \\ A_{13} & A_{23} & A_{33} \end{pmatrix}$$

$$= \frac{1}{20}\begin{pmatrix} \begin{vmatrix} 2 & -1 \\ 1 & 8 \end{vmatrix} & -\begin{vmatrix} -1 & 3 \\ 1 & 8 \end{vmatrix} & \begin{vmatrix} -1 & 3 \\ 2 & -1 \end{vmatrix} \\ -\begin{vmatrix} 1 & -1 \\ 5 & 8 \end{vmatrix} & \begin{vmatrix} 2 & 3 \\ 5 & 8 \end{vmatrix} & -\begin{vmatrix} 2 & 3 \\ 1 & -1 \end{vmatrix} \\ \begin{vmatrix} 1 & 2 \\ 5 & 1 \end{vmatrix} & -\begin{vmatrix} 2 & -1 \\ 5 & 1 \end{vmatrix} & \begin{vmatrix} 2 & -1 \\ 1 & 2 \end{vmatrix} \end{pmatrix}$$

$$= \frac{1}{20}\begin{pmatrix} 17 & 11 & -5 \\ -13 & 1 & 5 \\ -9 & -7 & 5 \end{pmatrix}.$$

注意 逆行列を求める方法はいくつか知られている．たとえば基本変形を用いる方法は第 3 章で与えられる（例題 3.3 を参照）．

例題 2.12 クラメルの公式を用いて，連立 1 次方程式

$$\begin{cases} 2x_1 - x_2 + 3x_3 = -3 \\ x_1 + 2x_2 - x_3 = 11 \\ 5x_1 + x_2 + 8x_3 = 4 \end{cases}$$

を解け．

解 係数行列の行列式は $\begin{vmatrix} 2 & -1 & 3 \\ 1 & 2 & -1 \\ 5 & 1 & 8 \end{vmatrix} = 32+5+3-30+2+8 = 20.$

したがって

$$x_1 = \frac{1}{20}\begin{vmatrix} -3 & -1 & 3 \\ 11 & 2 & -1 \\ 4 & 1 & 8 \end{vmatrix} = \frac{50}{20} = \frac{5}{2},$$

$$x_2 = \frac{1}{20}\begin{vmatrix} 2 & -3 & 3 \\ 1 & 11 & -1 \\ 5 & 4 & 8 \end{vmatrix} = \frac{70}{20} = \frac{7}{2},$$

$$x_3 = \frac{1}{20}\begin{vmatrix} 2 & -1 & -3 \\ 1 & 2 & 11 \\ 5 & 1 & 4 \end{vmatrix} = -\frac{30}{20} = -\frac{3}{2}.$$

別解（**逆行列を用いる方法**） 連立 1 次方程式は

$$\begin{pmatrix} 2 & -1 & 3 \\ 1 & 2 & -1 \\ 5 & 1 & 8 \end{pmatrix}\begin{pmatrix} x_1 \\ x_2 \\ x_3 \end{pmatrix} = \begin{pmatrix} -3 \\ 11 \\ 4 \end{pmatrix}$$

と表されるから，左からこの逆行列を掛けると，例題 2.11（3）より

$$\begin{pmatrix} x_1 \\ x_2 \\ x_3 \end{pmatrix} = \begin{pmatrix} 2 & -1 & 3 \\ 1 & 2 & -1 \\ 5 & 1 & 8 \end{pmatrix}^{-1}\begin{pmatrix} -3 \\ 11 \\ 4 \end{pmatrix}$$

$$= \frac{1}{20}\begin{pmatrix} 17 & 11 & -5 \\ -13 & 1 & 5 \\ -9 & -7 & 5 \end{pmatrix}\begin{pmatrix} -3 \\ 11 \\ 4 \end{pmatrix} = \frac{1}{20}\begin{pmatrix} 50 \\ 70 \\ -30 \end{pmatrix} = \begin{pmatrix} \dfrac{5}{2} \\ \dfrac{7}{2} \\ -\dfrac{3}{2} \end{pmatrix}.$$

練習問題2

[A]

1. 次の順列の転倒数を求めよ．

（1）（3 1 4 2）　（2）（2 1 5 4 3）

（3）（4 2 5 3 1）　（4）（4 6 5 3 1 2）

2. $\sigma=\begin{pmatrix}1&2&3&4\\4&3&2&1\end{pmatrix}$, $\tau=\begin{pmatrix}1&2&3&4\\4&3&1&2\end{pmatrix}$ に対して，$\sigma\tau$，$\sigma^{-1}\tau\sigma$，$\tau^2\sigma$，$\sigma^{-1}\tau^{-1}$ を置換の形で表してそれらの符号も求めよ．

3. 次の互換を巡回置換の積で表し，符号を求めよ．

（1）$\begin{pmatrix}1&2&3&4&5&6&7&8\\4&5&2&8&3&7&1&6\end{pmatrix}$　（2）$\begin{pmatrix}1&2&3&4&5&6&7&8&9\\5&6&1&9&7&8&3&4&2\end{pmatrix}$

4. 4次の行列式に現れる次の項の符号を求めよ．

（1）$a_{14}a_{23}a_{32}a_{41}$　（2）$a_{13}a_{21}a_{34}a_{42}$　（3）$a_{12}a_{23}a_{31}a_{44}$

5. 5次の行列式に現れる次の項の符号を求めよ．

（1）$a_{14}a_{25}a_{31}a_{42}a_{53}$　（2）$a_{15}a_{24}a_{33}a_{41}a_{52}$

6. 行列式の定義1（26ページ）にもとづき次の行列式の値を求めよ．

（1）$\begin{vmatrix}0&0&0&1\\0&0&2&5\\0&3&6&8\\4&7&9&10\end{vmatrix}$　（2）$\begin{vmatrix}1&0&0&2\\0&4&5&0\\0&0&6&5\\4&3&2&0\end{vmatrix}$　（3）$\begin{vmatrix}x&-1&0&0\\0&x&-1&0\\0&0&x&-1\\a_3&a_2&a_1&a_0\end{vmatrix}$

7. サラスの方法で次の行列式を計算せよ．

（1）$\begin{vmatrix}5&-4\\3&9\end{vmatrix}$　（2）$\begin{vmatrix}\cos\theta&\sin\theta\\-\sin\theta&\cos\theta\end{vmatrix}$　（3）$\begin{vmatrix}2&-9&7\\4&2&8\\-5&1&-3\end{vmatrix}$

（4）$\begin{vmatrix}i&-i&1\\-i&1&i\\1&i&-i\end{vmatrix}$　（5）$\begin{vmatrix}\sin\theta\cos\varphi&\cos\theta\cos\varphi&-\sin\varphi\\\sin\theta\sin\varphi&\cos\theta\sin\varphi&\cos\varphi\\\cos\theta&-\sin\theta&0\end{vmatrix}$

8. 次の行列式の値を求めよ．

（1）$\begin{vmatrix}2&0&5\\3&5&-2\\-1&4&2\end{vmatrix}$　（2）$\begin{vmatrix}15&12&16\\12&9&10\\15&11&19\end{vmatrix}$　（3）$\begin{vmatrix}199&200&201\\201&202&203\\202&203&201\end{vmatrix}$

（4）$\begin{vmatrix}i&1+i&2\\2&-4&2-i\\-1+i&i&1\end{vmatrix}$　（5）$\begin{vmatrix}1&3&3&3\\3&1&3&3\\3&3&1&3\\3&3&3&1\end{vmatrix}$

(6) $\begin{vmatrix} 2 & 3 & -4 & 1 \\ 0 & -5 & 1 & -4 \\ -1 & 1 & -3 & 2 \\ 4 & 3 & 2 & 1 \end{vmatrix}$　(7) $\begin{vmatrix} 3 & 1 & 0 & -2 \\ 4 & 3 & -2 & 1 \\ 1 & 5 & 4 & 2 \\ 2 & -5 & 1 & 3 \end{vmatrix}$

(8) $\begin{vmatrix} 1 & 1 & 0 & 0 & 1 \\ 1 & 1 & 1 & 0 & 0 \\ 0 & 1 & 1 & 1 & 0 \\ 0 & 0 & 1 & 1 & 1 \\ 1 & 0 & 0 & 1 & 1 \end{vmatrix}$　(9) $\begin{vmatrix} 3 & 4 & 0 & 0 & 0 \\ 2 & 1 & 0 & 0 & 0 \\ 7 & -8 & 3 & -2 & 1 \\ 9 & 5 & 2 & 5 & -3 \\ 6 & 9 & 4 & 1 & 2 \end{vmatrix}$

9. $A=\begin{pmatrix} 1 & 0 & 5 \\ -2 & -4 & 1 \\ 3 & 2 & 6 \end{pmatrix}$, $B=\begin{pmatrix} 2 & 1 & -5 \\ 1 & -2 & 4 \\ -4 & 3 & 0 \end{pmatrix}$ のとき，${}^tA, A^2, A+B, AB,$ $A{}^tB$ の行列式の値を求めよ．

10. 次の 3 次の行列式を因数分解せよ．

(1) $\begin{vmatrix} a & a & a \\ a & b & a \\ a & a & b \end{vmatrix}$　(2) $\begin{vmatrix} a^2 & b^2 & c^2 \\ b+c & c+a & a+b \\ 1 & 1 & 1 \end{vmatrix}$　(3) $\begin{vmatrix} 1 & 1 & 1 \\ a^2 & b^2 & c^2 \\ a^3 & b^3 & c^3 \end{vmatrix}$

(4) $\begin{vmatrix} x+y+z & -x & -y \\ -x & x+y+z & -z \\ -y & -z & x+y+z \end{vmatrix}$　(5) $\begin{vmatrix} 1 & a & bc+a^2 \\ 1 & b & ca+b^2 \\ 1 & c & ab+c^2 \end{vmatrix}$

(6) $\begin{vmatrix} (a+b)^2 & c^2 & 1 \\ (b+c)^2 & a^2 & 1 \\ (c+a)^2 & b^2 & 1 \end{vmatrix}$　(7) $\begin{vmatrix} a^3 & bc-a^2 & 1 \\ b^3 & ca-b^2 & 1 \\ c^3 & ab-c^2 & 1 \end{vmatrix}$

11. 次の 4 次の行列式を因数分解せよ．

(1) $\begin{vmatrix} a & 0 & b & 0 \\ 0 & a & 0 & b \\ b & 0 & a & 0 \\ 0 & b & 0 & a \end{vmatrix}$　(2) $\begin{vmatrix} a & a & a & b \\ b & a & b & b \\ b & b & a & b \\ b & a & a & a \end{vmatrix}$　(3) $\begin{vmatrix} x & x & x & a \\ x & x & a & x \\ x & a & x & x \\ a & x & x & x \end{vmatrix}$

(4) $\begin{vmatrix} 1 & a & a^2 & bcd \\ 1 & b & b^2 & cda \\ 1 & c & c^2 & dab \\ 1 & d & d^2 & abc \end{vmatrix}$　(5) $\begin{vmatrix} 1 & 1 & 1 & 1 \\ 1 & a & a^2 & a^3 \\ 1 & b & b^2 & b^3 \\ 1 & c & c^2 & c^3 \end{vmatrix}$

(6) $\begin{vmatrix} 1 & 1 & 1 & 1 \\ a & b & 2a & 2b \\ a^2 & b^2 & 3a^2 & 3b^2 \\ a^3 & b^3 & 4a^3 & 4b^3 \end{vmatrix}$　(7) $\begin{vmatrix} 0 & c^2 & b^2 & 1 \\ c^2 & 0 & a^2 & 1 \\ b^2 & a^2 & 0 & 1 \\ 1 & 1 & 1 & 0 \end{vmatrix}$

12. 次の等式を証明せよ．

（1）$\begin{vmatrix} a & b & ax+b \\ b & c & bx+c \\ ax+b & bx+c & 0 \end{vmatrix} = (b^2-ac)(ax^2+2bx+c)$

（2）$\begin{vmatrix} a+b & c & c \\ a & b+c & a \\ b & b & c+a \end{vmatrix} = 4abc$

（3）$\begin{vmatrix} 1 & 1 & 1 & 1 \\ a & b & c & d \\ b & c & d & a \\ c+d & d+a & a+b & b+c \end{vmatrix} = 0$

（4）$\begin{vmatrix} 1 & a & a^2 & a^3+bcd \\ 1 & b & b^2 & b^3+cda \\ 1 & c & c^2 & c^3+dab \\ 1 & d & d^2 & d^3+abc \end{vmatrix} = 0$　（5）$\begin{vmatrix} 1 & 0 & a^2 & a \\ a & 1 & 0 & a^2 \\ a^2 & a & 1 & 0 \\ 0 & a^2 & a & 1 \end{vmatrix} = 1+a^4+a^8$

13. 次の方程式を解け.

（1）$\begin{vmatrix} x-1 & 1 & 0 \\ 2 & x+2 & 2 \\ 0 & 1 & x-1 \end{vmatrix} = 0$　（2）$\begin{vmatrix} x-1 & i & -i \\ i & 0 & x \\ -i & x-2 & 0 \end{vmatrix} = 0$

14. $A = \begin{pmatrix} 0 & a & b \\ a & 0 & c \\ b & c & 0 \end{pmatrix}$のとき，$A^2$ を計算することにより

$\begin{vmatrix} a^2+b^2 & bc & ac \\ cb & a^2+c^2 & ab \\ ca & ba & b^2+c^2 \end{vmatrix} = 4a^2b^2c^2$ を示せ.

15. $\begin{vmatrix} a+b & b+c & c+a \\ c+a & a+b & b+c \\ b+c & c+a & a+b \end{vmatrix} = 2\begin{vmatrix} a & b & c \\ c & a & b \\ b & c & a \end{vmatrix}$ を証明せよ.

16. $\begin{vmatrix} b+c & c-b & b-c \\ c-a & c+a & a-c \\ b-a & a-b & a+b \end{vmatrix} = \begin{vmatrix} 0 & 1 & 1 \\ 1 & 0 & 1 \\ 1 & 1 & 0 \end{vmatrix} |A|$ を満たす 3 次の行列 A を求めて，左辺の行列式を計算せよ.

17. 積 $\begin{pmatrix} a & b & c \\ c & a & b \\ b & c & a \end{pmatrix}\begin{pmatrix} -a & c & b \\ c & -b & a \\ b & a & -c \end{pmatrix}$ を計算することにより，次の行列式を因数分解せよ.

$$\begin{vmatrix} 2bc-a^2 & 2ca-b^2 & 2ab-c^2 \\ b^2 & c^2 & a^2 \\ c^2 & a^2 & b^2 \end{vmatrix}$$

18. （1） 直交行列の行列式は 1 または -1 であることを示せ．

（2） 奇数次の交代行列の行列式は 0 になることを示せ．

19. 次の行列が正則でないように x の値を定めよ．

（1） $\begin{pmatrix} 1 & -1 & x-3 \\ 0 & x+1 & 3 \\ x-4 & 5 & 3 \end{pmatrix}$　（2） $\begin{pmatrix} x & i & i \\ i & x & i \\ i & i & x \end{pmatrix}$

20. 次の行列が正則であれば逆行列を求めよ．

（1） $\begin{pmatrix} 1 & 0 & -1 \\ -1 & 2 & 5 \\ 3 & 4 & 3 \end{pmatrix}$　（2） $\begin{pmatrix} 1 & 2 & 4 \\ 3 & 5 & 7 \\ 6 & 8 & 9 \end{pmatrix}$　（3） $\begin{pmatrix} 1 & 4 & 1 \\ 1 & 9 & 2 \\ 5 & 10 & 3 \end{pmatrix}$

（4） $\begin{pmatrix} i & 1 & -i \\ -i & i & 1 \\ 1 & -i & i \end{pmatrix}$　（5） $\begin{pmatrix} 1 & 1 & 1 & 0 \\ 0 & 1 & 1 & 1 \\ 0 & 0 & 1 & 1 \\ 0 & 0 & 0 & 1 \end{pmatrix}$

（6） $\begin{pmatrix} 2 & 0 & 0 & 1 \\ 0 & -1 & 2 & 0 \\ 5 & 3 & 0 & 2 \\ 1 & 0 & -1 & 0 \end{pmatrix}$　（7） $\begin{pmatrix} \cos\theta\cos\varphi & \sin\theta\cos\varphi & -\sin\varphi \\ \cos\theta\sin\varphi & \sin\theta\sin\varphi & \cos\varphi \\ -\sin\theta & \cos\theta & 0 \end{pmatrix}$

（8） $\begin{pmatrix} 1 & 1 & 1 \\ 1 & \omega & \omega^2 \\ 1 & \omega^2 & \omega \end{pmatrix}$　$(\omega^3 = 1,\ \omega \neq 1)$

21. $A = \begin{pmatrix} 1 & 0 & 1 \\ 2 & -1 & 4 \\ 8 & -4 & 15 \end{pmatrix}$，$B = \begin{pmatrix} -1 & 0 & 5 \\ 3 & 1 & 4 \\ 6 & 2 & 1 \end{pmatrix}$ のとき，$XA = B$ を満たす X を求めよ．

22. クラメルの公式を用いて，次の連立 1 次方程式を解け．

（1） $\begin{cases} 2x+3y = 3 \\ 7x+9y = -5 \end{cases}$　（2） $\begin{cases} 3x+y+2z = 13 \\ 4x+2y-z = -3 \\ 5x+4y+z = 3 \end{cases}$

（3） $\begin{cases} 5x_1+3x_2+x_3 = 7 \\ -2x_1+3x_2+5x_3 = 5 \\ 4x_1-5x_2-3x_3 = 1 \end{cases}$　（4） $\begin{cases} x_1+4x_2+2x_3 = a \\ 3x_1+5x_2+7x_3 = b \\ x_1+2x_2-2x_3 = c \end{cases}$

（5） $\begin{cases} x_1+3x_2+3x_3+x_4 = 1 \\ 3x_1+10x_2+11x_3+4x_4 = 2 \\ 3x_1+11x_2+12x_3+6x_4 = 3 \\ x_1+4x_2+6x_3+4x_4 = 4 \end{cases}$

[B]

1. 順列 $(n\ \ n-1\ \cdots\ 2\ \ 1)$ の符号を求めよ．

2. 巡回置換に関して次を示せ．

$$(p_1\ \ p_2\ \ \cdots\ \ p_r)^{-1} = (p_r\ \ \cdots\ \ p_2\ \ p_1),\quad (p_1\ \ p_2\ \ \cdots\ \ p_r)^r = (1),$$
$$(p_r\ \ \cdots\ \ p_2\ \ p_1)(p_1\ \ p_2)(p_1\ \ p_2\ \ \cdots\ \ p_r) = (p_1\ \ p_r)$$

3. 置換 $\sigma = \begin{pmatrix} 1 & 2 & \cdots & n-1 & n \\ n & n-1 & \cdots & 2 & 1 \end{pmatrix}$ を互換の積で表し，符号を求めよ．

4. 次の行列式を因数分解せよ．

（1）$\begin{vmatrix} (a+b)^2 & ca & bc \\ ca & (b+c)^2 & ab \\ bc & ab & (c+a)^2 \end{vmatrix}$　　（2）$\begin{vmatrix} a & b-c & c+b \\ a+c & b & c-a \\ a-b & b+a & c \end{vmatrix}$

（3）$\begin{vmatrix} a^2 & b^2 & c^2 \\ ab & bc & ca \\ b^2 & c^2 & a^2 \end{vmatrix}$　　（4）$\begin{vmatrix} a^2 & 2ab & b^2 \\ ac & ad+bc & bd \\ c^2 & 2cd & d^2 \end{vmatrix}$

（5）$\begin{vmatrix} (a+b)^2 & a^2 & b^2 \\ c^2 & (b+c)^2 & b^2 \\ c^2 & a^2 & (c+a)^2 \end{vmatrix}$

5. 次の行列式を計算せよ．

（1）$\begin{vmatrix} & O & & a_1 \\ & & a_2 & \\ & \cdot^{\cdot^{\cdot}} & & O \\ a_n & & & \end{vmatrix}$　　（2）$\begin{vmatrix} a+b & a & \cdots & a \\ a & a+b & \cdots & a \\ \vdots & \vdots & \ddots & \vdots \\ a & a & \cdots & a+b \end{vmatrix}$　（n 次）

（3）$\begin{vmatrix} a & 0 & \cdots & 0 & 1 \\ 1 & a & & O & 0 \\ & \ddots & \ddots & & \vdots \\ O & & 1 & a & 0 \\ & & & 1 & a \end{vmatrix}$　（n 次）　　（4）$\begin{vmatrix} 1 & n & n & \cdots & n \\ n & 2 & n & \cdots & n \\ n & n & 3 & \cdots & n \\ & \cdots & & \ddots & \\ n & n & n & \cdots & n \end{vmatrix}$

（5）$\begin{vmatrix} 1 & 2 & 3 & \cdots & n-1 & n \\ 2 & 3 & 4 & \cdots & n & 1 \\ 3 & 4 & 5 & \cdots & 1 & 2 \\ \vdots & \vdots & \vdots & & \vdots & \vdots \\ n-1 & n & 1 & \cdots & n-3 & n-2 \\ n & 1 & 2 & \cdots & n-2 & n-1 \end{vmatrix}$

6. 次を証明せよ．

（1）$\begin{vmatrix} 0 & a & b & c \\ -a & 0 & d & e \\ -b & -d & 0 & f \\ -c & -e & -f & 0 \end{vmatrix} = (af-be+cd)^2$

（2）$\begin{vmatrix} a^2+1 & ab & ac & ad \\ ba & b^2+1 & bc & bd \\ ca & cb & c^2+1 & cd \\ da & db & dc & d^2+1 \end{vmatrix} = a^2+b^2+c^2+d^2+1$

（3）$\begin{vmatrix} x & a_1 & a_2 & \cdots & a_{n-1} & 1 \\ a_1 & x & a_2 & \cdots & a_{n-1} & 1 \\ a_1 & a_2 & x & \cdots & a_{n-1} & 1 \\ & & \cdots\cdots & & & \\ a_1 & a_2 & a_3 & \cdots & x & 1 \\ a_1 & a_2 & a_3 & \cdots & a_n & 1 \end{vmatrix} = (x-a_1)(x-a_2)\cdots(x-a_n)$

（4）$\begin{vmatrix} 1 & 0 & 0 & \cdots & a_1 \\ 0 & 1 & 0 & \cdots & a_2 \\ & & \cdots\cdots & & \\ 0 & 0 & \cdots & 1 & a_n \\ a_1 & a_2 & \cdots & a_n & b \end{vmatrix} = b-{a_1}^2-{a_2}^2-\cdots-{a_n}^2$

（5）$\begin{vmatrix} a_1+1 & 1 & 1 & \cdots & 1 \\ 1 & a_2+1 & 1 & \cdots & 1 \\ \vdots & \vdots & & \ddots & \vdots \\ 1 & 1 & 1 & \cdots & a_n+1 \end{vmatrix} = a_1a_2\cdots a_n\left(1+\frac{1}{a_1}+\frac{1}{a_2}+\cdots+\frac{1}{a_n}\right)$

$(a_1, a_2, \cdots, a_n \neq 0)$

7. $\omega^3 = 1\,(\omega \neq 1)$ のとき，次が成り立つことを示せ．

$$\begin{vmatrix} a & b & c \\ c & a & b \\ b & c & a \end{vmatrix} = \begin{vmatrix} a & b\omega & c\omega^2 \\ c\omega^2 & a & b\omega \\ b\omega & c\omega^2 & a \end{vmatrix} = \begin{vmatrix} a & b\omega^2 & c\omega \\ c\omega & a & b\omega^2 \\ b\omega^2 & c\omega & a \end{vmatrix}$$
$$= (a+b+c)(a+b\omega+c\omega^2)(a+b\omega^2+c\omega)$$

8. $D_n = \begin{vmatrix} a^2+1 & a & & & & \\ a & a^2+1 & a & & O & \\ & a & a^2+1 & a & & \\ & & a & \ddots & \ddots & \\ & O & & \ddots & \ddots & a \\ & & & & a & a^2+1 \end{vmatrix}$ とおくとき

（1） $D_n = (a^2+1)D_{n-1} - a^2 D_{n-2}$ を示せ．

（2） $D_n - D_{n-1} = a^{2n}$ を示すことにより，D_n を求めよ．

9. 2 次正方行列 A, B に対して，$|AB| = |A||B|$ が成り立つことを確かめよ．

10. $\begin{pmatrix} a+ib & c+id \\ -c+id & a-ib \end{pmatrix}$, $\begin{pmatrix} p+iq & r+is \\ -r+is & p-iq \end{pmatrix}$（$a, b, c, d, p, q, r, s$ は整数）の積を計算することから，4 つの平方数の和で表される整数どうしの積はまた 4 つの平方数の和で書けることを示せ.

11. （1） エルミート行列の行列式は実数になることを示せ.

（2） エルミート交代行列の行列式は偶数次数のときは実数になり，奇数次数のときは純虚数または 0 になることを示せ.

12. A, B を n 次正方行列とするとき

（1） $\begin{vmatrix} A & -A \\ B & B \end{vmatrix} = 2^n |A||B|$ を示し，$\begin{vmatrix} a & -b & -a & b \\ b & a & -b & -a \\ c & -d & c & -d \\ d & c & d & c \end{vmatrix}$ を因数分解せよ.

（2） $\begin{vmatrix} A & -B \\ B & A \end{vmatrix} = |A+iB||A-iB|$ を示し，$\begin{vmatrix} a & -b & -c & -d \\ b & a & -d & c \\ c & d & a & -b \\ d & -c & b & a \end{vmatrix}$ を因数分解せよ.

練習問題 2 のヒントと解答

[A]

1. (1) 3　(2) 4　(3) 7　(4) 12

2. $\sigma\tau = \begin{pmatrix} 1 & 2 & 3 & 4 \\ 1 & 2 & 4 & 3 \end{pmatrix}$, 符号は -1, $\sigma^{-1}\tau\sigma = \begin{pmatrix} 1 & 2 & 3 & 4 \\ 3 & 4 & 2 & 1 \end{pmatrix}$, 符号は -1,

$\tau^2\sigma = \begin{pmatrix} 1 & 2 & 3 & 4 \\ 3 & 4 & 1 & 2 \end{pmatrix}$, 符号は 1, $\sigma^{-1}\tau^{-1} = (\tau\sigma)^{-1} = \begin{pmatrix} 1 & 2 & 3 & 4 \\ 2 & 1 & 3 & 4 \end{pmatrix}$, 符号は -1

3. (1) $(1\ 4\ 8\ 6\ 7)(2\ 5\ 3)$, これを互換の積で表すと, たとえば $(1\ 7)(1\ 6)(1\ 8)(1\ 4)(2\ 3)(2\ 5)$, 符号は 1.

(2) $(1\ 5\ 7\ 3)(2\ 6\ 8\ 4\ 9)$, これを互換の積で表すと, たとえば $(1\ 3)(1\ 7)(1\ 5)(2\ 9)(2\ 4)(2\ 8)(2\ 6)$, 符号は -1.

4. (1) $\mathrm{sgn}\begin{pmatrix} 1 & 2 & 3 & 4 \\ 4 & 3 & 2 & 1 \end{pmatrix} = \mathrm{sgn}\,(1\ 4)(2\ 3) = 1$, 順列でみる場合は $(4\ 3\ 2\ 1)$ の転倒数は 6 であるから符号は 1. 以下では置換でのみ考える.

(2) $\mathrm{sgn}\begin{pmatrix} 1 & 2 & 3 & 4 \\ 3 & 1 & 4 & 2 \end{pmatrix} = \mathrm{sgn}\,(1\ 3\ 4\ 2) = \mathrm{sgn}\,(1\ 2)(1\ 4)(1\ 3) = -1$

(3) $\mathrm{sgn}\begin{pmatrix} 1 & 2 & 3 & 4 \\ 2 & 3 & 1 & 4 \end{pmatrix} = \mathrm{sgn}\,(1\ 2\ 3) = \mathrm{sgn}\,(1\ 3)(1\ 2) = 1$

5. (1) $\mathrm{sgn}\begin{pmatrix} 1 & 2 & 3 & 4 & 5 \\ 4 & 5 & 1 & 2 & 3 \end{pmatrix} = \mathrm{sgn}\,(1\ 4\ 2\ 5\ 3) = \mathrm{sgn}\,(1\ 3)(1\ 5)(1\ 2)(1\ 4)$

$= 1$

(2) $\mathrm{sgn}\begin{pmatrix} 1 & 2 & 3 & 4 & 5 \\ 5 & 4 & 3 & 1 & 2 \end{pmatrix} = \mathrm{sgn}\,(1\ 5\ 2\ 4) = \mathrm{sgn}\,(1\ 4)(1\ 2)(1\ 5) = -1$

6. (1) $\varepsilon(4\ 3\ 2\ 1)1\cdot 2\cdot 3\cdot 4 = 24$

(2) $\varepsilon(1\ 2\ 4\ 3)1\cdot 4\cdot 5\cdot 2 + \varepsilon(1\ 3\ 4\ 2)1\cdot 5\cdot 5\cdot 3 + \varepsilon(4\ 2\ 3\ 1)2\cdot 4\cdot 6\cdot 4$

$= -40 + 75 - 192 = -157$

(3) $\varepsilon(1\ 2\ 3\ 4)x\cdot x\cdot x\cdot a_0 + \varepsilon(1\ 2\ 4\ 3)x\cdot x(-1)a_1$

$+\varepsilon(1\ 3\ 4\ 2)x(-1)(-1)a_2 + \varepsilon(2\ 3\ 4\ 1)(-1)(-1)(-1)a_3$

$= a_0x^3 + a_1x^2 + a_2x + a_3$

7. (1) 57　(2) 1　(3) 322　(4) 2　(5) 1

8. (1) 121　(2) -69　(3) 6　(4) $-12+7i$　(5) -80

(6) 110　(7) 586　(8) 3　(9) 例題 2.8 (1) から -265

9. $|A| = 14$, $|B| = -15$ から $|{}^tA| = |A| = 14$, $|A^2| = |A|^2 = 196$, $|A+B|$

$$= \begin{vmatrix} 3 & 1 & 0 \\ -1 & -6 & 5 \\ -1 & 5 & 6 \end{vmatrix} = -182, \ |A{}^tB| = |A||{}^tB| = |A||B| = -210 = |AB|$$

10. （1） 第 2 行－第 1 行，第 3 行－第 1 行から 3 角行列式になるので $a(a-b)^2$.

（2） 第 2 列－第 1 列，第 3 列－第 1 列から第 3 行で展開して

$$\begin{vmatrix} b^2-a^2 & c^2-a^2 \\ a-b & a-c \end{vmatrix} = (b-a)(c-a)\begin{vmatrix} b+a & c+a \\ -1 & -1 \end{vmatrix}$$
$$= (a-b)(b-c)(c-a)$$

（3） 第 2 列－第 1 列，第 3 列－第 1 列から第 1 行で展開して，$b-a, c-a$ をくくりだせば $(b-a)(c-a)\begin{vmatrix} b+a & c+a \\ b^2+ba+a^2 & c^2+ca+a^2 \end{vmatrix}$. 次に，第 2 列－第 1 列として $c-b$ をくくりだすことにより

$$(a-b)(b-c)(c-a)(ab+bc+ca)$$

（4） 第 1 列＋第 3 列，第 2 列＋第 3 列から

$$(x+y)(x+z)\begin{vmatrix} 1 & -1 & -y \\ -1 & 1 & -z \\ 1 & 1 & x+y+z \end{vmatrix}$$
$$\underset{\substack{\text{第 1 行+第 2 行} \\ \text{第 2 行+第 3 行}}}{=} (x+y)(x+z)\begin{vmatrix} 0 & 0 & -(y+z) \\ 0 & 2 & x+y \\ 1 & 1 & x+y+z \end{vmatrix}$$
$$= 2(x+y)(y+z)(z+x)$$

（5） 第 2 行－第 1 行，第 3 行－第 1 行として第 1 列で展開すれば

$$(b-a)(c-a)\begin{vmatrix} 1 & b+a-c \\ 1 & c+a-b \end{vmatrix} = 2(a-b)(b-c)(c-a)$$

（6） 第 2 行－第 1 行，第 3 行－第 1 行として第 3 列で展開すれば

$$(c-b)(c-a)\begin{vmatrix} a+2b+c & -(a+c) \\ 2a+b+c & -(b+c) \end{vmatrix}$$
$$\underset{\text{第 1 列−第 2 列}}{=} 2(c-b)(c-a)(a+b+c)\begin{vmatrix} 1 & -(a+c) \\ 1 & -(b+c) \end{vmatrix}$$
$$= 2(a-b)(a-c)(b-c)(a+b+c)$$

（7） 第 2 行－第 1 行，第 3 行－第 1 行として第 3 列で展開すれば

$$\begin{vmatrix} b^3-a^3 & c(a-b)+a^2-b^2 \\ c^3-a^3 & b(a-c)+a^2-c^2 \end{vmatrix}$$
$$= (b-a)(c-a)\begin{vmatrix} b^2+ba+a^2 & -(a+b+c) \\ c^2+ca+a^2 & -(a+b+c) \end{vmatrix}$$
$$= (a-b)(b-c)(c-a)(a+b+c)^2$$

11. （1） 第 1 列に他のすべての列を加えれば

$$(a+b)\begin{vmatrix}1&0&b&0\\1&a&0&b\\1&0&a&0\\1&b&0&a\end{vmatrix}\underset{\substack{\text{第2行}-\text{第1行, 第3行}-\text{第1行,}\\ \text{第4行}-\text{第1行}}}{=}(a+b)\begin{vmatrix}1&0&b&0\\0&a&-b&b\\0&0&a-b&0\\0&b&-b&a\end{vmatrix}$$

$$=(a+b)\begin{vmatrix}a&-b&b\\0&a-b&0\\b&-b&a\end{vmatrix}\underset{\text{第2行で展開}}{=}(a+b)(a-b)\begin{vmatrix}a&b\\b&a\end{vmatrix}=(a+b)^2(a-b)^2$$

（2） 第1列−第4列，第2列−第4列，第3列−第4列の操作をして $a-b$ をそれぞれの列からくくりだせば

$$(a-b)^3\begin{vmatrix}1&1&1&b\\0&1&0&b\\0&0&1&b\\-1&0&0&a\end{vmatrix}\underset{\text{第1列で展開}}{=}(a-b)^4$$

（3） 第1列にすべての列を加えて $a+3x$ をくくりだす．次に，第1行−第4行，第2行−第4行，第3行−第4行から $(a+3x)(a-x)^3$．

（4） 第2行−第1行，第3行−第1行，第4行−第1行から，$b-a$, $c-a$, $d-a$ をくくりだして第1列で展開する．その3次の行列式で同じことをすれば，$(a-b)(a-c)(a-d)(b-c)(b-d)(d-c)$．（例題2.7の別解のように因数定理を用いてもよい）

（5） 第2列−第1列，第3列−第1列，第4列−第1列により

$$(a-1)(b-1)(c-1)\begin{vmatrix}1&a+1&a^2+a+1\\1&b+1&b^2+b+1\\1&c+1&c^2+c+1\end{vmatrix}$$

次に，第2行−第1行，第3行−第1行を行うことにより

$$(a-1)(b-1)(c-1)(a-b)(b-c)(c-a)$$

（6） 第1列−第2列，第3列−第4列，第4列−第2列として第1行で展開すると

$$-b(a-b)^2\begin{vmatrix}1&2&1\\a+b&3(a+b)&2b\\a^2+ab+b^2&4(a^2+ab+b^2)&3b^2\end{vmatrix}$$

これに第2列−第1列×2，第3列−第1列として第1行で展開して2次の行列式を計算すれば $-ab(a-b)^4$．

（7） 第2列−第1列，第3列−第1列として第4行で展開すれば

$$-\begin{vmatrix}c^2&b^2&1\\-c^2&a^2-c^2&1\\a^2-b^2&-b^2&1\end{vmatrix}\underset{\substack{\text{第2行}-\text{第1行}\\ \text{第3行}-\text{第1行}}}{=}-\begin{vmatrix}c^2&b^2&1\\-2c^2&a^2-b^2-c^2&0\\a^2-b^2-c^2&-2b^2&0\end{vmatrix}$$

$$=(a^2-b^2-c^2)^2-(2bc)^2=\{a^2-(b+c)^2\}\{a^2-(b-c)^2\}$$

$$=(a+b+c)(a-b-c)(a+b-c)(a-b+c)$$

12. （1） 第3列で展開して

$$(ax+b)\begin{vmatrix} b & c \\ ax+b & bx+c \end{vmatrix} - (bx+c)\begin{vmatrix} a & b \\ ax+b & bx+c \end{vmatrix}$$
$$= (ax+b)(b^2-ac)x - (bx+c)(ac-b^2)$$

から従う．

（2） 第1行−(第2行+第3行) により

$$-2\begin{vmatrix} 0 & b & a \\ a & b+c & a \\ b & b & c+a \end{vmatrix} \underset{\substack{\text{第2行}-\text{第1行} \\ \text{第3行}-\text{第1行}}}{=} -2\begin{vmatrix} 0 & b & a \\ a & c & 0 \\ b & 0 & c \end{vmatrix} = 4abc$$

（3） 第2行に第3行と第4行を加えて $a+b+c+d$ をくくりだす．

（4） 第2行−第1行，第3行−第1行，第4行−第1行から第1行で展開して，$b-a, c-a, d-a$ をくくりだす．さらに，同様な操作をする．

（5） 第2行+第1行×$(-a)$，第3行+第1行×$(-a^2)$ から

$$\begin{vmatrix} 1 & -a^3 & 0 \\ a & 1-a^4 & -a^3 \\ a^2 & a & 1 \end{vmatrix} \underset{\text{第2列}+\text{第1列}\times a^3}{=} \begin{vmatrix} 1 & 0 & 0 \\ a & 1 & -a^3 \\ a^2 & a+a^5 & 1 \end{vmatrix} = \begin{vmatrix} 1 & -a^3 \\ a+a^5 & 1 \end{vmatrix}$$

13. （1） $x=1, 2, -3$ （2） $1, 1\pm\sqrt{3}$

14. $|A^2| = |A|^2$, $|A| = 2abc$

15. $$\begin{pmatrix} a+b & b+c & c+a \\ c+a & a+b & b+c \\ b+c & c+a & a+b \end{pmatrix} = \begin{pmatrix} 1 & 0 & 1 \\ 1 & 1 & 0 \\ 0 & 1 & 1 \end{pmatrix}\begin{pmatrix} a & b & c \\ c & a & b \\ b & c & a \end{pmatrix}$$

16. $A = \begin{pmatrix} -a & a & a \\ b & -b & b \\ c & c & -c \end{pmatrix}$，$|A| = 4abc$ から求める行列式は $8abc$．

17. $(a+b+c)(a^2+b^2+c^2-ab-bc-ca)(a^3+b^3+c^3+abc)$

18. （1） ${}^tAA = E$ より $1 = |E| = |{}^tAA| = |{}^tA||A| = |A|^2$

（2） A の次数を n（奇数）とするとき，${}^tA = -A$ より

$$|A| = |{}^tA| = |-A| = (-1)^n|A| = -|A|$$

19. （1） $x = -1, 3, 4$

（2） $x^3+3x-2i = (x-i)^2(x+2i)$ より $x = i, -2i$.

20. （1） $\dfrac{1}{2}\begin{pmatrix} 7 & 2 & -1 \\ -9 & -3 & 2 \\ 5 & 2 & -1 \end{pmatrix}$ （2） $\dfrac{1}{5}\begin{pmatrix} 11 & -14 & 6 \\ -15 & 15 & -5 \\ 6 & -4 & 1 \end{pmatrix}$

（3） 正則でない （4） $\dfrac{1}{2}\begin{pmatrix} 1-i & 1+i & 0 \\ 0 & 1-i & 1+i \\ 1+i & 0 & 1-i \end{pmatrix}$

（5） $\begin{pmatrix} 1 & -1 & 0 & 1 \\ 0 & 1 & -1 & 0 \\ 0 & 0 & 1 & -1 \\ 0 & 0 & 0 & 1 \end{pmatrix}$ （6） $\dfrac{1}{7}\begin{pmatrix} -2 & 3 & 1 & 6 \\ -4 & -1 & 2 & -2 \\ -2 & 3 & 1 & -1 \\ 11 & -6 & -2 & -12 \end{pmatrix}$

（7） $\begin{pmatrix} \cos\theta\cos\varphi & \cos\theta\sin\varphi & -\sin\theta \\ \sin\theta\cos\varphi & \sin\theta\sin\varphi & \cos\theta \\ -\sin\varphi & \cos\varphi & 0 \end{pmatrix}$ （8） $\dfrac{1}{3}\begin{pmatrix} 1 & 1 & 1 \\ 1 & \omega^2 & \omega \\ 1 & \omega & \omega^2 \end{pmatrix}$

21. $X = BA^{-1} = \begin{pmatrix} -1 & 0 & 5 \\ 3 & 1 & 4 \\ 6 & 2 & 1 \end{pmatrix}\begin{pmatrix} 1 & -4 & 1 \\ 2 & 7 & -2 \\ 0 & 4 & -1 \end{pmatrix} = \begin{pmatrix} -1 & 24 & -6 \\ 5 & 11 & -3 \\ 10 & -6 & 1 \end{pmatrix}$

22. （1） $x = -14,\ \ y = \dfrac{31}{3}$ （2） $x = 2,\ \ y = -3,\ \ z = 5$

（3） $x_1 = \dfrac{6}{5},\ \ x_2 = -\dfrac{1}{5},\ \ x_3 = \dfrac{8}{5}$

（4） $x_1 = \dfrac{1}{5}(-4a+2b+3c),\ \ x_2 = \dfrac{1}{30}(13a-4b-c),$

$x_3 = \dfrac{1}{30}(a+2b-7c)$

（5） $x_1 = 8,\ \ x_2 = -3,\ \ x_3 = 0,\ \ x_4 = 2$

[B]

1. 転倒数は $(n-1)+(n-2)+\cdots+1 = \dfrac{1}{2}n(n-1)$ であるから，符号は $(-1)^{\frac{1}{2}n(n-1)}$.

2. p_1 の行き先はどこか，というように順番にみていけば巡回置換の定義よりわかる．

3. $n = 2k$（偶数）のとき，$\sigma = (1\ n)(2\ n-1)\cdots(k\ k+1)$，$n = 2k+1$（奇数）のとき，$\sigma = (1\ n)(2\ n-1)\cdots(k\ k+2)$ であるから，$\mathrm{sgn}\,\sigma = (-1)^k$（これは $(-1)^{\frac{1}{2}n(n-1)}$ と書くこともできる．問題［B］1 参照）．

4. （1） 第 1 列＋第 2 列＋第 3 列から $a+b+c$ をくくりだし，それに第 1 行＋第 2 行＋第 3 行により

$$2(a+b+c)^2\begin{vmatrix} 1 & b+c & c+a \\ \dfrac{1}{2}(b+c) & (b+c)^2 & ab \\ \dfrac{1}{2}(c+a) & ab & (c+a)^2 \end{vmatrix}$$

次に，第 2 列－第 1 列 $\times(b+c)$，第 3 列－第 1 列 $\times(c+a)$ から $2abc(a+b+c)^3$.

（2） 第 2 行－第 1 行，第 3 行－第 1 行の操作のあと，さらに第 2 列－第 1 列，

第3列−第1列により

$$\begin{vmatrix} a & -a+b-c & -a+b+c \\ c & 0 & -(a+b+c) \\ -b & a+b+c & 0 \end{vmatrix} \underset{\text{展開する}}{=} (a+b+c)(a^2+b^2+c^2)$$

（3） 第1行＋第2行×$\left(-\dfrac{a}{b}\right)$，第3行＋第2行×$\left(-\dfrac{b}{a}\right)$から第1列で展開すれば

$$-\begin{vmatrix} b(b^2-ac) & c(bc-a^2) \\ c(ac-b^2) & a(a^2-bc) \end{vmatrix} = -(a^2-bc)(b^2-ca)\begin{vmatrix} b & -c \\ -c & a \end{vmatrix}$$
$$=(a^2-bc)(b^2-ca)(c^2-ab)$$

（4） 第2行＋第1行×$\left(-\dfrac{c}{a}\right)$，第3行＋第1行×$\left(-\dfrac{c^2}{a^2}\right)$から第1列で展開すれば

$$\begin{vmatrix} ad-bc & ab(ad-bc) \\ 2\dfrac{c}{a}(ad-bc) & a^2d^2-b^2c^2 \end{vmatrix} = (ad-bc)^2\begin{vmatrix} 1 & ab \\ 2\dfrac{c}{a} & ad+bc \end{vmatrix} = (ad-bc)^3$$

（5） 第2行−第1行，第3行−第1行から

$$(a+b+c)^2\begin{vmatrix} (a+b)^2 & a^2 & b^2 \\ c-a-b & b+c-a & 0 \\ c-a-b & 0 & c+a-b \end{vmatrix}$$

$$\underset{\text{第1列−(第2列＋第3列)}}{=} 2(a+b+c)^2\begin{vmatrix} ab & a^2 & b^2 \\ -b & b+c-a & 0 \\ -a & 0 & c+a-b \end{vmatrix}$$

$$=2abc(a+b+c)^3$$

5. （1） 行列式の定義と問題［B］1から

$$\varepsilon(n\ \ n-1\ \cdots\ 2\ \ 1)a_1a_2\cdots a_n = (-1)^{\frac{1}{2}n(n-1)}a_1a_2\cdots a_n$$

（2） 第1列に他のすべての列を加えて $na+b$ をくくりだす．次に，第2行−第1行，第3行−第1行，…，の操作から $(na+b)b^{n-1}$．

（3） 第1行で展開すれば $a^n+(-1)^{n-1}$．

（4） 第1行−第 n 行，第2行−第 n 行，…，第 $(n-1)$ 行−第 n 行から

$$(1-n)(2-n)\cdots(-2)(-1)n = (-1)^{n-1}n!$$

（5） 第1行−第2行，第2行−第3行，…，第 $n-1$ 行−第 n 行を行い，さらに第2列−第1列，…，第 n 列−第1列の操作をする．次に第 n 列に第1列×n＋(第2列＋…＋第 $n-1$ 列) を加えて，第 n 列で展開すれば

$$\frac{n(n+1)}{2}\begin{vmatrix} -1 & 0 & \cdots & 0 \\ -1 & & O & n \\ \vdots & & \iddots & \\ -1 & n & & O \end{vmatrix} = -\frac{n(n+1)}{2}\begin{vmatrix} O & & n \\ & \iddots & \\ n & & O \end{vmatrix}$$

よって，（1）から

$$-\frac{1}{2}n(n+1)(-1)^{\frac{1}{2}(n-2)(n-3)}n^{n-2}=(-1)^{\frac{1}{2}n(n-1)}\frac{1}{2}(n+1)n^{n-1}$$

6. （1） 第1行で展開する．

（2）
$$abcd\begin{vmatrix} a+\frac{1}{a} & b & c & d \\ a & b+\frac{1}{b} & c & d \\ a & b & c+\frac{1}{c} & d \\ a & b & c & d+\frac{1}{d} \end{vmatrix}=\begin{vmatrix} a^2+1 & b^2 & c^2 & d^2 \\ a^2 & b^2+1 & c^2 & d^2 \\ a^2 & b^2 & c^2+1 & d^2 \\ a^2 & b^2 & c^2 & d^2+1 \end{vmatrix}$$

$$=(a^2+b^2+c^2+d^2+1)\begin{vmatrix} 1 & b^2 & c^2 & d^2 \\ 1 & b^2+1 & c^2 & d^2 \\ 1 & b^2 & c^2+1 & d^2 \\ 1 & b^2 & c^2 & d^2+1 \end{vmatrix}$$

$$=(a^2+b^2+c^2+d^2+1)\begin{vmatrix} 1 & b^2 & c^2 & d^2 \\ 0 & 1 & 0 & 0 \\ 0 & 0 & 1 & 0 \\ 0 & 0 & 0 & 1 \end{vmatrix}$$

（3） 第1行－第2行，第2行－第3行，…，第 n 行－第 $(n+1)$ 行の操作のあと，第 $(n+1)$ 列で展開する（因数定理からでもわかる）．

（4） n に関する帰納法で示す．

$n=1$ のとき，$\begin{vmatrix} 1 & a_1 \\ a_1 & b \end{vmatrix}=b-{a_1}^2$ より成り立つ．

与えられた n 次の行列式を第1行で展開すると

$$\begin{vmatrix} 1 & & O & a_2 \\ & \ddots & & \vdots \\ O & & 1 & a_n \\ a_2 & \cdots & a_n & b \end{vmatrix}+(-1)^n a_1\begin{vmatrix} 0 & 1 & & O \\ \vdots & & \ddots & \\ 0 & & O & 1 \\ a_1 & a_2 & \cdots & a_n \end{vmatrix}$$

$n-1$ のとき成り立つという帰納法の仮定と第2の行列式の第1列での展開から

$$=b-{a_2}^2-\cdots-{a_n}^2+(-1)^n a_1(-1)^{n-1}a_1\,|E_{n-1}|$$
$$=b-{a_1}^2-{a_2}^2-\cdots-{a_n}^2$$

（5） $$a_1a_2\cdots a_n\begin{vmatrix} 1+\dfrac{1}{a_1} & \dfrac{1}{a_2} & \cdots & \dfrac{1}{a_n} \\ \dfrac{1}{a_1} & 1+\dfrac{1}{a_2} & \cdots & \dfrac{1}{a_n} \\ \vdots & \vdots & \ddots & \vdots \\ \dfrac{1}{a_1} & \dfrac{1}{a_2} & \cdots & 1+\dfrac{1}{a_n} \end{vmatrix}$$

$$\underset{\text{第1列に他のすべての列を加える}}{=} a_1a_2\cdots a_n\left(1+\frac{1}{a_1}+\cdots+\frac{1}{a_n}\right)\begin{vmatrix} 1 & \dfrac{1}{a_2} & \cdots & \dfrac{1}{a_n} \\ 1 & 1+\dfrac{1}{a_2} & \cdots & \dfrac{1}{a_n} \\ \vdots & \vdots & \ddots & \vdots \\ 1 & \dfrac{1}{a_2} & \cdots & 1+\dfrac{1}{a_n} \end{vmatrix}$$

次に，第2行－第1行，…，第 n 行－第1行の操作を行う．

7. $\omega^3=1$ により，左辺の行列式で第2行×ω^2，第3行×ω を行ってのち，第2列×ω，第2列×ω^2 を行えば，真ん中の行列式が得られる．この行列式で，第1列に第2列と第3列を加えれば因数 $a+b\omega+c\omega^2$ が出る．右辺は ω と ω^2 の役割を代えればよい．

8. （1） 第1行で展開して

$$D_n=(a^2+1)D_{n-1}-a\begin{vmatrix} a & a & & & \\ & a^2+1 & a & & O \\ & a & \ddots & \ddots & \\ & & \ddots & \ddots & a \\ O & & & a & a^2+1 \end{vmatrix}$$

$$=(a^2+1)D_{n-1}-a^2D_{n-2}$$

（2） $D_2=a^4+a^2+1$，$D_1=a^2+1$．（1）より

$$D_n-D_{n-1}=a^2(D_{n-1}-D_{n-2})=a^{2\cdot 2}(D_{n-2}-D_{n-3})=\cdots$$
$$=a^{2(n-2)}(D_2-D_1)=a^{2n}$$

これから

$$D_n=a^{2n}+D_{n-1}=a^{2n}+a^{2(n-1)}+D_{n-2}=a^{2n}+\cdots+a^{2\cdot 2}+D_1$$
$$=a^{2n}+\cdots+a^4+a^2+1$$

9. $A=(a_{ij})$，$B=(b_{ij})$ として定理2.5（Ⅰ），（Ⅱ），（Ⅲ），（Ⅳ）により

$$|AB| = \begin{vmatrix} a_{11}b_{11}+a_{12}b_{21} & a_{11}b_{12}+a_{12}b_{22} \\ a_{21}b_{11}+a_{22}b_{21} & a_{21}b_{12}+a_{22}b_{22} \end{vmatrix}$$

$$= \begin{vmatrix} a_{11}b_{11} & a_{11}b_{12} \\ a_{21}b_{11} & a_{21}b_{12} \end{vmatrix} + \begin{vmatrix} a_{11}b_{11} & a_{11}b_{12} \\ a_{22}b_{21} & a_{22}b_{22} \end{vmatrix} + \begin{vmatrix} a_{12}b_{21} & a_{12}b_{22} \\ a_{21}b_{11} & a_{21}b_{12} \end{vmatrix} + \begin{vmatrix} a_{12}b_{21} & a_{12}b_{22} \\ a_{22}b_{21} & a_{22}b_{22} \end{vmatrix}$$

$$= a_{11}a_{22}\begin{vmatrix} b_{11} & b_{12} \\ b_{21} & b_{22} \end{vmatrix} + a_{12}a_{21}\begin{vmatrix} b_{21} & b_{22} \\ b_{11} & b_{12} \end{vmatrix} = \begin{vmatrix} a_{11} & a_{12} \\ a_{21} & a_{22} \end{vmatrix}\begin{vmatrix} b_{11} & b_{12} \\ b_{21} & b_{22} \end{vmatrix} = |A||B|$$

10. $|A||B| = |AB|$ から

$$(a^2+b^2+c^2+d^2)(p^2+q^2+r^2+s^2)$$
$$= (ap-bq-cr-ds)^2+(aq+bp+cs-dr)^2+(ar-bs+cp+dq)^2$$
$$+(as+br-cq+dp)^2$$

11. （1） $|A| = |A^*| = |{}^t\bar{A}| = |\bar{A}| = \overline{|A|}$ より $|A|$ は実数.

（2） $|A| = |-A^*| = (-1)^n\overline{|A|}$

$$= \begin{cases} \overline{|A|} & (n \text{ は偶数}) \\ -\overline{|A|} & (n \text{ は奇数}) \end{cases}$$ （付録の問題 4 参照）

12. （1） $\begin{vmatrix} A & -A \\ B & B \end{vmatrix} = \begin{vmatrix} A & O \\ B & 2B \end{vmatrix} = |A||2B| = 2^n|A||B|$ （例題 2.8）

$A = \begin{pmatrix} a & -b \\ b & a \end{pmatrix}$, $B = \begin{pmatrix} c & -d \\ d & c \end{pmatrix}$ として，$4(a^2+b^2)(c^2+d^2)$.

（2） $\begin{vmatrix} A & -B \\ B & A \end{vmatrix} = \begin{vmatrix} A+iB & -B+iA \\ B & A \end{vmatrix}$

$$= \begin{vmatrix} A+iB & (-B+iA)-i(A+iB) \\ B & A-iB \end{vmatrix} = \begin{vmatrix} A+iB & O \\ B & A-iB \end{vmatrix}$$
$$= |A+iB||A-iB|$$

$A = \begin{pmatrix} a & -b \\ b & a \end{pmatrix}$, $B = \begin{pmatrix} c & d \\ d & -c \end{pmatrix}$ として

$\begin{vmatrix} a+ic & -b+id \\ b+id & a-ic \end{vmatrix}\begin{vmatrix} a-ic & -b-id \\ b-id & a+ic \end{vmatrix} = (a^2+b^2+c^2+d^2)^2$ （例題 2.9 参照）

3 連立1次方程式

3.1 基本変形と基本行列

◆ **基本変形** ◆　行列に対する次の変形を行**基本変形**という．

（Ⅰ）第 i 行を c 倍（$c \neq 0$）する．

（Ⅱ）2 つの行，第 i 行と第 j 行（$i \neq j$），を入れかえる．

（Ⅲ）第 i 行に第 j 行の c 倍（$i \neq j$）を加える．

行列 A に対して，何回かの行基本変形を行って行列 B が得られるとき

$$A \longrightarrow B$$

で表す．同様に，行をすべて列でおきかえた列基本変形もあるが，今後とくに断らない限り，基本変形といえば行の基本変形をさすものとする．

◆ **基本行列** ◆　**基本行列**は単位行列に基本変形を1回行ったもので，次の形をした正方行列である．

$$\text{（Ⅰ）の基本行列：}\quad P_i(c) = \begin{pmatrix} 1 & & & & O \\ & \ddots & & & \\ & & c & & \\ & & & \ddots & \\ O & & & & 1 \end{pmatrix} \text{第 } i \text{ 行} \quad (c \neq 0)$$

（第 i 列）

（II）の基本行列：　$P_{ij} = \begin{pmatrix} 1 & & & & & & \\ & \ddots & & & & O & \\ & & 0 & \cdots & 1 & & \\ & & \vdots & \ddots & \vdots & & \\ & & 1 & \cdots & 0 & & \\ & O & & & & \ddots & \\ & & & & & & 1 \end{pmatrix} \begin{matrix} \\ \\ \text{第}\,i\,\text{行} \\ \\ \text{第}\,j\,\text{行} \\ \\ \\ \end{matrix}$

（III）の基本行列：　$P_{ij}(c) = \begin{pmatrix} 1 & & & & & & \\ & \ddots & & & & O & \\ & & 1 & \cdots & c & & \\ & & & \ddots & \vdots & & \\ & & & & 1 & & \\ & O & & & & \ddots & \\ & & & & & & 1 \end{pmatrix} \begin{matrix} \\ \\ \text{第}\,i\,\text{行} \\ \\ \text{第}\,j\,\text{行} \\ \\ \\ \end{matrix} \quad (i < j)$

または

$$\begin{pmatrix} 1 & & & & & & \\ & \ddots & & & & O & \\ & & 1 & & & & \\ & & \vdots & \ddots & & & \\ & & c & \cdots & 1 & & \\ & O & & & & \ddots & \\ & & & & & & 1 \end{pmatrix} \begin{matrix} \\ \\ \text{第}\,j\,\text{行} \\ \\ \text{第}\,i\,\text{行} \\ \\ \\ \end{matrix} \quad (i > j)$$

定理 3.1　基本行列は正則行列であり，逆行列も基本行列である．

（1）　$P_i(c)^{-1} = P_i(c^{-1})$　$(c \neq 0)$

（2）　${P_{ij}}^{-1} = P_{ij}$

（3）　$P_{ij}(c)^{-1} = P_{ij}(-c)$　$(c \neq 0)$

行列 A に行基本変形を 1 回行った行列は，A にその基本変形に対応する基本行列を左から掛けたものである．

定理 3.2 $m \times n$ 行列 A に行基本変形を繰り返し行って行列 B が得られるとき，適当な m 次正方行列 P をとれば

$$B = PA$$

とできる．ここで，P はいくつかの基本行列の積である．

注意 列基本変形に関しては右から同じ形の基本行列を掛けたものである．ただし（III）の基本行列は

$$P_{ij}(c) = \begin{pmatrix} 1 & & & & & & \\ & \ddots & & & & O & \\ & & 1 & & & & \\ & & \vdots & \ddots & & & \\ & & c & \cdots & 1 & & \\ & & & & & \ddots & \\ O & & & & & & 1 \end{pmatrix} \begin{matrix} \\ \\ \text{第} \, i \, \text{行} \\ \\ \text{第} \, j \, \text{行} \\ \\ \\ \end{matrix} \qquad (i < j)$$

または

$$\begin{pmatrix} 1 & & & & & & \\ & \ddots & & & & O & \\ & & 1 & & c & & \\ & & & \ddots & \vdots & & \\ & & & & 1 & & \\ O & & & & & \ddots & \\ & & & & & & 1 \end{pmatrix} \begin{matrix} \\ \\ \text{第} \, j \, \text{行} \\ \\ \text{第} \, i \, \text{行} \\ \\ \\ \end{matrix} \qquad (i > j)$$

の形になる．

したがって，$m \times n$ 行列 A に行と列の基本変形を行って行列 B が得られるとき，適当な m 次正則行列 P，n 次正則行列 Q をとれば

$$B = PAQ$$

とできる．

◈ **階　数** ◈　下の行ほど左側に連続して並ぶ 0 の個数が増えていく次のような行列

$$
\begin{pmatrix}
0 & \cdots & 0 & c_{1j_1} & & & & & * \\
0 & \cdots & 0 & \cdots & 0 & c_{2j_2} & & & \\
 & & & & & & \ddots & & \\
 & & O & & & & & c_{rj_r} & \cdots \\
 & & & & & & & &
\end{pmatrix}
$$

$$
c_{1j_1}c_{2j_2}\cdots c_{rj_r} \neq 0 \quad (j_1 < j_2 < \cdots < j_r)
$$

を**階段行列**という．段の数 r をこの行列の**階数**または**ランク**という．

行列 $\begin{pmatrix} 0 & 1 & 2 \\ 0 & 0 & 0 \end{pmatrix}$, $\begin{pmatrix} 1 & 2 & 0 & 0 \\ 0 & 0 & 0 & 3 \\ 0 & 0 & 0 & 0 \end{pmatrix}$, $\begin{pmatrix} 1 & 0 & 1 \\ 0 & 2 & 0 \\ 0 & 0 & 3 \end{pmatrix}$ はいずれも階段行列であり，階数はそれぞれ $1, 2, 3$ である．

> **定理 3.3** 零行列でない任意の行列は基本変形を有限回繰り返して階段行列に変形できる．

零行列でない行列 A が基本変形によって階数 r の階段行列に変形されるとき，A の階数は r であるといい，$r = \mathrm{rank}\, A$ で表す．零行列 O に対しては $\mathrm{rank}\, O = 0$ とする．$\mathrm{rank}\, A$ は基本変形の仕方によらず，A だけで決まる．零行列でない $m \times n$ 行列に対して

$$
\mathrm{rank}\, A \leqq m, \quad \mathrm{rank}\, A \leqq n, \quad \mathrm{rank}\, {}^tA = \mathrm{rank}\, A.
$$

◆ 逆行列の計算 ◆

> **定理 3.4** n 次正方行列 A に対して
>
> $$A \text{ が正則行列} \iff \mathrm{rank}\, A = n$$

このとき，$n \times 2n$ 行列 $(A \quad E)$ を基本変形により

$$
(A \quad E) \longrightarrow (E \quad A^{-1}) \quad (E \text{ は } n \text{ 次単位行列})
$$

とできる．このことから逆行列が計算できる．

例題 3.1　行列 $A = \begin{pmatrix} -7 & 9 & -6 & 8 \\ 2 & -4 & 6 & -4 \\ 3 & -1 & -2 & 0 \end{pmatrix}$ について

（1）　A に次の基本変形を順に行ってできる行列 B を求めよ．

（i）　第 2 行を 1/2 倍する　　（ii）　第 1 行と第 2 行を入れかえる

（iii）　第 2 行に第 1 行×7 を加える

（iv）　第 3 行に第 1 行×(−3) を加える

（v）　第 3 行に第 2 行を加える

（2）（1）の基本変形（i）〜（v）のそれぞれに対応する基本行列 P_1 〜P_5 を求めよ．

（3）　積 $P = P_5P_4P_3P_2P_1$ を計算して，$B = PA$ を確かめよ．

解　（1）　$A \xrightarrow{(\mathrm{i})} \begin{pmatrix} -7 & 9 & -6 & 8 \\ 1 & -2 & 3 & -2 \\ 3 & -1 & -2 & 0 \end{pmatrix} \xrightarrow{(\mathrm{ii})} \begin{pmatrix} 1 & -2 & 3 & -2 \\ -7 & 9 & -6 & 8 \\ 3 & -1 & -2 & 0 \end{pmatrix}$

$\xrightarrow{(\mathrm{iii})} \begin{pmatrix} 1 & -2 & 3 & -2 \\ 0 & -5 & 15 & -6 \\ 3 & -1 & -2 & 0 \end{pmatrix} \xrightarrow{(\mathrm{iv})} \begin{pmatrix} 1 & -2 & 3 & -2 \\ 0 & -5 & 15 & -6 \\ 0 & 5 & -11 & 6 \end{pmatrix} \xrightarrow{(\mathrm{v})} \begin{pmatrix} 1 & -2 & 3 & -2 \\ 0 & -5 & 15 & -6 \\ 0 & 0 & 4 & 0 \end{pmatrix}$

$= B$

（2）　基本行列の定義から

$$P_1 = \begin{pmatrix} 1 & 0 & 0 \\ 0 & 1/2 & 0 \\ 0 & 0 & 1 \end{pmatrix},\quad P_2 = \begin{pmatrix} 0 & 1 & 0 \\ 1 & 0 & 0 \\ 0 & 0 & 1 \end{pmatrix},\quad P_3 = \begin{pmatrix} 1 & 0 & 0 \\ 7 & 1 & 0 \\ 0 & 0 & 1 \end{pmatrix},$$

$$P_4 = \begin{pmatrix} 1 & 0 & 0 \\ 0 & 1 & 0 \\ -3 & 0 & 1 \end{pmatrix},\quad P_5 = \begin{pmatrix} 1 & 0 & 0 \\ 0 & 1 & 0 \\ 0 & 1 & 1 \end{pmatrix}$$

（3）　$P = P_5P_4P_3P_2P_1 = \begin{pmatrix} 0 & 1/2 & 0 \\ 1 & 7/2 & 0 \\ 1 & 2 & 1 \end{pmatrix}$ であるから

$$PA = \begin{pmatrix} 0 & 1/2 & 0 \\ 1 & 7/2 & 0 \\ 1 & 2 & 1 \end{pmatrix}\begin{pmatrix} -7 & 9 & -6 & 8 \\ 2 & -4 & 6 & -4 \\ 3 & -1 & -2 & 0 \end{pmatrix} = \begin{pmatrix} 1 & -2 & 3 & -2 \\ 0 & -5 & 15 & -6 \\ 0 & 0 & 4 & 0 \end{pmatrix} = B.$$

例題 3.2 次の行列を階段行列に変形して階数を求めよ．

（1） $A=\begin{pmatrix}2&3&5&1\\1&3&4&5\\1&2&3&2\end{pmatrix}$ （2） $B=\begin{pmatrix}1&a&a\\a&1&a\\a&a&1\end{pmatrix}$

解 （1） $A=\begin{pmatrix}2&3&5&1\\1&3&4&5\\1&2&3&2\end{pmatrix}\xrightarrow[\text{①と②の入れかえ}]{}\begin{pmatrix}1&3&4&5\\2&3&5&1\\1&2&3&2\end{pmatrix}$

$$\xrightarrow[\substack{②+①\times(-2)\\③+①\times(-1)}]{}\begin{pmatrix}1&3&4&5\\0&-3&-3&-9\\0&-1&-1&-3\end{pmatrix}\xrightarrow[②\times\left(-\frac{1}{3}\right)]{}\begin{pmatrix}1&3&4&5\\0&1&1&3\\0&-1&-1&-3\end{pmatrix}$$

$$\xrightarrow[③+②]{}\begin{pmatrix}1&3&4&5\\0&1&1&3\\0&0&0&0\end{pmatrix}$$

したがって，$\mathrm{rank}\,A=2$.

（2） $a\neq 1$ のとき

$$B=\begin{pmatrix}1&a&a\\a&1&a\\a&a&1\end{pmatrix}\xrightarrow[\substack{②+①\times(-a)\\③+①\times(-a)}]{}\begin{pmatrix}1&a&a\\0&1-a^2&a-a^2\\0&a-a^2&1-a^2\end{pmatrix}\xrightarrow[②\times\frac{1}{1-a},\ ③\times\frac{1}{1-a}]{}$$

$$\begin{pmatrix}1&a&a\\0&a+1&a\\0&a&a+1\end{pmatrix}\xrightarrow[②+③\times(-1)]{}\begin{pmatrix}1&a&a\\0&1&-1\\0&a&a+1\end{pmatrix}\xrightarrow[③+②\times(-a)]{}\begin{pmatrix}1&a&a\\0&1&-1\\0&0&2a+1\end{pmatrix}$$

$a=1$ のとき

$$B=\begin{pmatrix}1&1&1\\1&1&1\\1&1&1\end{pmatrix}\xrightarrow[\substack{②+①\times(-1)\\③+①\times(-1)}]{}\begin{pmatrix}1&1&1\\0&0&0\\0&0&0\end{pmatrix}$$

したがって，$\mathrm{rank}\,B=\begin{cases}3 & \left(a\neq 1,\ a\neq -\dfrac{1}{2}\right)\\ 2 & \left(a=-\dfrac{1}{2}\right)\\ 1 & (a=1).\end{cases}$

注意 たとえば ②+①×(−2) は第 2 行に第 1 行の −2 倍を加える変形を表す．

例題 3.3　行列 $A=\begin{pmatrix}1 & -1 & 0\\ -1 & 5 & 2\\ 3 & 3 & 4\end{pmatrix}$ が正則行列であれば，逆行列を求めよ.

解　$(A\quad E)=\begin{pmatrix}1 & -1 & 0 & 1 & 0 & 0\\ -1 & 5 & 2 & 0 & 1 & 0\\ 3 & 3 & 4 & 0 & 0 & 1\end{pmatrix}$

$$\xrightarrow[\text{③}+\text{①}\times(-3)]{\text{②}+\text{①}}\begin{pmatrix}1 & -1 & 0 & 1 & 0 & 0\\ 0 & 4 & 2 & 1 & 1 & 0\\ 0 & 6 & 4 & -3 & 0 & 1\end{pmatrix}\xrightarrow[\text{②}\times 1/4]{}\begin{pmatrix}1 & -1 & 0 & 1 & 0 & 0\\ 0 & 1 & 1/2 & 1/4 & 1/4 & 0\\ 0 & 6 & 4 & -3 & 0 & 1\end{pmatrix}$$

$$\xrightarrow[\text{③}+\text{②}\times(-6)]{}\begin{pmatrix}1 & -1 & 0 & 1 & 0 & 0\\ 0 & 1 & 1/2 & 1/4 & 1/4 & 0\\ 0 & 0 & 1 & -9/2 & -3/2 & 1\end{pmatrix}$$

このことから $\operatorname{rank} A=3$ になり，A は正則行列である．さらに続けて

$$\xrightarrow[\text{②}+\text{③}\times(-1/2)]{}\begin{pmatrix}1 & -1 & 0 & 1 & 0 & 0\\ 0 & 1 & 0 & 5/2 & 1 & -1/2\\ 0 & 0 & 1 & -9/2 & -3/2 & 1\end{pmatrix}$$

$$\xrightarrow[\text{①}+\text{②}]{}\begin{pmatrix}1 & 0 & 0 & 7/2 & 1 & -1/2\\ 0 & 1 & 0 & 5/2 & 1 & -1/2\\ 0 & 0 & 1 & -9/2 & -3/2 & 1\end{pmatrix}=(E\quad A^{-1})$$

したがって

$$A^{-1}=\begin{pmatrix}7/2 & 1 & -1/2\\ 5/2 & 1 & -1/2\\ -9/2 & -3/2 & 1\end{pmatrix}=\frac{1}{2}\begin{pmatrix}7 & 2 & -1\\ 5 & 2 & -1\\ -9 & -3 & 2\end{pmatrix}.$$

注意　ここでの基本変形からわかるように，n 次の行列 A を単位行列 E に変形するには，$(1,1)$ 成分を 1 にして第 2 行，第 3 行，$\cdots$ を順に対角成分から下に向かって 0 が並ぶように変形する．次に，第 n 列，第 $n-1$ 列，$\cdots$ を順に上に向かって 0 が並ぶように変形すればよい．

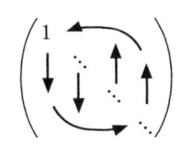

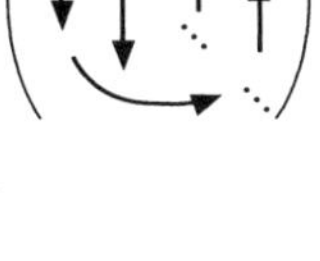

3.2 連立1次方程式

◈ **連立1次方程式** ◈　　n 個の未知数 $x_1, x_2, \cdots, x_n$ に関する m 個の式からなる**連立1次方程式**

$$\begin{cases} a_{11}x_1 + a_{12}x_2 + \cdots + a_{1n}x_n = b_1 \\ a_{21}x_1 + a_{22}x_2 + \cdots + a_{2n}x_n = b_2 \\ \qquad\cdots\cdots \\ a_{m1}x_1 + a_{m2}x_2 + \cdots + a_{mn}x_n = b_m \end{cases}$$

は $A = \begin{pmatrix} a_{11} & a_{12} & \cdots & a_{1n} \\ a_{21} & a_{22} & \cdots & a_{2n} \\ & \cdots\cdots & & \\ a_{m1} & a_{m2} & \cdots & a_{mn} \end{pmatrix}$, $\boldsymbol{x} = \begin{pmatrix} x_1 \\ x_2 \\ \vdots \\ x_n \end{pmatrix}$, $\boldsymbol{b} = \begin{pmatrix} b_1 \\ b_2 \\ \vdots \\ b_m \end{pmatrix}$ とおけば

$$A\boldsymbol{x} = \boldsymbol{b}$$

で表される．A を**係数行列**，$(A \quad \boldsymbol{b})$ を**拡大係数行列**という．

$(A \quad \boldsymbol{b}) = \begin{pmatrix} a_{11} & a_{12} & \cdots & a_{1n} & b_1 \\ a_{21} & a_{22} & \cdots & a_{2n} & b_2 \\ & & \cdots\cdots & & \\ a_{m1} & a_{m2} & \cdots & a_{mn} & b_m \end{pmatrix}$ が基本変形によって

$$(A \quad \boldsymbol{b}) \longrightarrow (C \quad \boldsymbol{d}) = \begin{pmatrix} c_{1j_1} & & & & d_1 \\ & c_{2j_2} & & * & d_2 \\ & & \ddots & & \vdots \\ & & & c_{rj_r} \ \cdots & d_r \\ & O & & & d_{r+1} \\ & & & & \end{pmatrix},$$

$$c_{1j_1}c_{2j_2}\cdots c_{rj_r} \neq 0, \quad j_1 < j_2 < \cdots < j_r$$

と変形されるとき，連立1次方程式 $A\boldsymbol{x} = \boldsymbol{b}$ は $C\boldsymbol{x} = \boldsymbol{d}$ と同値である．いま rank$(A \quad \boldsymbol{b})$ = rank $A = r$，すなわち $d_{r+1} = 0$ のとき，階段行列$(C \quad \boldsymbol{d})$ に対応する連立1次方程式において，r 個の未知数 $x_{j_1}, x_{j_2}, \cdots, x_{j_r}$ 以外の $n-r$ 個の未知数を任意定数（任意の文字）におきかえて，これらの任意定数

を用いて他のすべての解が表示される．任意定数の個数 $n-r$ を解の**自由度**という．$n-r$ 個の任意定数を含む解を $A\boldsymbol{x}=\boldsymbol{b}$ の**一般解**といい，任意定数に特別な数を代入した解を**特殊解**という．

基本変形を用いて，連立1次方程式を解く方法を**はき出し法**という．

> **定理 3.5**　連立1次方程式 $A\boldsymbol{x}=\boldsymbol{b}$ が解をもつための必要十分条件は
> $$\mathrm{rank}\,(A\quad \boldsymbol{b})=\mathrm{rank}\,A$$
> が成り立つことである．このとき，一般解は $n-\mathrm{rank}\,A$ 個の任意定数を含んだ形で表される．

◆ 同次連立1次方程式 ◆　$A\boldsymbol{x}=\boldsymbol{0}$ の形で表される連立1次方程式を**同次**（または斉次）**連立1次方程式**という．この連立1次方程式はつねに解をもち，$\boldsymbol{x}=\boldsymbol{0}$ は解の1つである．この解 $\boldsymbol{x}=\boldsymbol{0}$ を**自明解**といい，$\boldsymbol{x}\neq\boldsymbol{0}$ となる解を**非自明解**という．

> **定理 3.6**　A を $m\times n$ 行列とする．n 個の未知数からなる同次連立1次方程式 $A\boldsymbol{x}=\boldsymbol{0}$ に対して
> $$A\boldsymbol{x}=\boldsymbol{0}\text{ が非自明解をもつ}\iff \mathrm{rank}\,A<n$$
> $$A\boldsymbol{x}=\boldsymbol{0}\text{ が自明解だけをもつ}\iff \mathrm{rank}\,A=n$$

とくに，正方行列に対しては

> **定理 3.7**　A が n 次正方行列とする．このとき
> $$A\boldsymbol{x}=\boldsymbol{0}\text{ が非自明解をもつ}\iff |A|=0$$
> $$A\boldsymbol{x}=\boldsymbol{0}\text{ が自明解だけをもつ}\iff |A|\neq 0$$

例題 3.4 次の連立1次方程式をはき出し法で解け．

(1) $\begin{cases} x+2y = 3 \\ 2x+5y-z=0 \\ -3x+y+6z=1 \end{cases}$　　(2) $\begin{cases} x_1+x_2+2x_3+2x_4=1 \\ 2x_1+x_2+x_3+2x_4=-2 \\ x_1+2x_2+5x_3+5x_4=3 \end{cases}$

解 (1)

$$(A \quad \boldsymbol{b})=\begin{pmatrix} 1 & 2 & 0 & 3 \\ 2 & 5 & -1 & 0 \\ -3 & 1 & 6 & 1 \end{pmatrix} \xrightarrow[\text{③}+\text{①}\times 3]{\text{②}+\text{①}\times(-2)} \begin{pmatrix} 1 & 2 & 0 & 3 \\ 0 & 1 & -1 & -6 \\ 0 & 7 & 6 & 10 \end{pmatrix}$$

$$\xrightarrow[\text{③}+\text{②}\times(-7)]{} \begin{pmatrix} 1 & 2 & 0 & 3 \\ 0 & 1 & -1 & -6 \\ 0 & 0 & 13 & 52 \end{pmatrix} \xrightarrow[\text{③}\times 1/13]{} \begin{pmatrix} 1 & 2 & 0 & 3 \\ 0 & 1 & -1 & -6 \\ 0 & 0 & 1 & 4 \end{pmatrix}$$

$$\xrightarrow[\text{②}+\text{③}]{} \begin{pmatrix} 1 & 2 & 0 & 3 \\ 0 & 1 & 0 & -2 \\ 0 & 0 & 1 & 4 \end{pmatrix} \xrightarrow[\text{①}+\text{②}\times(-2)]{} \begin{pmatrix} 1 & 0 & 0 & 7 \\ 0 & 1 & 0 & -2 \\ 0 & 0 & 1 & 4 \end{pmatrix}$$

よって，$x=7$，$y=-2$，$z=4$．

(2)

$$(A \quad \boldsymbol{b})=\begin{pmatrix} 1 & 1 & 2 & 2 & 1 \\ 2 & 1 & 1 & 2 & -2 \\ 1 & 2 & 5 & 5 & 3 \end{pmatrix} \xrightarrow[\text{③}+\text{①}\times(-1)]{\text{②}+\text{①}\times(-2)} \begin{pmatrix} 1 & 1 & 2 & 2 & 1 \\ 0 & -1 & -3 & -2 & -4 \\ 0 & 1 & 3 & 3 & 2 \end{pmatrix}$$

$$\xrightarrow[\text{③}+\text{②}]{} \begin{pmatrix} 1 & 1 & 2 & 2 & 1 \\ 0 & -1 & -3 & -2 & -4 \\ 0 & 0 & 0 & 1 & -2 \end{pmatrix} \xrightarrow[\text{②}\times(-1)]{} \begin{pmatrix} 1 & 1 & 2 & 2 & 1 \\ 0 & 1 & 3 & 2 & 4 \\ 0 & 0 & 0 & 1 & -2 \end{pmatrix}$$

$\operatorname{rank} A=\operatorname{rank}(A \quad \boldsymbol{b})=3$ であるから，この連立1次方程式は自由度1の解をもち

$$\begin{cases} x_1+x_2+2x_3+2x_4=1 \\ \phantom{x_1+{}} x_2+3x_3+2x_4=4 \\ x_4=-2 \end{cases}$$

に同値である．$x_3=c$ とおけば $x_2=-3c+8$，$x_1=c-3$ となるから，解は

$$\begin{pmatrix} x_1 \\ x_2 \\ x_3 \\ x_4 \end{pmatrix}=\begin{pmatrix} 1 \\ -3 \\ 1 \\ 0 \end{pmatrix}c+\begin{pmatrix} -3 \\ 8 \\ 0 \\ -2 \end{pmatrix} \quad (c \text{ は任意定数})$$

例題 3.5 次の連立1次方程式が解をもつように a の値を定めて，これを解け．

$$\begin{cases} x_1-\ 2x_2+3x_3+4x_4=a \\ 2x_1-10x_2+6x_3+5x_4=1 \\ x_1-\ 4x_2+3x_3+3x_4=1 \end{cases}$$

解 $(A\quad \boldsymbol{b})=\begin{pmatrix}1 & -2 & 3 & 4 & a\\ 2 & -10 & 6 & 5 & 1\\ 1 & -4 & 3 & 3 & 1\end{pmatrix}\xrightarrow[\substack{②+①\times(-2)\\ ③+①\times(-1)}]{}\begin{pmatrix}1 & -2 & 3 & 4 & a\\ 0 & -6 & 0 & -3 & 1-2a\\ 0 & -2 & 0 & -1 & 1-a\end{pmatrix}$

$$\xrightarrow[\substack{③\times(-1)\\ ②と入れかえる}]{}\begin{pmatrix}1 & -2 & 3 & 4 & a\\ 0 & 2 & 0 & 1 & a-1\\ 0 & -6 & 0 & -3 & 1-2a\end{pmatrix}$$

$$\xrightarrow[③+②\times3]{}\begin{pmatrix}1 & -2 & 3 & 4 & a\\ 0 & 2 & 0 & 1 & a-1\\ 0 & 0 & 0 & 0 & a-2\end{pmatrix}$$

から $\mathrm{rank}\,(A\quad \boldsymbol{b})=\mathrm{rank}\,A=2$ であるためには $a=2$．結局，連立1次方程式は

$$\begin{cases} x_1-2x_2+3x_3+4x_4=2 \\ \qquad 2x_2\qquad\ \ +\ x_4=1 \end{cases}$$

になるから，$x_2=c_1$，$x_3=c_2$ とおくと $x_4=-2c_1+1$．$x_1=10c_1-3c_2-2$．よって，一般解は

$$\begin{pmatrix}x_1\\x_2\\x_3\\x_4\end{pmatrix}=\begin{pmatrix}10\\1\\0\\-2\end{pmatrix}c_1+\begin{pmatrix}-3\\0\\1\\0\end{pmatrix}c_2+\begin{pmatrix}-2\\0\\0\\1\end{pmatrix}\quad (c_1,\ c_2\ は任意定数)$$

注意 基本変形をさらに続けて

$$\begin{pmatrix}1 & -2 & 3 & 4 & 2\\ 0 & 2 & 0 & 1 & 1\\ 0 & 0 & 0 & 0 & 0\end{pmatrix}\xrightarrow[①+②]{a=2}\begin{pmatrix}1 & 0 & 3 & 5 & 3\\ 0 & 2 & 0 & 1 & 1\\ 0 & 0 & 0 & 0 & 0\end{pmatrix}$$

すなわち

$$\begin{cases} x_1\qquad +3x_3+5x_4=3 \\ \quad 2x_2\qquad\ \ +\ x_4=1 \end{cases}$$

と変形する方が解は求めやすい．また，任意定数のとり方を $x_1=c_1$，$x_4=c_2$ などとしてもよい．すなわち，解の表示の仕方は一意的ではない．

例題 3.6 次の連立1次方程式(A)および(B)の解を求めよ.

$$(\mathrm{A})\quad \begin{cases} x_1+2x_2+\ x_3-3x_4 = \ \ 1 \\ 2x_1+5x_2 \qquad\ \ -4x_4 = \ \ 1 \\ -x_1+\ x_2-7x_3+9x_4 = -4 \\ 3x_1+8x_2-\ x_3-5x_4 = \ \ 1 \end{cases} \qquad (\mathrm{B})\quad \begin{cases} x_1+2x_2+\ x_3-3x_4 = 0 \\ 2x_1+5x_2 \qquad\ \ -4x_4 = 0 \\ -x_1+\ x_2-7x_3+9x_4 = 0 \\ 3x_1+8x_2-\ x_3-5x_4 = 0 \end{cases}$$

解
$$(A\quad \boldsymbol{b}) = \begin{pmatrix} 1 & 2 & 1 & -3 & 1 \\ 2 & 5 & 0 & -4 & 1 \\ -1 & 1 & -7 & 9 & -4 \\ 3 & 8 & -1 & -5 & 1 \end{pmatrix} \xrightarrow[\substack{③+① \\ ④+①\times(-3)}]{②+①\times(-2)} \begin{pmatrix} 1 & 2 & 1 & -3 & 1 \\ 0 & 1 & -2 & 2 & -1 \\ 0 & 3 & -6 & 6 & -3 \\ 0 & 2 & -4 & 4 & -2 \end{pmatrix}$$

$$\xrightarrow[\substack{③+②\times(-3) \\ ④+②\times(-2)}]{} \begin{pmatrix} 1 & 2 & 1 & -3 & 1 \\ 0 & 1 & -2 & 2 & -1 \\ 0 & 0 & 0 & 0 & 0 \\ 0 & 0 & 0 & 0 & 0 \end{pmatrix} \xrightarrow[①+②\times(-2)]{} \begin{pmatrix} 1 & 0 & 5 & -7 & 3 \\ 0 & 1 & -2 & 2 & -1 \\ 0 & 0 & 0 & 0 & 0 \\ 0 & 0 & 0 & 0 & 0 \end{pmatrix}$$

よって,(A)は

$$\begin{cases} x_1 \qquad +5x_3-7x_4 = \ \ 3 \\ \qquad x_2-2x_3+2x_4 = -1 \end{cases}$$

となって自由度2の解をもつから,$x_3 = c_1$,$x_4 = c_2$ とおくと解は

$$x_1 = -5c_1+7c_2+3,\quad x_2 = 2c_1-2c_2-1,$$
$$x_3 = c_1,\quad x_4 = c_2 \quad (c_1, c_2 \text{ は任意定数}).$$

(B)の解は,(A)と同様に係数行列 $(A\quad \boldsymbol{b}) = (A\quad \boldsymbol{0})$ を変形すれば第5列はすべて0のままであるから,A だけを変形して

$$A = \begin{pmatrix} 1 & 2 & 1 & -3 \\ 2 & 5 & 0 & -4 \\ -1 & 1 & -7 & 9 \\ 3 & 8 & -1 & -5 \end{pmatrix} \longrightarrow \begin{pmatrix} 1 & 0 & 5 & -7 \\ 0 & 1 & -2 & 2 \\ 0 & 0 & 0 & 0 \\ 0 & 0 & 0 & 0 \end{pmatrix}$$

よって,(B)の解は

$$x_1 = -5c_1+7c_2,\quad x_2 = 2c_1-2c_2,\quad x_3 = c_1,\quad x_4 = c_2 \quad (c_1, c_2 \text{ は任意定数}).$$

注意 連立1次方程式 $A\boldsymbol{x} = \boldsymbol{b}$ の一般解 $\boldsymbol{x}$ は,同次連立1次方程式 $A\boldsymbol{x} = \boldsymbol{0}$ の一般解 $\boldsymbol{x}'$ と $A\boldsymbol{x} = \boldsymbol{b}$ の1つの特殊解 $\boldsymbol{x}_0$(たとえば例題で $c_1 = c_2 = 0$ とおいた解)の和で表される:$\boldsymbol{x} = \boldsymbol{x}'+\boldsymbol{x}_0$.

練習問題3

[A]

1. 次の行列 A を階段行列 B に変形するとき，$B=DCA$ となる基本行列 C, D を求めよ．

$$A=\begin{pmatrix}1 & -2 & 4 & 3\\ 1 & -1 & -2 & 0\\ 0 & 2 & -1 & 1\end{pmatrix}$$

2. 次の行列の階数を求めよ．

（1）$\begin{pmatrix}3 & -1 & 1 & 1\\ -2 & 0 & -1 & -3\\ 2 & -2 & 0 & -4\end{pmatrix}$　（2）$\begin{pmatrix}0 & 0 & 0\\ 0 & 1 & 1\\ 1 & 0 & 1\\ 1 & 1 & 0\end{pmatrix}$

（3）$\begin{pmatrix}1 & -1 & 2 & 0\\ -2 & 0 & -6 & -2\\ 0 & 2 & 4 & 5\\ 2 & -3 & 3 & -1\end{pmatrix}$　（4）$\begin{pmatrix}2 & 3 & 1 & -1 & 4\\ 5 & -1 & 0 & 2 & -1\\ -3 & 4 & 1 & -3 & 5\\ 8 & -5 & -1 & 5 & -6\end{pmatrix}$

（5）$\begin{pmatrix}4 & -1 & 2 & 13\\ 3 & -6 & 5 & 8\\ 1 & 2 & -1 & 4\\ 1 & 8 & -5 & 6\end{pmatrix}$　（6）$\begin{pmatrix}1 & i & 1 & i & -i\\ i & 1 & -i & -1 & 0\\ -i & 1 & i & 0 & -1\\ -1 & 0 & i & -i & 1\end{pmatrix}$

3. 次の行列の階数は $\mathrm{rank}\, A$ と同じになるか．

（1）$(A\ \ A)$　（2）$(A\ \ {}^t\!A)$　（3）$\begin{pmatrix}A & O\\ O & A\end{pmatrix}$

4. 次の行列が正則ならば，基本変形を用いて逆行列を求めよ．

（1）$\begin{pmatrix}1 & 0 & 1\\ 0 & 1 & 0\\ -1 & 0 & 1\end{pmatrix}$　（2）$\begin{pmatrix}1 & 2 & 3\\ 5 & 3 & 1\\ 3 & 4 & 5\end{pmatrix}$　（3）$\begin{pmatrix}1 & a & b\\ 0 & 1 & c\\ 0 & 0 & 1\end{pmatrix}$

（4）$\begin{pmatrix}0.01 & 0.02 & 0.01\\ 0 & -0.02 & 0.03\\ 0.02 & 0.01 & 0.05\end{pmatrix}$　（5）$\begin{pmatrix}i & 1 & 1+i\\ 1 & 0 & -i\\ 2i & -i & -1\end{pmatrix}$

（6）$\begin{pmatrix}1 & 1 & 2 & 2\\ 2 & 1 & 3 & 4\\ 4 & 3 & 5 & 8\\ 2 & 2 & 3 & 3\end{pmatrix}$　（7）$\begin{pmatrix}1 & 0 & 4 & -1\\ 3 & -1 & 10 & 3\\ 0 & 1 & 1 & -1\\ 1 & -1 & 3 & 1\end{pmatrix}$

5. 次の正則行列 A を基本行列の積で表せ．

（1） $\begin{pmatrix} 2 & 3 \\ 5 & 6 \end{pmatrix}$ （2） $\begin{pmatrix} 2 & 4 & 3 \\ 1 & 3 & 0 \\ 0 & 2 & 1 \end{pmatrix}$

6. 次の連立1次方程式をはき出し法で解け．

（1） $x_1-2x_2+x_3+3x_4=3$ （2） $\begin{cases} x_1+2x_2-x_3=4 \\ 2x_1+x_2+3x_3=-1 \end{cases}$

（3） $\begin{cases} 2x_1+3x_2-x_3=11 \\ x_1+2x_2=5 \\ x_1-x_2+2x_3=-2 \end{cases}$ （4） $\begin{cases} 1999x+2002y+2003z=0 \\ 2000x+2003y+2002z=0 \\ 2001x+2004y+2001z=0 \end{cases}$

（5） $\begin{pmatrix} 1 & 2 & -8 & -3 \\ 2 & -1 & -1 & 4 \\ 3 & 2 & -12 & -1 \end{pmatrix}\begin{pmatrix} x_1 \\ x_2 \\ x_3 \\ x_4 \end{pmatrix}=\begin{pmatrix} 1 \\ 7 \\ 7 \end{pmatrix}$

（6） $\begin{cases} 2x_1-x_2+5x_3-6x_4=0 \\ 3x_1+x_2+5x_3+x_4=0 \\ x_1+2x_3-x_4=0 \\ -x_1+3x_2-5x_3+13x_4=0 \end{cases}$

（7） $\begin{cases} x_1-3x_2+x_4+2x_5=3 \\ 3x_1-9x_2+2x_3+4x_4+3x_5=9 \\ 2x_1-6x_2+x_3+2x_4+4x_5=8 \end{cases}$

7. 次の連立1次方程式が解をもつための条件を求めよ．

（1） $\begin{pmatrix} 1 & 3 & -1 \\ -2 & 3 & 5 \\ 3 & 9 & a \end{pmatrix}\begin{pmatrix} x_1 \\ x_2 \\ x_3 \end{pmatrix}=\begin{pmatrix} 2 \\ -1 \\ 4 \end{pmatrix}$ （2） $\begin{cases} x+y-3z=2 \\ 3x-y+2z=a \\ x-3y+8z=b \end{cases}$

（3） $\begin{cases} -x+y+z=a \\ x-y+z=b \\ x+y-z=c \\ x+y+z=d \end{cases}$ （4） $\begin{cases} x_1+7x_2-8x_3+4x_4=a \\ 2x_1-4x_2+11x_3+8x_4=b \\ x_1+3x_2-2x_3+4x_4=c \\ 3x_1+7x_2-3x_3+15x_4=d \end{cases}$

8. 次の連立1次方程式が解をもつように a, b, c を定めてこれを解け．

（1） $\begin{cases} x_1+2x_2-x_3+4x_4=3 \\ 2x_1+x_2+7x_4=3 \\ 3x_1-9x_2+7x_3+7x_4=a \end{cases}$ （2） $\begin{cases} 2x_1+x_2+x_4=1 \\ x_2+2x_3+x_4=1 \\ -x_1+x_2+3x_3+2x_4=2 \\ x_1+2x_2+3x_3+x_4=a \end{cases}$

（3） $\begin{cases} x_1+2x_2+x_3-3x_4=-1 \\ 2x_1+5x_2-5x_4=1 \\ -3x_1-8x_2+x_3+7x_4=b \\ x_1-x_2+7x_3-6x_4=c \end{cases}$

(4) $\begin{cases} x_1+3x_2+2x_3-x_4 = 1 \\ 3x_1+10x_2+7x_3-x_4-x_5 = 5 \\ -x_1+2x_2+6x_3+8x_4+7x_5 = 6 \\ 2x_1+4x_2+3x_3-7x_4+6x_5 = b \\ x_1+5x_2+2x_3+5x_4-10x_5 = c \end{cases}$

9. 次の同次連立1次方程式の基本解を求めよ．

(1) $\begin{cases} 2x-y+z+3u = 0 \\ x+2y+z-2u = 0 \end{cases}$ (2) $\begin{cases} 2x_1+x_2-x_3+x_4 = 0 \\ 3x_1+4x_2-5x_3+2x_4 = 0 \\ x_1-2x_2+3x_3 = 0 \\ 4x_1-3x_2+5x_3+x_4 = 0 \end{cases}$

(3) $\begin{cases} x_1+3x_2+3x_3+x_4 = 0 \\ x_1+4x_2+6x_3+4x_4+x_5 = 0 \\ x_1+2x_2+x_3 = 0 \\ x_2+2x_3+x_4 = 0 \end{cases}$

(4) $\begin{cases} x_1-ix_2+ix_3+2ix_4 = 0 \\ ix_1+(1-i)x_2-x_3+(-1+i)x_4 = 0 \\ -ix_1-x_2+2x_3+x_4 = 0 \\ ix_1+(1+i)x_2-(1+i)x_3-3x_4 = 0 \end{cases}$

10. 次の同次連立1次方程式が非自明解をもつように定数 a を定め，解を求めよ．

(1) $\begin{cases} ax+(a+4)y = 0 \\ 2x+ay = 0 \end{cases}$ (2) $\begin{cases} (a-1)x+y+z = 0 \\ x+(a-1)y+z = 0 \\ x+y-(a-3)z = 0 \end{cases}$

(3) $\begin{cases} x_1+2x_2+4x_3 = 0 \\ 3x_1+x_2+(a+3)x_3 = 0 \\ -2x_1+(a-1)x_2-x_3 = 0 \end{cases}$ (4) $\begin{cases} 2x_1+x_2+x_3 = 0 \\ x_1+2x_2+x_3+3x_4 = 0 \\ 4x_1+x_2+5x_3+6x_4 = 0 \\ x_1-3x_2-4x_3+ax_4 = 0 \end{cases}$

11. 3直線 $\begin{cases} a_1x+b_1y+c_1 = 0 \\ a_2x+b_2y+c_2 = 0 \\ a_3x+b_3y+c_3 = 0 \end{cases}$ が1点で交わるかまたは平行であるための条件は $\begin{vmatrix} a_1 & b_1 & c_1 \\ a_2 & b_2 & c_2 \\ a_3 & b_3 & c_3 \end{vmatrix} = 0$ であることを示せ．

12. 平面上の相異なる3点 $(x_1, y_1), (x_2, y_2), (x_3, y_3)$ が同一直線上にあるための条件は $\begin{vmatrix} x_1 & y_1 & 1 \\ x_2 & y_2 & 1 \\ x_3 & y_3 & 1 \end{vmatrix} = 0$ であることを示せ．また，空間での4点 (x_i, y_i, z_i) $(i = 1, 2, 3, 4)$ が同一平面上にあるための条件は何か．

13. (1) 平面上の異なる2点 $(a_1, b_1), (a_2, b_2)$ を通る直線は，次で与えられるこ

とを示せ．

$$\begin{vmatrix} x & y & 1 \\ a_1 & b_1 & 1 \\ a_2 & b_2 & 1 \end{vmatrix} = 0$$

（2） 空間内の同一直線上にない3点 $(a_1, b_1, c_1), (a_2, b_2, c_2), (a_3, b_3, c_3)$ を通る平面の方程式は，次で与えられることを示せ．

$$\begin{vmatrix} x & y & z & 1 \\ a_1 & b_1 & c_1 & 1 \\ a_2 & b_2 & c_2 & 1 \\ a_3 & b_3 & c_3 & 1 \end{vmatrix} = 0$$

[B]

1. 次の行列の階数を求めよ．

（1） $\begin{pmatrix} 1 & 1 & 1 & a \\ 1 & 1 & a & 1 \\ 1 & a & 1 & 1 \end{pmatrix}$ （2） $\begin{pmatrix} a & a & a \\ a-1 & a & a+1 \\ a+1 & a+2 & a+3 \end{pmatrix}$ （3） $\begin{pmatrix} 1 & a & bc \\ 1 & b & ca \\ 1 & c & ab \end{pmatrix}$

（4） $\begin{pmatrix} 1 & 1 & 1 & 1 \\ 0 & 1 & 2 & 3 \\ a & b & c & d \end{pmatrix}$ （5） $\begin{pmatrix} a & 1 & 1 & 1 \\ 1 & a & 1 & 1 \\ 1 & 1 & a & 1 \\ 1 & 1 & 1 & a \end{pmatrix}$

（6） $\begin{pmatrix} -2 & a-1 & -1 \\ 3 & 1 & a+3 \\ a & -3 & a+1 \\ 1 & 2 & 4 \end{pmatrix}$

2. 次の行列の逆行列を求めよ．

（1） $\begin{pmatrix} 2 & 1 & 4-a \\ 1 & 1 & 3 \\ a & 1 & 2+a \end{pmatrix}$ （2） $\begin{pmatrix} 1 & a & b & c \\ 0 & 1 & d & e \\ 0 & 0 & 1 & f \\ 0 & 0 & 0 & 1 \end{pmatrix}$

（3） $\begin{pmatrix} 1 & & & \\ -1 & 1 & & O \\ & \ddots & \ddots & \\ O & & -1 & 1 \end{pmatrix}$ （n 次）

（4） $\begin{pmatrix} 0 & 1 & & O \\ \vdots & \ddots & \ddots & \\ 0 & \cdots & 0 & 1 \\ 1 & 0 & \cdots & 0 \end{pmatrix}$ （n 次）

(5) $\left(\begin{array}{ccc:ccc} & & & 1 & & \\ & O & & & \ddots & O \\ & & & O & & 1 \\ \hdashline -1 & & O & & & \\ & \ddots & & & O & \\ O & & -1 & & & \end{array}\right)$ ($2n$ 次)

3. $m\times n$ 行列 A は行と列の両方の基本変形を行うことにより

$$\begin{pmatrix} E_r & O \\ O & O \end{pmatrix}, \quad r = \mathrm{rank}\, A$$

の形に変形される，すなわち m 次正則行列 P と n 次正則行列 Q を上手にとれば

$$PAQ = \begin{pmatrix} E_r & O \\ O & O \end{pmatrix}, \quad r = \mathrm{rank}\, A$$

と表される．これを示せ．そこで

$$A = \begin{pmatrix} 3 & 5 & 0 & 4 \\ 1 & 2 & -1 & 5 \\ -2 & -3 & -1 & 1 \end{pmatrix} \longrightarrow B = \begin{pmatrix} 1 & 0 & 0 & 0 \\ 0 & 1 & 0 & 0 \\ 0 & 0 & 0 & 0 \end{pmatrix} = PAQ$$

となる1組の行列 P, Q を求めよ．

4. $A = \begin{pmatrix} A_1 & O \\ O & A_2 \end{pmatrix}$ のとき，$\mathrm{rank}\, A = \mathrm{rank}\, A_1 + \mathrm{rank}\, A_2$ を示せ．

5. 同次連立1次方程式 $A\boldsymbol{x} = \boldsymbol{0}$ の相異なる2つの解を $\boldsymbol{x}_1, \boldsymbol{x}_2$ とするとき，$c_1\boldsymbol{x}_1 + c_2\boldsymbol{x}_2$（$c_1, c_2$ は任意定数）も解になることを示せ．$A\boldsymbol{x} = \boldsymbol{b}$ ($\boldsymbol{b} \neq \boldsymbol{0}$) のときはどうか．

6. 行列 A に対して，A から k 個の行と k 個の列を取り出してつくる k 次の行列式を A の小行列式という．このとき，次は同値であることを説明せよ．

(i) $\mathrm{rank}\, A = r$

(ii) A の r 次の小行列式の中には0でないものが少なくとも1つあり，次数が $r+1$ 以上の小行列式はすべて0であるか存在しない．

行列 A の階数を (ii) で定義することもある．これを用いて問題 [A] 2 の行列の階数を計算せよ．

練習問題 3 のヒントと解答

[A]

1. $A \xrightarrow[②+①\times(-1)]{} \begin{pmatrix} 1 & -2 & 4 & 3 \\ 0 & 1 & -6 & -3 \\ 0 & 2 & -1 & 1 \end{pmatrix} \xrightarrow[③+②\times(-2)]{} \begin{pmatrix} 1 & -2 & 4 & 3 \\ 0 & 1 & -6 & -3 \\ 0 & 0 & 11 & 7 \end{pmatrix} = B$

より $C = \begin{pmatrix} 1 & 0 & 0 \\ -1 & 1 & 0 \\ 0 & 0 & 1 \end{pmatrix}$, $D = \begin{pmatrix} 1 & 0 & 0 \\ 0 & 1 & 0 \\ 0 & -2 & 1 \end{pmatrix}$

2. (1) 2　(2) 3　(3) 3　(4) 2　(5) 2　(6) 4

3. 同じになるのは(1),(2)

4. (1) $\dfrac{1}{2}\begin{pmatrix} 1 & 0 & -1 \\ 0 & 2 & 0 \\ 1 & 0 & 1 \end{pmatrix}$　(2) 正則でない　(3) $\begin{pmatrix} 1 & -a & ac-b \\ 0 & 1 & -c \\ 0 & 0 & 1 \end{pmatrix}$

(4) $\dfrac{100}{3}\begin{pmatrix} -13 & -9 & 8 \\ 6 & 3 & -3 \\ 4 & 3 & -2 \end{pmatrix}$　(5) $\dfrac{1}{4}\begin{pmatrix} 1 & 2-i & -i \\ 3 & 2-3i & i \\ -i & -1+2i & -1 \end{pmatrix}$

(6) $\begin{pmatrix} -4 & 3/2 & -1/2 & 2 \\ 1 & -3/2 & 1/2 & 0 \\ 1 & 1/2 & -1/2 & 0 \\ 1 & -1/2 & 1/2 & -1 \end{pmatrix}$　(7) $\begin{pmatrix} 8 & 4 & -15 & -19 \\ 1 & 1 & -2 & -4 \\ -2 & -1 & 4 & 5 \\ -1 & 0 & 1 & 1 \end{pmatrix}$

5. (一例) (1) $A \longrightarrow E = P_2\left(\dfrac{1}{3}\right)P_{21}(-2)P_{12}P_{21}(-2)A$ より

$$A = \begin{pmatrix} 1 & 0 \\ 2 & 1 \end{pmatrix}\begin{pmatrix} 0 & 1 \\ 1 & 0 \end{pmatrix}\begin{pmatrix} 1 & 0 \\ 2 & 1 \end{pmatrix}\begin{pmatrix} 1 & 0 \\ 0 & 3 \end{pmatrix}$$

(2) $A \longrightarrow E = P_{12}(-3)P_2\left(-\dfrac{1}{2}\right)P_{23}(-3)P_3\left(\dfrac{1}{4}\right)P_{32}(1)P_{21}(-2)P_{12}A$ より

$$A = \begin{pmatrix} 0 & 1 & 0 \\ 1 & 0 & 0 \\ 0 & 0 & 1 \end{pmatrix}\begin{pmatrix} 1 & 0 & 0 \\ 2 & 1 & 0 \\ 0 & 0 & 1 \end{pmatrix}\begin{pmatrix} 1 & 0 & 0 \\ 0 & 1 & 0 \\ 0 & -1 & 1 \end{pmatrix}\begin{pmatrix} 1 & 0 & 0 \\ 0 & 1 & 0 \\ 0 & 0 & 4 \end{pmatrix}\begin{pmatrix} 1 & 0 & 0 \\ 0 & 1 & 3 \\ 0 & 0 & 1 \end{pmatrix}\times$$

$$\times\begin{pmatrix} 1 & 0 & 0 \\ 0 & -2 & 0 \\ 0 & 0 & 1 \end{pmatrix}\begin{pmatrix} 1 & 3 & 0 \\ 0 & 1 & 0 \\ 0 & 0 & 1 \end{pmatrix}$$

6. 以下，連立1次方程式の解に現れる c, c_1, c_2 などは任意定数を表す．

(1) $x_1 = 2c_1 - c_2 - 3c_3 + 3$,　$x_2 = c_1$,　$x_3 = c_2$,　$x_4 = c_3$

(2) $x_1 = -7c - 2$,　$x_2 = 5c + 3$,　$x_3 = 3c$

(3) $x_1 = 3$,　$x_2 = 1$,　$x_3 = -2$

(4) $x = 1335c,\quad y = -1334c,\quad z = c$

(5) $x_1 = 2c_1 - c_2 + 3,\quad x_2 = 3c_1 + 2c_2 - 1,\quad x_3 = c_1,\quad x_4 = c_2$

(6) $x_1 = -2c_1 + c_2,\quad x_2 = c_1 - 4c_2,\quad x_3 = c_1,\quad x_4 = c_2$

(7) $x_1 = 3c_1 - 5c_2 + 7,\quad x_2 = c_1,\quad x_3 = 2,\quad x_4 = 3c_2 - 4,\quad x_5 = c_2$

7. (1) $\begin{pmatrix} 1 & 3 & -1 & 2 \\ -2 & 3 & 5 & -1 \\ 3 & 9 & a & 4 \end{pmatrix} \longrightarrow \begin{pmatrix} 1 & 3 & -1 & 2 \\ 0 & 3 & 1 & 1 \\ 0 & 0 & a+3 & -2 \end{pmatrix}$ から $a \neq -3$.

(2) $\begin{pmatrix} 1 & 1 & -3 & 2 \\ 3 & -1 & 2 & a \\ 1 & -3 & 8 & b \end{pmatrix} \longrightarrow \begin{pmatrix} 1 & 1 & -3 & 2 \\ 0 & 4 & -11 & 6-a \\ 0 & 0 & 0 & a-b-4 \end{pmatrix}$ から $a-b = 4$.

(3) $a+b+c = d$

(4) $\begin{pmatrix} 1 & 7 & -8 & 4 & a \\ 2 & -4 & 11 & 8 & b \\ 1 & 3 & -2 & 4 & c \\ 3 & 7 & -3 & 15 & d \end{pmatrix} \longrightarrow \begin{pmatrix} 1 & 7 & -8 & 4 & a \\ 0 & 4 & -6 & 0 & a-c \\ 0 & 0 & 0 & 6 & a-7c+2d \\ 0 & 0 & 0 & 0 & 5a+2b-9c \end{pmatrix}$ から

$5a+2b = 9c$.

8. (1) $\begin{pmatrix} 1 & 2 & -1 & 4 & 3 \\ 2 & 1 & 0 & 7 & 3 \\ 3 & -9 & 7 & 7 & a \end{pmatrix} \longrightarrow \begin{pmatrix} 1 & 2 & -1 & 4 & 3 \\ 0 & 3 & -2 & 1 & 3 \\ 0 & 0 & 0 & 0 & a+6 \end{pmatrix}$ から $a = -6$,

解は $\begin{pmatrix} 10 \\ 1 \\ 0 \\ -3 \end{pmatrix} c_1 + \begin{pmatrix} -7 \\ 0 \\ 1 \\ 2 \end{pmatrix} c_2 + \begin{pmatrix} -9 \\ 0 \\ 0 \\ 3 \end{pmatrix}$

(2) $\begin{pmatrix} 2 & 1 & 0 & 1 & 1 \\ 0 & 1 & 2 & 1 & 1 \\ -1 & 1 & 3 & 2 & 2 \\ 1 & 2 & 3 & 1 & a \end{pmatrix} \longrightarrow \begin{pmatrix} 1 & -1 & -3 & -2 & -2 \\ 0 & 1 & 2 & 1 & 1 \\ 0 & 0 & 0 & 1 & 1 \\ 0 & 0 & 0 & 0 & a-1 \end{pmatrix}$ から $a = 1$,

解は $\begin{pmatrix} 1 \\ -2 \\ 1 \\ 0 \end{pmatrix} c + \begin{pmatrix} 0 \\ 0 \\ 0 \\ 1 \end{pmatrix}$

(3) $\begin{pmatrix} 1 & 2 & 1 & -3 & -1 \\ 2 & 5 & 0 & -5 & 1 \\ -3 & -8 & 1 & 7 & b \\ 1 & -1 & 7 & -6 & c \end{pmatrix} \longrightarrow \begin{pmatrix} 1 & 2 & 1 & -3 & -1 \\ 0 & 1 & -2 & 1 & 3 \\ 0 & 0 & 0 & 0 & b+3 \\ 0 & 0 & 0 & 0 & c+10 \end{pmatrix}$ から

$b = -3,\ c = -10$,

解は $\begin{pmatrix}-5\\2\\1\\0\end{pmatrix}c_1+\begin{pmatrix}5\\-1\\0\\1\end{pmatrix}c_2+\begin{pmatrix}-7\\3\\0\\0\end{pmatrix}$

（4） $\begin{pmatrix}1&3&2&-1&0&1\\3&10&7&-1&-1&5\\-1&2&6&8&7&6\\2&4&3&-7&6&b\\1&5&2&5&-10&c\end{pmatrix}\longrightarrow\begin{pmatrix}1&3&2&-1&0&1\\0&1&1&2&-1&2\\0&0&1&-1&4&-1\\0&0&0&0&0&b+3\\0&0&0&0&0&c-7\end{pmatrix}$ から

$b=-3$，$c=7$，解は $\begin{pmatrix}8\\-3\\1\\1\\0\end{pmatrix}c_1+\begin{pmatrix}-7\\5\\-4\\0\\1\end{pmatrix}c_2+\begin{pmatrix}-6\\3\\-1\\0\\0\end{pmatrix}$

9. （1） $\begin{pmatrix}3\\1\\-5\\0\end{pmatrix}$, $\begin{pmatrix}-5\\0\\7\\1\end{pmatrix}$

（2） $\begin{pmatrix}2&1&-1&1\\3&4&-5&2\\1&-2&3&0\\4&-3&5&1\end{pmatrix}\longrightarrow\begin{pmatrix}1&-2&3&0\\0&5&-7&1\\0&0&0&0\\0&0&0&0\end{pmatrix}$ から $\begin{pmatrix}2\\1\\0\\-5\end{pmatrix}$, $\begin{pmatrix}-3\\0\\1\\7\end{pmatrix}$

（3） $\begin{pmatrix}1&3&3&1&0\\1&4&6&4&1\\1&2&1&0&0\\0&1&2&1&0\end{pmatrix}\longrightarrow\begin{pmatrix}1&0&0&4&3\\0&1&0&-3&-2\\0&0&1&2&1\\0&0&0&0&0\end{pmatrix}$ から $\begin{pmatrix}-4\\3\\-2\\1\\0\end{pmatrix}$, $\begin{pmatrix}-3\\2\\-1\\0\\1\end{pmatrix}$

（4） $\begin{pmatrix}1&-i&i&2i\\i&1-i&-1&-1+i\\-i&-1&2&1\\i&1+i&-1-i&-3\end{pmatrix}\longrightarrow\begin{pmatrix}1&0&0&-1+2i\\0&i&0&-1-i\\0&0&1&-1\\0&0&0&0\end{pmatrix}$ から $\begin{pmatrix}1-2i\\1-i\\1\\1\end{pmatrix}$

10. a の値は基本変形からでも求まるが，係数行列の行列式 $=0$ としても求められる．（1） $a=-2$ のとき $x=y=c$，$a=4$ のとき $x=-2c$，$y=c$.

（2） $a=1$ のとき $x=y=c$，$z=-c$，$a=2$ のとき $x=-c_1-c_2$，$y=c_1$，$z=c_2$.

（3） $a=4$ のとき $x_1=2c$，$x_2=c$，$x_3=-c$，$a=2$ のとき $x_1=6c$，$x_2=7c$，$x_3=-5c$.

（4） $a=-7$ のとき $x_1=c$，$x_2=-2c$，$x_3=0$，$x_4=c$.

11. 3直線が1点(a, b)で交われば，x, y, zを未知数とする同次連立1次方程式

$$\begin{cases} a_1x+b_1y+c_1z=0 \\ a_2x+b_2y+c_2z=0 \\ a_3x+b_3y+c_3z=0 \end{cases}$$

は非自明解$(a, b, 1)$をもつ．

12. 直線$ax+by+c=0$上に3点があるとすると$\begin{cases} ax_1+by_1+c=0 \\ ax_2+by_2+c=0. \\ ax_3+by_3+c=0 \end{cases}$

これをa, b, cを未知数とする同次連立1次方程式とみれば非自明解をもつから，

条件の式が得られる．同様にして，空間に関しても$\begin{vmatrix} x_1 & y_1 & z_1 & 1 \\ x_2 & y_2 & z_2 & 1 \\ x_3 & y_3 & z_3 & 1 \\ x_4 & y_4 & z_4 & 1 \end{vmatrix}=0.$

13. (1) a, b, cを未知数とする同次連立1次方程式$\begin{cases} ax+by+c=0 \\ aa_1+bb_1+c=0 \\ aa_2+bb_2+c=0 \end{cases}$ は非自明解をもつ．

[B]

1. (1) $a \fallingdotseq 1$のとき3，$a=1$のとき1．　(2) 2

(3) a, b, cが相異なるとき3，a, b, cのうち2つだけが等しいとき2，$a=b=c$のとき1．

(4) $a+c=2b$かつ$2a+d=3b$のとき，すなわち$a=3\alpha-2\beta$，$b=2\alpha-\beta$，$c=\alpha$，$d=\beta$（α, βは任意）のとき2，他の場合は3．

(5) $a \fallingdotseq -3, 1$のとき4，$a=-3$のとき3，$a=1$のとき1．

(6) $a \fallingdotseq 4$のとき3，$a=4$のとき2．

2. (1) $\dfrac{1}{a(a-1)}\begin{pmatrix} a-1 & -2a+2 & a-1 \\ 2a-2 & a^2-2a+4 & -a-2 \\ -a+1 & a-2 & 1 \end{pmatrix}$　$(a \fallingdotseq 0, 1)$

(2) $\begin{pmatrix} 1 & -a & ad-b & -adf+ae+bf-c \\ 0 & 1 & -d & df-e \\ 0 & 0 & 1 & -f \\ 0 & 0 & 0 & 1 \end{pmatrix}$

(3) $\begin{pmatrix} 1 & & & O \\ 1 & 1 & & \\ \vdots & \ddots & \ddots & \\ 1 & \cdots & 1 & 1 \end{pmatrix}$　(4) $\begin{pmatrix} 0 & \cdots & 0 & 1 \\ 1 & 0 & \cdots & 0 \\ & \ddots & \ddots & \vdots \\ O & & 1 & 0 \end{pmatrix}$　(5) $\begin{pmatrix} O & -E_n \\ E_n & O \end{pmatrix}$

3. 63ページから理解される．Aを変形する：（一例）

$$A \xrightarrow[\text{①と②の入れかえ}]{} \begin{pmatrix} 1 & 2 & -1 & 5 \\ 3 & 5 & 0 & 4 \\ -2 & -3 & -1 & 1 \end{pmatrix} \xrightarrow[\substack{\text{②}+\text{①}\times(-3) \\ \text{③}+\text{①}\times 2}]{} \begin{pmatrix} 1 & 2 & -1 & 5 \\ 0 & -1 & 3 & -11 \\ 0 & 1 & -3 & 11 \end{pmatrix}$$

$$\xrightarrow[\substack{\text{③}+\text{②} \\ \text{②}\times(-1)}]{} \begin{pmatrix} 1 & 2 & -1 & 5 \\ 0 & 1 & -3 & 11 \\ 0 & 0 & 0 & 0 \end{pmatrix} \xrightarrow[\substack{\text{③}'+\text{②}'\times 3 \\ \text{④}'+\text{②}'\times(-11)}]{} \begin{pmatrix} 1 & 2 & 5 & -17 \\ 0 & 1 & 0 & 0 \\ 0 & 0 & 0 & 0 \end{pmatrix}$$

$$\xrightarrow[\substack{\text{③}'+\text{①}'\times(-5) \\ \text{④}'+\text{①}'\times 17}]{\text{②}'+\text{①}'\times(-2)} \begin{pmatrix} 1 & 0 & 0 & 0 \\ 0 & 1 & 0 & 0 \\ 0 & 0 & 0 & 0 \end{pmatrix} \quad (\text{ⓘ}' \text{ は第 } i \text{ 列を表す})$$

よって

$$P = \begin{pmatrix} 1 & 0 & 0 \\ 0 & -1 & 0 \\ 0 & 0 & 1 \end{pmatrix} \begin{pmatrix} 1 & 0 & 0 \\ 0 & 1 & 0 \\ 0 & 1 & 1 \end{pmatrix} \begin{pmatrix} 1 & 0 & 0 \\ 0 & 1 & 0 \\ 2 & 0 & 1 \end{pmatrix} \begin{pmatrix} 1 & 0 & 0 \\ -3 & 1 & 0 \\ 0 & 0 & 1 \end{pmatrix} \begin{pmatrix} 0 & 1 & 0 \\ 1 & 0 & 0 \\ 0 & 0 & 1 \end{pmatrix}$$

$$= \begin{pmatrix} 0 & 1 & 0 \\ -1 & 3 & 0 \\ 1 & -1 & 1 \end{pmatrix},$$

$$Q = \begin{pmatrix} 1 & 0 & 0 & 0 \\ 0 & 1 & 3 & 0 \\ 0 & 0 & 1 & 0 \\ 0 & 0 & 0 & 1 \end{pmatrix} \begin{pmatrix} 1 & 0 & 0 & 0 \\ 0 & 1 & 0 & -11 \\ 0 & 0 & 1 & 0 \\ 0 & 0 & 0 & 1 \end{pmatrix} \begin{pmatrix} 1 & -2 & 0 & 0 \\ 0 & 1 & 0 & 0 \\ 0 & 0 & 1 & 0 \\ 0 & 0 & 0 & 1 \end{pmatrix} \begin{pmatrix} 1 & 0 & -5 & 0 \\ 0 & 1 & 0 & 0 \\ 0 & 0 & 1 & 0 \\ 0 & 0 & 0 & 1 \end{pmatrix} \times$$

$$\times \begin{pmatrix} 1 & 0 & 0 & 17 \\ 0 & 1 & 0 & 0 \\ 0 & 0 & 1 & 0 \\ 0 & 0 & 0 & 1 \end{pmatrix} = \begin{pmatrix} 1 & -2 & -5 & 17 \\ 0 & 1 & 3 & -11 \\ 0 & 0 & 1 & 0 \\ 0 & 0 & 0 & 1 \end{pmatrix}$$

4. $A_1 \longrightarrow B_1$, $A_2 \longrightarrow B_2$（B_1, B_2 は階段行列）と変形すると $A \longrightarrow \begin{pmatrix} B_1 & O \\ O & B_2 \end{pmatrix}$.
必要ならいくつかの行を入れかえれば，$\mathrm{rank}\, A = \mathrm{rank}\, B_1 + \mathrm{rank}\, B_2$
$= \mathrm{rank}\, A_1 + \mathrm{rank}\, A_2$.

5. $A(c_1\boldsymbol{x}_1 + c_2\boldsymbol{x}_2) = c_1A\boldsymbol{x}_1 + c_2A\boldsymbol{x}_2 = c_1\boldsymbol{0} + c_2\boldsymbol{0} = \boldsymbol{0}$. $A\boldsymbol{x} = \boldsymbol{b}$ のときは解にならない.

6. A を r 段の階段行列に変形したとき，r 次の小行列式の中にはその値が 0 でない（対角成分がすべて 0 でない）ものが 1 つ存在して，またその形から $r+1$ 次以上の小行列式はすべて 0 か存在しないことがわかる（きちんとした証明は第 5 章の学習事項が必要である）.

4 平面と空間のベクトル

4.1 平面ベクトルと空間ベクトル

◆ **ベクトル** ◆　平面または空間において，点 A から点 B に向かう有向線分 AB を，A を始点，B を終点とするベクトルといい，$\overrightarrow{\mathrm{AB}}$ で表す．平面または空間のベクトルをそれぞれ**平面ベクトル**または**空間ベクトル**という．

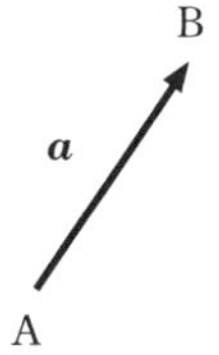

ベクトル $\boldsymbol{a} = \overrightarrow{\mathrm{AB}}$ に対して，線分 AB の長さをベクトル $\boldsymbol{a}$ の**大きさ**または**長さ**といい $\|\boldsymbol{a}\|$ で表す．特別なベクトルとして，長さが 1 のベクトルを**単位ベクトル**，長さが 0 のベクトル $\boldsymbol{0}$ を**零ベクトル**という．零ベクトルの向きは考えない．さらに，$\boldsymbol{a} = \overrightarrow{\mathrm{AB}}$ に対して，向きが反対のベクトル $\overrightarrow{\mathrm{BA}}$ を $-\boldsymbol{a}$ で表し，$\boldsymbol{a}$ の**逆ベクトル**という．

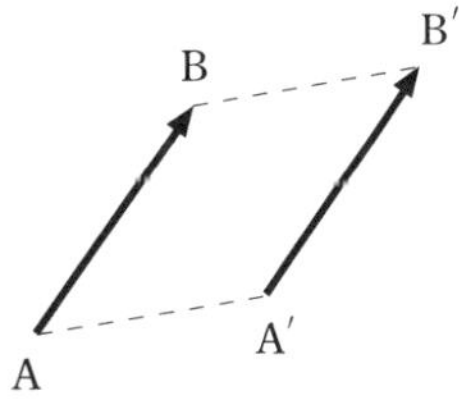

2 つのベクトル $\overrightarrow{\mathrm{AB}}, \overrightarrow{\mathrm{A'B'}}$ に対して，向きも考えて $\overrightarrow{\mathrm{AB}}$ を平行移動して $\overrightarrow{\mathrm{A'B'}}$ に重ね合わせができるとき，$\overrightarrow{\mathrm{AB}}$ と $\overrightarrow{\mathrm{A'B'}}$ は等しいといい，$\overrightarrow{\mathrm{AB}} = \overrightarrow{\mathrm{A'B'}}$ と表す．

◆ **ベクトルの和とスカラー倍** ◆　2 つのベクトル $\boldsymbol{a} = \overrightarrow{\mathrm{AB}}$，$\boldsymbol{b} = \overrightarrow{\mathrm{BC}}$ に対して，ベクトル $\boldsymbol{c} = \overrightarrow{\mathrm{AC}}$ を $\boldsymbol{a}$ と $\boldsymbol{b}$ の和といい，$\boldsymbol{c} = \boldsymbol{a}+\boldsymbol{b}$ と書く．また，

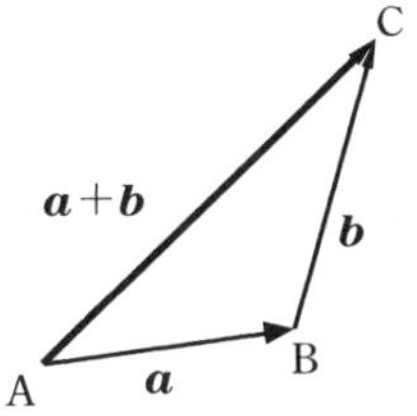

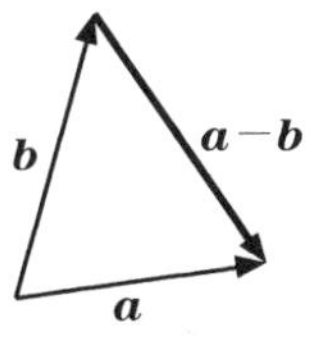

$\boldsymbol{a}+(-\boldsymbol{b})$ を $\boldsymbol{a}-\boldsymbol{b}$ で表し，$\boldsymbol{a}$ から $\boldsymbol{b}$ の差という．

ベクトル $\boldsymbol{a}\ (\neq \boldsymbol{0})$ と実数 m に対して，ベクトル $\boldsymbol{a}$ のスカラー倍 $m\boldsymbol{a}$ を

$m>0$ のとき，向きは $\boldsymbol{a}$ と同じで，長さが $\boldsymbol{a}$ の m 倍のベクトル

$m<0$ のとき，向きは $\boldsymbol{a}$ と反対で，長さが $\boldsymbol{a}$ の $-m$ 倍のベクトル

$m=0$ のとき，零ベクトル $\boldsymbol{0}$

で定める．

ベクトルの和とスカラー倍に対して，通常の演算法則が成り立つ．

定理 4.1

(1) $\boldsymbol{a}+\boldsymbol{b}=\boldsymbol{b}+\boldsymbol{a}$　　(2) $(\boldsymbol{a}+\boldsymbol{b})+\boldsymbol{c}=\boldsymbol{a}+(\boldsymbol{b}+\boldsymbol{c})$

(3) $\boldsymbol{a}+\boldsymbol{0}=\boldsymbol{0}+\boldsymbol{a}=\boldsymbol{a}$　　(4) $\boldsymbol{a}+(-\boldsymbol{a})=(-\boldsymbol{a})+\boldsymbol{a}=\boldsymbol{0}$

(5) $(mn)\boldsymbol{a}=m(n\boldsymbol{a})$　　(6) $m(\boldsymbol{a}+\boldsymbol{b})=m\boldsymbol{a}+m\boldsymbol{b}$

(7) $(m+n)\boldsymbol{a}=m\boldsymbol{a}+n\boldsymbol{a}$　　(8) $1\boldsymbol{a}=\boldsymbol{a}$

零ベクトルでない 2 つのベクトル $\boldsymbol{a}, \boldsymbol{b}$ は向きが同じか反対のとき平行であるといい，$\boldsymbol{a} /\!/ \boldsymbol{b}$ で表す．$\boldsymbol{0}$ は任意のベクトルに平行とする．

◆ 1 次独立と 1 次従属 ◆　　r 個のベクトル $\boldsymbol{a}_1, \boldsymbol{a}_2, \cdots, \boldsymbol{a}_r$ に対して

$$c_1\boldsymbol{a}_1+c_2\boldsymbol{a}_2+\cdots+c_r\boldsymbol{a}_r\quad (c_1, c_2, \cdots, c_r \text{ は実数})$$

の形のベクトルを $\boldsymbol{a}_1, \boldsymbol{a}_2, \cdots, \boldsymbol{a}_r$ の**1 次結合**または**線形結合**という．次の (1), (2), (3) の各場合のベクトルを**1 次独立**または**線形独立**であるという．

(1) $\boldsymbol{0}$ でない 1 つのベクトル $\boldsymbol{a}$

(2) 平行でない 2 つのベクトル $\boldsymbol{a}, \boldsymbol{b}$

(3) 同一平面上にない 3 つのベクトル $\boldsymbol{a}, \boldsymbol{b}, \boldsymbol{c}$

1 次独立でない場合を**1 次従属**または**線形従属**であるという．

◆ 座標系とベクトル ◆　　空間に O を原点とする直交座標軸 x 軸，y 軸，z 軸をとる．これらの軸上に O を始点とする正の向きをもつ単位ベクトルを $\boldsymbol{e}_1, \boldsymbol{e}_2, \boldsymbol{e}_3$ で表し，**基本ベクトル**という．また，組 $\{\mathrm{O}\,;\ \boldsymbol{e}_1, \boldsymbol{e}_2, \boldsymbol{e}_3\}$ を**直交座標系**という．

空間の任意の点Pに対して，ベクトル $\boldsymbol{x} = \overrightarrow{\mathrm{OP}}$ を点Pの**位置ベクトル**という．位置ベクトルが $\boldsymbol{x}$ であるような点を点 $\boldsymbol{x}$ ということがある．

点Pの座標を (x_1, x_2, x_3) とすれば

$$\boldsymbol{x} = x_1\boldsymbol{e}_1 + x_2\boldsymbol{e}_2 + x_3\boldsymbol{e}_3$$

と表される．x_1, x_2, x_3 をそれぞれベクトル $\boldsymbol{x}$ の x 成分，y 成分，z 成分という．これらの成分をたてに並べて $\boldsymbol{x}$ を

$$\boldsymbol{x} = \begin{pmatrix} x_1 \\ x_2 \\ x_3 \end{pmatrix}$$

と書き，$\boldsymbol{x}$ の**成分表示**という．

基本ベクトルと零ベクトルは

$$\boldsymbol{e}_1 = \begin{pmatrix} 1 \\ 0 \\ 0 \end{pmatrix}, \quad \boldsymbol{e}_2 = \begin{pmatrix} 0 \\ 1 \\ 0 \end{pmatrix}, \quad \boldsymbol{e}_3 = \begin{pmatrix} 0 \\ 0 \\ 1 \end{pmatrix}, \quad \boldsymbol{0} = \begin{pmatrix} 0 \\ 0 \\ 0 \end{pmatrix}$$

と書かれる．

$\boldsymbol{a} = \begin{pmatrix} a_1 \\ a_2 \\ a_3 \end{pmatrix}, \ \boldsymbol{b} = \begin{pmatrix} b_1 \\ b_2 \\ b_3 \end{pmatrix}$ のとき

$$\boldsymbol{a} = \boldsymbol{b} \iff a_1 = b_1, \quad a_2 = b_2, \quad a_3 = b_3$$

$$\boldsymbol{a} + \boldsymbol{b} = \begin{pmatrix} a_1 + b_1 \\ a_2 + b_2 \\ a_3 + b_3 \end{pmatrix}, \quad m\boldsymbol{a} = \begin{pmatrix} ma_1 \\ ma_2 \\ ma_3 \end{pmatrix}.$$

平面ベクトルについても同様に考える．

例題 4.1　(1)　図のようなベクトル $\boldsymbol{a}=\overrightarrow{\mathrm{OA}}$，$\boldsymbol{b}=\overrightarrow{\mathrm{OB}}$ に対して，ベクトル $\boldsymbol{c}=\boldsymbol{b}-2\boldsymbol{a}$ を O を始点として図示せよ．また，A を始点とするとどうか．

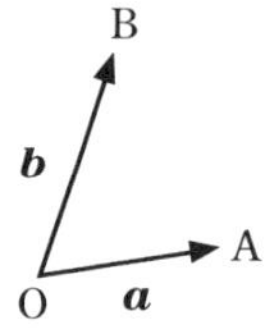

(2)　$\boldsymbol{a}=\boldsymbol{e}_1-2\boldsymbol{e}_2$，$\boldsymbol{b}=2\boldsymbol{e}_1+\boldsymbol{e}_2+3\boldsymbol{e}_3$ のとき，ベクトル $2(3\boldsymbol{a}+\boldsymbol{b})-3(\boldsymbol{a}-2\boldsymbol{b})$ の成分表示を求めよ．

(3)　2 点 $\mathrm{P}(1,-1,0)$, $\mathrm{Q}(-2,1,3)$ に対して，$\overrightarrow{\mathrm{PQ}}$, $-\dfrac{1}{2}\overrightarrow{\mathrm{QP}}$ の成分表示を求めよ．

(4)　ベクトル $\boldsymbol{a}=\begin{pmatrix}1\\-2\\0\end{pmatrix}$, $\boldsymbol{b}=\begin{pmatrix}-2\\5\\3\end{pmatrix}$, $\boldsymbol{c}=\begin{pmatrix}1\\-1\\3\end{pmatrix}$ に対して，$\boldsymbol{c}=r\boldsymbol{a}+s\boldsymbol{b}$ となるような実数 r, s を求めよ．

解　(1)　$-2\boldsymbol{a}=\overrightarrow{\mathrm{OC}}$ となる点 C を求め，平行 4 辺形 OCDB をつくると $\overrightarrow{\mathrm{OD}}=\boldsymbol{b}-2\boldsymbol{a}$．次に，平行 4 辺形 AODE をつくると $\overrightarrow{\mathrm{AE}}=\overrightarrow{\mathrm{OD}}=\boldsymbol{b}-2\boldsymbol{a}$．

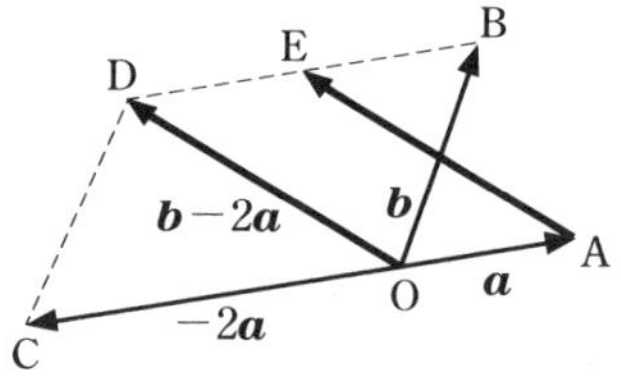

(2)　$2(3\boldsymbol{a}+\boldsymbol{b})-3(\boldsymbol{a}-2\boldsymbol{b})$

$$=6\boldsymbol{a}+2\boldsymbol{b}-3\boldsymbol{a}+6\boldsymbol{b}=3\boldsymbol{a}+8\boldsymbol{b}$$
$$=3(\boldsymbol{e}_1-2\boldsymbol{e}_2)+8(2\boldsymbol{e}_1+\boldsymbol{e}_2+3\boldsymbol{e}_3)$$
$$=19\boldsymbol{e}_1+2\boldsymbol{e}_2+24\boldsymbol{e}_3=\begin{pmatrix}19\\2\\24\end{pmatrix}.$$

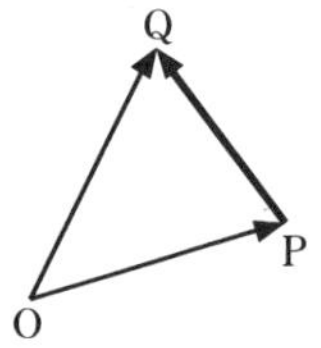

(3)　$\overrightarrow{\mathrm{PQ}}=\overrightarrow{\mathrm{OQ}}-\overrightarrow{\mathrm{OP}}=\begin{pmatrix}-2\\1\\3\end{pmatrix}-\begin{pmatrix}1\\-1\\0\end{pmatrix}=\begin{pmatrix}-3\\2\\3\end{pmatrix}$,

$$-\frac{1}{2}\overrightarrow{\mathrm{QP}}=-\frac{1}{2}(-\overrightarrow{\mathrm{PQ}})=\frac{1}{2}\overrightarrow{\mathrm{PQ}}=\frac{1}{2}\begin{pmatrix}-3\\2\\3\end{pmatrix}=\begin{pmatrix}-3/2\\1\\3/2\end{pmatrix}.$$

(4)　$\begin{pmatrix}1\\-1\\3\end{pmatrix}=r\begin{pmatrix}1\\-2\\0\end{pmatrix}+s\begin{pmatrix}-2\\5\\3\end{pmatrix}$ より，連立方程式 $\begin{cases}r-2s=1\\-2r+5s=-1\\3s=3\end{cases}$ を解いて $r=3$，$s=1$．

例題 4.2 （1） $\boldsymbol{a}=\overrightarrow{\mathrm{OA}}$，$\boldsymbol{b}=\overrightarrow{\mathrm{OB}}$ とするとき，線分 AB を $m:n$ の比に

（i） 内分する点 C の位置ベクトル $\overrightarrow{\mathrm{OC}}$ は $\overrightarrow{\mathrm{OC}}=\dfrac{n\boldsymbol{a}+m\boldsymbol{b}}{m+n}$

（ii） 外分する点 D の位置ベクトル $\overrightarrow{\mathrm{OD}}$ は $\overrightarrow{\mathrm{OD}}=\dfrac{-n\boldsymbol{a}+m\boldsymbol{b}}{m-n}$ $(m \neq n)$

で与えられることを示せ．

（2） 平行 4 辺形 ABCD において，E を BC 上に BE：EC = 1：2 であるようにとり，AE と BD の交点を F とする．このとき，比 BF：FD を求めよ．

解 （1）（i） $\overrightarrow{\mathrm{AB}}=\boldsymbol{b}-\boldsymbol{a}$，$\overrightarrow{\mathrm{AC}}=\dfrac{m}{m+n}\overrightarrow{\mathrm{AB}}$ であるから

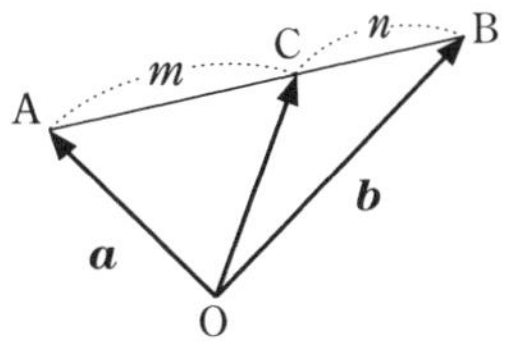

$$\overrightarrow{\mathrm{OC}}=\overrightarrow{\mathrm{OA}}+\overrightarrow{\mathrm{AC}}=\boldsymbol{a}+\frac{m}{m+n}(\boldsymbol{b}-\boldsymbol{a})=\frac{n\boldsymbol{a}+m\boldsymbol{b}}{m+n}.$$

（ii） $m>n$ のとき，$\overrightarrow{\mathrm{AD}}=\dfrac{m}{m-n}\overrightarrow{\mathrm{AB}}$ であるから

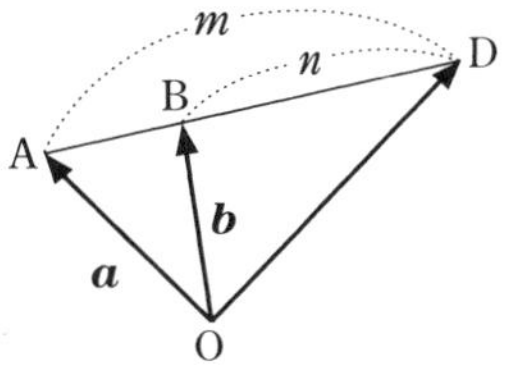

$$\overrightarrow{\mathrm{OD}}=\overrightarrow{\mathrm{OA}}+\overrightarrow{\mathrm{AD}}=\boldsymbol{a}+\frac{m}{m-n}(\boldsymbol{b}-\boldsymbol{a})=\frac{-n\boldsymbol{a}+m\boldsymbol{b}}{m-n}.$$

$m<n$ のときも同様に考える．

（2） BF：FD $=m:n$ とすると，（1）より

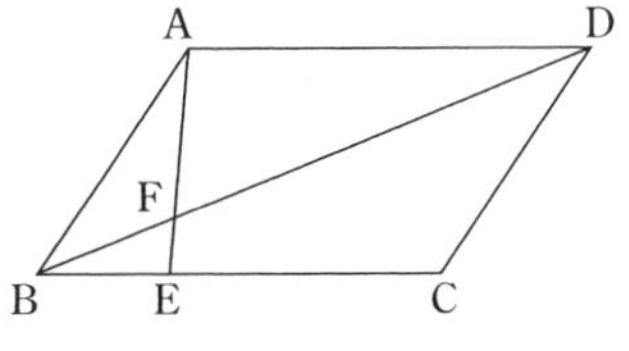

$$\overrightarrow{\mathrm{AF}}=\frac{n\overrightarrow{\mathrm{AB}}+m\overrightarrow{\mathrm{AD}}}{m+n}.$$

一方，$\overrightarrow{\mathrm{AF}}=t\,\overrightarrow{\mathrm{AE}}=t\left(\overrightarrow{\mathrm{AB}}+\dfrac{1}{3}\overrightarrow{\mathrm{AD}}\right)$ であるから

$$t=\frac{n}{m+n},\quad \frac{t}{3}=\frac{m}{m+n}.$$

よって，$n=3m$ となって，BF：FD = 1：3.

4.2 ベクトルの内積と外積

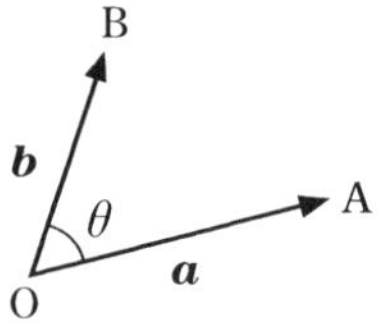

◈ **内　積** ◈　$\mathbf{0}$でない2つのベクトル $\boldsymbol{a}=\overrightarrow{\mathrm{OA}}$，$\boldsymbol{b}=\overrightarrow{\mathrm{OB}}$ に対して，$\theta=\angle\mathrm{AOB}\,(0^\circ \leqq \theta \leqq \pi = 180^\circ)$ を $\boldsymbol{a}$ と $\boldsymbol{b}$ の**なす角**という．$\theta=\pi/2=90^\circ$ のとき $\boldsymbol{a}$ と $\boldsymbol{b}$ は**直交する**といい $\boldsymbol{a}\perp\boldsymbol{b}$ で表す．また，$\mathbf{0}$ は任意のベクトルと直交するものとする．

$\boldsymbol{a}, \boldsymbol{b}$ に対して

$$(\boldsymbol{a}, \boldsymbol{b}) = \|\boldsymbol{a}\|\|\boldsymbol{b}\|\cos\theta$$

を $\boldsymbol{a}$ と $\boldsymbol{b}$ の**内積**または**スカラー積**という．$(\boldsymbol{a}, \boldsymbol{b})$ は $\boldsymbol{a}\cdot\boldsymbol{b}$ とも書かれる．また，$\boldsymbol{a}, \boldsymbol{b}$ のうち少なくとも一方が$\mathbf{0}$のとき，$(\boldsymbol{a}, \boldsymbol{b})=0$ とする．

> **定理 4.2**　内積について次が成り立つ．
>
> （1）$(\boldsymbol{a}, \boldsymbol{b}) = (\boldsymbol{b}, \boldsymbol{a})$　　（2）$(\boldsymbol{a}+\boldsymbol{b}, \boldsymbol{c}) = (\boldsymbol{a}, \boldsymbol{c})+(\boldsymbol{b}, \boldsymbol{c})$
>
> （3）$(m\boldsymbol{a}, \boldsymbol{b}) = m(\boldsymbol{a}, \boldsymbol{b}) = (\boldsymbol{a}, m\boldsymbol{b})$
>
> （4）$(\boldsymbol{a}, \boldsymbol{a}) = \|\boldsymbol{a}\|^2 \geqq 0\,;\ \|\boldsymbol{a}\| = 0 \Longleftrightarrow \boldsymbol{a} = \mathbf{0}$
>
> （5）$\boldsymbol{a}\perp\boldsymbol{b} \Longleftrightarrow (\boldsymbol{a}, \boldsymbol{b}) = 0$　　（6）$|(\boldsymbol{a}, \boldsymbol{b})| \leqq \|\boldsymbol{a}\|\|\boldsymbol{b}\|$
>
> （7）$\|\boldsymbol{a}+\boldsymbol{b}\| \leqq \|\boldsymbol{a}\|+\|\boldsymbol{b}\|$

空間の基本ベクトルについて，$(\boldsymbol{e}_i, \boldsymbol{e}_j) = \delta_{ij} = \begin{cases} 1 \\ 0 \end{cases}$　$(i, j = 1, 2, 3)$

> **定理 4.3**　$\boldsymbol{a} = \begin{pmatrix} a_1 \\ a_2 \\ a_3 \end{pmatrix}$，$\boldsymbol{b} = \begin{pmatrix} b_1 \\ b_2 \\ b_3 \end{pmatrix}$ に対して
>
> $$(\boldsymbol{a}, \boldsymbol{b}) = a_1b_1+a_2b_2+a_3b_3,\quad \|\boldsymbol{a}\| = \sqrt{{a_1}^2+{a_2}^2+{a_3}^2},$$
>
> $$\cos\theta = \frac{a_1b_1+a_2b_2+a_3b_3}{\sqrt{{a_1}^2+{a_2}^2+{a_3}^2}\,\sqrt{{b_1}^2+{b_2}^2+{b_3}^2}}$$
>
> $$\boldsymbol{a}\perp\boldsymbol{b} \Longleftrightarrow a_1b_1+a_2b_2+a_3b_3 = 0$$
>
> 平面ベクトルについても同様に考える．

◆**外　積**◆　1次独立な2つの空間ベクトル $\boldsymbol{a}, \boldsymbol{b}$ に対して，次の3つの条件を満たすベクトル $\boldsymbol{c}$ がただ1つ定まる．

（1）　$\boldsymbol{c} \perp \boldsymbol{a}$,　$\boldsymbol{c} \perp \boldsymbol{b}$

（2）　$\boldsymbol{a}, \boldsymbol{b}, \boldsymbol{c}$ の向きはこの順序で右手の親指，人差し指，中指が向く方向と一致する．

（3）　$\|\boldsymbol{c}\|$ は $\boldsymbol{a}, \boldsymbol{b}$ を2辺とする平行4辺形の面積に等しい．

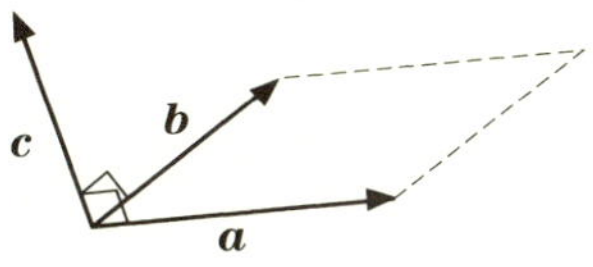

このcを $\boldsymbol{a}$ と $\boldsymbol{b}$ の**外積**または**ベクトル積**といい

$$\boldsymbol{a}\times\boldsymbol{b}$$

で表す．また $\boldsymbol{a}, \boldsymbol{b}$ が1次従属のときは $\boldsymbol{a}\times\boldsymbol{b} = \boldsymbol{0}$ とする．

定理 4.4　外積について次が成り立つ．

（1）　$\boldsymbol{a}\times\boldsymbol{b} = -(\boldsymbol{b}\times\boldsymbol{a})$　　（2）　$(\boldsymbol{a}+\boldsymbol{b})\times\boldsymbol{c} = \boldsymbol{a}\times\boldsymbol{c}+\boldsymbol{b}\times\boldsymbol{c}$

（3）　$(m\boldsymbol{a})\times\boldsymbol{b} = m(\boldsymbol{a}\times\boldsymbol{b}) = \boldsymbol{a}\times(m\boldsymbol{b})$　　（4）　$\boldsymbol{a}\times\boldsymbol{a} = \boldsymbol{0}$

（5）　$\boldsymbol{a} \mathbin{/\!/} \boldsymbol{b} \iff \boldsymbol{a}\times\boldsymbol{b} = \boldsymbol{0}$

基本ベクトルについて，$\boldsymbol{e}_1\times\boldsymbol{e}_2 = \boldsymbol{e}_3$，$\boldsymbol{e}_2\times\boldsymbol{e}_3 = \boldsymbol{e}_1$，$\boldsymbol{e}_3\times\boldsymbol{e}_1 = \boldsymbol{e}_2$，$\boldsymbol{e}_i\times\boldsymbol{e}_i = \boldsymbol{0}\,(i = 1, 2, 3)$．

定理 4.5

$$\boldsymbol{a} = \begin{pmatrix} a_1 \\ a_2 \\ a_3 \end{pmatrix},\ \boldsymbol{b} = \begin{pmatrix} b_1 \\ b_2 \\ b_3 \end{pmatrix} \text{とすれば，} \boldsymbol{a}\times\boldsymbol{b} = \begin{pmatrix} a_2b_3-a_3b_2 \\ a_3b_1-a_1b_3 \\ a_1b_2-a_2b_1 \end{pmatrix}$$

注意　外積を形式的に次の形に書くと記憶しやすい：

$$\boldsymbol{a}\times\boldsymbol{b} = \begin{vmatrix} \boldsymbol{e}_1 & a_1 & b_1 \\ \boldsymbol{e}_2 & a_2 & b_2 \\ \boldsymbol{e}_3 & a_3 & b_3 \end{vmatrix} = \begin{vmatrix} a_2 & b_2 \\ a_3 & b_3 \end{vmatrix}\boldsymbol{e}_1 - \begin{vmatrix} a_1 & b_1 \\ a_3 & b_3 \end{vmatrix}\boldsymbol{e}_2 + \begin{vmatrix} a_1 & b_1 \\ a_2 & b_2 \end{vmatrix}\boldsymbol{e}_3 \quad \text{（第1列での展開）}$$

例題 4.3 空間ベクトル $\boldsymbol{a}=\begin{pmatrix}1\\-3\\2\end{pmatrix}$, $\boldsymbol{b}=\begin{pmatrix}-2\\-1\\3\end{pmatrix}$, $\boldsymbol{c}=\begin{pmatrix}0\\-2\\1\end{pmatrix}$ に対して，次を求めよ．

（1） $\boldsymbol{a}$ と $\boldsymbol{b}$ のなす角 θ

（2） $\boldsymbol{b}, \boldsymbol{c}$ の両方に垂直な単位ベクトル

（3） $(\boldsymbol{a}\times\boldsymbol{b})\times\boldsymbol{c}$, $\boldsymbol{a}\times(\boldsymbol{b}\times\boldsymbol{c})$

解 （1） $(\boldsymbol{a}, \boldsymbol{b}) = 1\cdot(-2)+(-3)\cdot(-1)+2\cdot 3 = 7$,

$$\|\boldsymbol{a}\| = \sqrt{1^2+(-3)^2+2^2} = \sqrt{14}, \quad \|\boldsymbol{b}\| = \sqrt{(-2)^2+(-1)^2+3^2} = \sqrt{14}$$

であるから，$\cos\theta = \dfrac{(\boldsymbol{a}, \boldsymbol{b})}{\|\boldsymbol{a}\|\|\boldsymbol{b}\|} = \dfrac{7}{\sqrt{14}\sqrt{14}} = \dfrac{1}{2}$. よって，$\theta = \dfrac{\pi}{3}(=60^\circ)$.

（2） $\boldsymbol{b}, \boldsymbol{c}$ の両方に垂直なベクトルは $\pm(\boldsymbol{b}\times\boldsymbol{c})$ である．

$$\boldsymbol{b}\times\boldsymbol{c} = \begin{vmatrix}\boldsymbol{e}_1 & -2 & 0\\ \boldsymbol{e}_2 & -1 & -2\\ \boldsymbol{e}_3 & 3 & 1\end{vmatrix} = \begin{vmatrix}-1 & -2\\ 3 & 1\end{vmatrix}\boldsymbol{e}_1 - \begin{vmatrix}-2 & 0\\ 3 & 1\end{vmatrix}\boldsymbol{e}_2 + \begin{vmatrix}-2 & 0\\ -1 & -2\end{vmatrix}\boldsymbol{e}_3$$

$$= 5\boldsymbol{e}_1+2\boldsymbol{e}_2+4\boldsymbol{e}_3 = \begin{pmatrix}5\\2\\4\end{pmatrix}, \quad \|\boldsymbol{b}\times\boldsymbol{c}\| = \sqrt{5^2+2^2+4^2} = 3\sqrt{5}.$$

よって，求める単位ベクトルは $\pm\dfrac{\boldsymbol{b}\times\boldsymbol{c}}{\|\boldsymbol{b}\times\boldsymbol{c}\|} = \pm\dfrac{1}{3\sqrt{5}}\begin{pmatrix}5\\2\\4\end{pmatrix}$.

（3） $\boldsymbol{a}\times\boldsymbol{b} = \begin{vmatrix}\boldsymbol{e}_1 & 1 & -2\\ \boldsymbol{e}_2 & -3 & -1\\ \boldsymbol{e}_3 & 2 & 3\end{vmatrix} = \begin{pmatrix}-7\\-7\\-7\end{pmatrix}$, $\boldsymbol{b}\times\boldsymbol{c} = \begin{pmatrix}5\\2\\4\end{pmatrix}$ であるから

$$(\boldsymbol{a}\times\boldsymbol{b})\times\boldsymbol{c} = \begin{vmatrix}\boldsymbol{e}_1 & -7 & 0\\ \boldsymbol{e}_2 & -7 & -2\\ \boldsymbol{e}_3 & -7 & 1\end{vmatrix} = \begin{pmatrix}-21\\7\\14\end{pmatrix}, \quad \boldsymbol{a}\times(\boldsymbol{b}\times\boldsymbol{c}) = \begin{vmatrix}\boldsymbol{e}_1 & 1 & 5\\ \boldsymbol{e}_2 & -3 & 2\\ \boldsymbol{e}_3 & 2 & 4\end{vmatrix} = \begin{pmatrix}-16\\6\\17\end{pmatrix}.$$

注意 （2）の別解：求めるベクトルを $\boldsymbol{e}=\begin{pmatrix}x\\y\\z\end{pmatrix}$ として

$$(\boldsymbol{b}, \boldsymbol{e}) = -2x-y+3z=0, \quad (\boldsymbol{c}, \boldsymbol{e}) = -2y+z=0, \quad \|\boldsymbol{e}\|^2 = x^2+y^2+z^2=1$$

を解く．

また，（3）から外積については一般には $(\boldsymbol{a}\times\boldsymbol{b})\times\boldsymbol{c} \neq \boldsymbol{a}\times(\boldsymbol{b}\times\boldsymbol{c})$.

例題 4.4 （1） 空間ベクトル $\boldsymbol{a}, \boldsymbol{b}, \boldsymbol{c}$ に対して

$$(\boldsymbol{a}\times\boldsymbol{b}, \boldsymbol{c}) = \det(\boldsymbol{a}\ \ \boldsymbol{b}\ \ \boldsymbol{c})\ (= \text{行列}\ (\boldsymbol{a}\ \ \boldsymbol{b}\ \ \boldsymbol{c})\ \text{の行列式})$$

が成り立つことを示せ．

（2） 空間ベクトル $\boldsymbol{a}, \boldsymbol{b}, \boldsymbol{c}$ を隣り合う 3 辺にもつ平行 6 面体の体積 V は $\det(\boldsymbol{a}\ \ \boldsymbol{b}\ \ \boldsymbol{c})$ の絶対値で与えられることを示せ．

（3） 4 点 A(1, 1, 1), B(−1, 0, 2), C(2, 3, −4), D(−3, 1, 2) を頂点とする 4 面体の体積を求めよ．

解 （1） $\boldsymbol{a} = \begin{pmatrix} a_1 \\ a_2 \\ a_3 \end{pmatrix}$, $\boldsymbol{b} = \begin{pmatrix} b_1 \\ b_2 \\ b_3 \end{pmatrix}$, $\boldsymbol{c} = \begin{pmatrix} c_1 \\ c_2 \\ c_3 \end{pmatrix}$ とすれば

$$\boldsymbol{a}\times\boldsymbol{b} = \begin{vmatrix} a_2 & b_2 \\ a_3 & b_3 \end{vmatrix} \boldsymbol{e}_1 - \begin{vmatrix} a_1 & b_1 \\ a_3 & b_3 \end{vmatrix} \boldsymbol{e}_2 + \begin{vmatrix} a_1 & b_1 \\ a_2 & b_2 \end{vmatrix} \boldsymbol{e}_3$$

であるから

$$(\boldsymbol{a}\times\boldsymbol{b}, \boldsymbol{c}) = \begin{vmatrix} a_2 & b_2 \\ a_3 & b_3 \end{vmatrix} c_1 - \begin{vmatrix} a_1 & b_1 \\ a_3 & b_3 \end{vmatrix} c_2 + \begin{vmatrix} a_1 & b_1 \\ a_2 & b_2 \end{vmatrix} c_3 \underset{\text{第 3 列での展開}}{=} \begin{vmatrix} a_1 & b_1 & c_1 \\ a_2 & b_2 & c_2 \\ a_3 & b_3 & c_3 \end{vmatrix}$$

$$= \det(\boldsymbol{a}\ \ \boldsymbol{b}\ \ \boldsymbol{c}).$$

（2） $\boldsymbol{a}, \boldsymbol{b}$ を 2 辺とする平行 4 辺形を底面として，この面に垂直なベクトル $\boldsymbol{a}\times\boldsymbol{b}$ と $\boldsymbol{c}$ のなす角を θ とする．平行 6 面体の高さは $\|\boldsymbol{c}\|\,|\cos\theta|$ で底面積は $\|\boldsymbol{a}\times\boldsymbol{b}\|$ であるから，

$$V = \|\boldsymbol{a}\times\boldsymbol{b}\|\,\|\boldsymbol{c}\|\,|\cos\theta|$$
$$= |(\boldsymbol{a}\times\boldsymbol{b}, \boldsymbol{c})| = |\det(\boldsymbol{a}\ \ \boldsymbol{b}\ \ \boldsymbol{c})|.$$

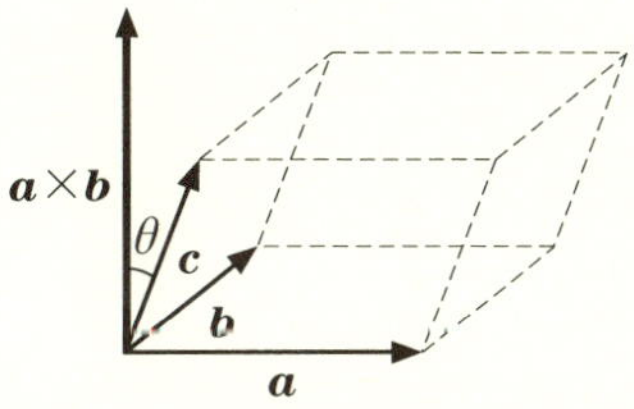

（3） 空間ベクトル $\overrightarrow{AB} = \begin{pmatrix} -2 \\ -1 \\ 1 \end{pmatrix}$, $\overrightarrow{AC} = \begin{pmatrix} 1 \\ 2 \\ -5 \end{pmatrix}$, $\overrightarrow{AD} = \begin{pmatrix} -4 \\ 0 \\ 1 \end{pmatrix}$ を隣り合う 3 辺にもつ平行 6 面体の体積は，（2）から $\begin{vmatrix} -2 & 1 & -4 \\ -1 & 2 & 0 \\ 1 & -5 & 1 \end{vmatrix} = -15$ の絶対値になる．

よって，4 面体 ABCD の体積は $\dfrac{1}{6}\times 15 = \dfrac{5}{2}$ である．

注意 $(\boldsymbol{a}\times\boldsymbol{b}, \boldsymbol{c})$ を $\boldsymbol{a}, \boldsymbol{b}, \boldsymbol{c}$ の**スカラー 3 重積**という．（1）の解での 3 次行列式の 2 つの列を 2 度入れかえることにより

$$(\boldsymbol{a}\times\boldsymbol{b}, \boldsymbol{c}) = (\boldsymbol{b}\times\boldsymbol{c}, \boldsymbol{a}) = (\boldsymbol{c}\times\boldsymbol{a}, \boldsymbol{b}).$$

4.3 空間の幾何への応用

◆ **直線の方程式** ◆　　直線 l の方向は l 上の任意のベクトル $\boldsymbol{a}\,(\neq \boldsymbol{0})$ で決まる．$\boldsymbol{a}$ を l の**方向ベクトル**という．

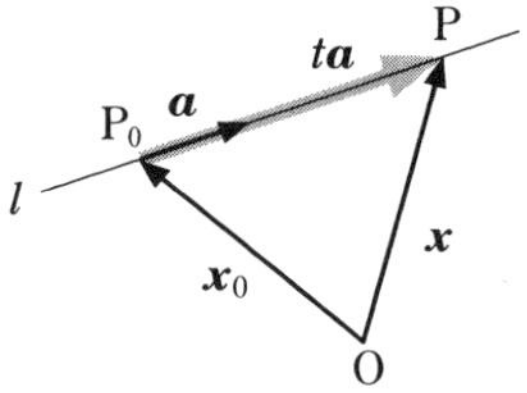

点 P_0 を通り，方向ベクトルが $\boldsymbol{a}$ である直線 l のベクトル方程式は，点 P_0 の位置ベクトルを $\boldsymbol{x}_0$，l 上の任意の点 P の位置ベクトルを $\boldsymbol{x}$ とすれば

$$\boldsymbol{x} = \boldsymbol{x}_0 + t\boldsymbol{a}$$

で表される．実数 t はパラメータと呼ばれる．

点 P_0 の座標が (x_0, y_0, z_0) すなわち $\boldsymbol{x}_0 = \begin{pmatrix} x_0 \\ y_0 \\ z_0 \end{pmatrix}$ で，方向ベクトルが $\boldsymbol{a} = \begin{pmatrix} a \\ b \\ c \end{pmatrix}$ のとき，この方程式は

$$\begin{cases} x = x_0 + ta \\ y = y_0 + tb \\ z = z_0 + tc \end{cases}$$

と書かれる．これを直線 l のパラメータ表示という．t を消去すれば

$$\frac{x - x_0}{a} = \frac{y - y_0}{b} = \frac{z - z_0}{c}.$$

◆ **平面の方程式** ◆　　平面に垂直な $\boldsymbol{0}$ でないベクトルを平面の**法線ベクトル**という．点 P_0 を通り，法線ベクトルが $\boldsymbol{n}$ である平面 π のベクトル方程式は，点 P_0 の位置ベクトルを $\boldsymbol{x}_0$，π 上の任意の点 P の位置ベクトルを $\boldsymbol{x}$ とすれば

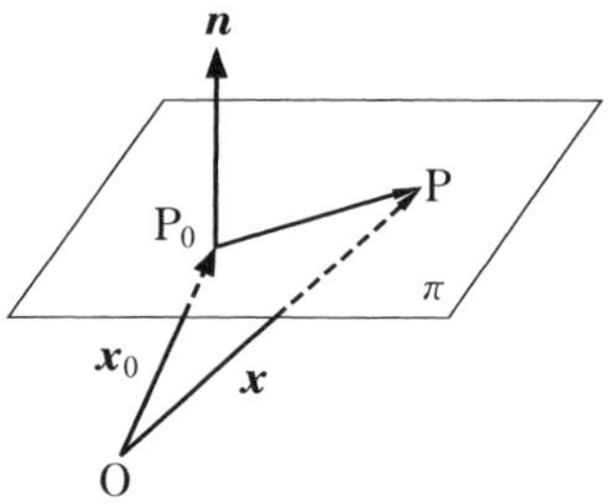

$$(\boldsymbol{n}, \boldsymbol{x} - \boldsymbol{x}_0) = 0$$

で表される．

$\boldsymbol{x}_0=\begin{pmatrix}x_0\\y_0\\z_0\end{pmatrix}$, $\boldsymbol{n}=\begin{pmatrix}a\\b\\c\end{pmatrix}$のとき，この方程式は

$$a(x-x_0)+b(y-y_0)+c(z-z_0)=0$$

と書かれる．$-(ax_0+by_0+cz_0)=d$ とおけば

$$ax+by+cz+d=0.$$

点 $\boldsymbol{x}_0=\begin{pmatrix}x_0\\y_0\\z_0\end{pmatrix}$を通り，1次独立な2つのベクトル $\boldsymbol{a}=\begin{pmatrix}a_1\\a_2\\a_3\end{pmatrix}$, $\boldsymbol{b}=\begin{pmatrix}b_1\\b_2\\b_3\end{pmatrix}$

のつくる平面 π の方程式は

$$\begin{cases}x=x_0+sa_1+tb_1\\y=y_0+sa_2+tb_2\\z=z_0+sa_3+tb_3\end{cases}$$

と書かれる．これを平面 π のパラメータ表示という．パラメータ s,t を消去すれば，上で与えた π の1次方程式が得られる．

例題 4.5 （1） 法線ベクトルが $\boldsymbol{n}=\begin{pmatrix}-2\\1\\1\end{pmatrix}$ で，点 A(1, 2, 3) を通る平面 π の方程式を求めよ．また，点 B(2, 3, 5) と平面 π との距離を求めよ．

（2） 点 P(1, 2, 3) と直線 l ：$\dfrac{x+1}{-1}=\dfrac{y-5}{2}=\dfrac{z-1}{4}$ を含む平面の方程式を求めよ．

解 （1） π 上の任意の点を X(x, y, z) とすれば，ベクトル $\overrightarrow{\mathrm{AX}}=\begin{pmatrix}x-1\\y-2\\z-3\end{pmatrix}$ は $\boldsymbol{n}$ に垂直であるから，$(\overrightarrow{\mathrm{AX}}, \boldsymbol{n})=-2(x-1)+(y-2)+(z-3)=0$．よって，平面の方程式は $2x-y-z+3=0$．

次に，点 B から π に下ろした垂線の足を H(a, b, c) とすれば，$\overrightarrow{\mathrm{BH}}$ は $\boldsymbol{n}$ に平行であるから，$\overrightarrow{\mathrm{BH}}=t\boldsymbol{n}$ となる実数 t が存在する．すなわち $\begin{pmatrix}a-2\\b-3\\c-5\end{pmatrix}=t\begin{pmatrix}-2\\1\\1\end{pmatrix}$．$(a, b, c)=(2-2t, 3+t, 5+t)$ は π 上の点であるから $2(2-2t)-(3+t)-(5+t)+3=0$ より $t=-1/6$．したがって，距離は $\|\overrightarrow{\mathrm{BH}}\|=\|t\boldsymbol{n}\|=|t|\|\boldsymbol{n}\|=\sqrt{6}/6$．

（2） l は点 Q$(-1, 5, 1)$ を通り，方向ベクトルが $\boldsymbol{a}=\begin{pmatrix}-1\\2\\4\end{pmatrix}$ の直線である．求める平面は，Q$(-1, 5, 1)$ を通り法線ベクトルが

$$\boldsymbol{n}=\overrightarrow{\mathrm{QP}}\times\boldsymbol{a}=\begin{pmatrix}2\\-3\\2\end{pmatrix}\times\begin{pmatrix}-1\\2\\4\end{pmatrix}=\begin{pmatrix}-16\\-10\\1\end{pmatrix}$$

の平面である．よって，Q の位置ベクトルを $\boldsymbol{x}_0$ とすれば，$(\boldsymbol{n}, \boldsymbol{x}-\boldsymbol{x}_0)=-16(x+1)-10(y-5)+(z-1)=0$，すなわち $16x+10y-z-33=0$．

注意 点 A(a, b, c) と A を通らない直線 $\dfrac{x-x_0}{l}=\dfrac{y-y_0}{m}=\dfrac{z-z_0}{n}$ を含む平面の方程式は，（2）のスカラー 3 重積 $(\overrightarrow{\mathrm{AX}}\times\boldsymbol{a}, \boldsymbol{x}-\boldsymbol{x}_0)=((\boldsymbol{x}-\boldsymbol{x}_0)\times\overrightarrow{\mathrm{AX}}, \boldsymbol{a})$ から

$$\begin{vmatrix}x-x_0 & a-x_0 & l\\y-y_0 & b-y_0 & m\\z-z_0 & c-z_0 & n\end{vmatrix}=0$$

で与えられる．

例題 4.6 （1） 直線 l：$\dfrac{x-x_0}{l}=\dfrac{y-y_0}{m}=\dfrac{z-z_0}{n}$ と平面 π：$ax+by+cz+d=0$ が平行になる必要十分条件を求めよ．

（2） 2つの直線 l_1：$\dfrac{x-p_1}{a_1}=\dfrac{y-p_2}{a_2}=\dfrac{z-p_3}{a_3}$ と l_2：$\dfrac{x-q_1}{b_1}=\dfrac{y-q_2}{b_2}=\dfrac{z-q_3}{b_3}$ が同一平面上にある必要十分条件を求めよ．

解 （1） l のパラメータ表示 $x=x_0+lt$，$y=y_0+mt$，$z=z_0+nt$ を平面の方程式 $ax+by+cz+d=0$ に代入して

$$(al+bm+cn)t+ax_0+by_0+cz_0+d=0.$$

ところが l と π が交わらないから，このような t は存在しないことになる．よって，求める条件は $al+bm+cn=0$．

（2） l_1 は点 $\mathrm{P}(p_1, p_2, p_3)$ を通り，方向ベクトルが $\boldsymbol{a}=\begin{pmatrix} a_1 \\ a_2 \\ a_3 \end{pmatrix}$ の直線，l_2 は点 $\mathrm{Q}(q_1, q_2, q_3)$ を通り，方向ベクトルが $\boldsymbol{b}=\begin{pmatrix} b_1 \\ b_2 \\ b_3 \end{pmatrix}$ の直線である．l_1, l_2 が同一平面上にあれば，ベクトル $\overrightarrow{\mathrm{PQ}}, \boldsymbol{a}, \boldsymbol{b}$ は同一平面上にあるから，$\mathrm{P} \neq \mathrm{Q}$ のとき，$\overrightarrow{\mathrm{PQ}}$ は $\boldsymbol{a}$ と $\boldsymbol{b}$ との1次結合で書ける：$\overrightarrow{\mathrm{PQ}}=s\boldsymbol{a}+t\boldsymbol{b}$．この条件式は行列 $\begin{pmatrix} q_1-p_1 & a_1 & b_1 \\ q_2-p_2 & a_2 & b_2 \\ q_3-p_3 & a_3 & b_3 \end{pmatrix}$ において，第1列 $=s\times$第2列$+t\times$第3列 であるので

$$\begin{vmatrix} q_1-p_1 & a_1 & b_1 \\ q_2-p_2 & a_2 & b_2 \\ q_3-p_3 & a_3 & b_3 \end{vmatrix}=0.$$

これが求める条件であって，$\mathrm{P}=\mathrm{Q}$ のときも成り立つ．逆は，これが成り立てば，$\overrightarrow{\mathrm{PQ}}$ は $\boldsymbol{a}, \boldsymbol{b}$ の1次結合で表されることからわかる．

注意 （1）は l の方向ベクトルと π の法線ベクトルが直交することからも容易にわかる．また，空間ベクトル $\boldsymbol{a}, \boldsymbol{b}, \boldsymbol{c}$ が同一平面上にあることが，$\boldsymbol{a}, \boldsymbol{b}, \boldsymbol{c}$ が1次従属であるということであるから，（2）より

$$\begin{pmatrix} a_1 \\ a_2 \\ a_3 \end{pmatrix}, \begin{pmatrix} b_1 \\ b_2 \\ b_3 \end{pmatrix}, \begin{pmatrix} c_1 \\ c_2 \\ c_3 \end{pmatrix} \text{が1次従属} \iff \begin{vmatrix} a_1 & b_1 & c_1 \\ a_2 & b_2 & c_2 \\ a_3 & b_3 & c_3 \end{vmatrix}=0$$

練習問題4

[A]

1. 正6角形ABCDEFにおいて，$\boldsymbol{a}=\overrightarrow{\mathrm{AB}}$，$\boldsymbol{b}=\overrightarrow{\mathrm{AF}}$ とする．

（1） $\overrightarrow{\mathrm{BC}}, \overrightarrow{\mathrm{BE}}, \overrightarrow{\mathrm{AC}}$ を $\boldsymbol{a}, \boldsymbol{b}$ で表せ．

（2） $\boldsymbol{a}+2\boldsymbol{b}$ をBを始点として図示せよ．

2. ベクトル $\boldsymbol{p}=-\boldsymbol{a}+\boldsymbol{b}$，$\boldsymbol{q}=\boldsymbol{a}-\boldsymbol{b}-2\boldsymbol{c}$，$\boldsymbol{r}=-\boldsymbol{a}+2\boldsymbol{b}+\boldsymbol{c}$ に対して，次のベクトルを $\boldsymbol{a}, \boldsymbol{b}, \boldsymbol{c}$ で表せ．

（1） $2\boldsymbol{p}-\boldsymbol{q}+3\boldsymbol{r}$　（2） $\boldsymbol{x}-\boldsymbol{p}+2\boldsymbol{q}=3\boldsymbol{q}+\boldsymbol{r}$ を満たす $\boldsymbol{x}$

（3） $\begin{cases} 2\boldsymbol{x}+3\boldsymbol{y} = \boldsymbol{p} \\ \boldsymbol{x}-\boldsymbol{y}+\boldsymbol{z}=\boldsymbol{q} \\ \boldsymbol{y}+2\boldsymbol{z}=\boldsymbol{r} \end{cases}$ を満たす $\boldsymbol{x}, \boldsymbol{y}, \boldsymbol{z}$

3. 次のベクトル $\boldsymbol{x}$ を $\boldsymbol{a}$ と $\boldsymbol{b}$ の1次結合で表せ．

（1） $\boldsymbol{x}=\begin{pmatrix}-5\\18\end{pmatrix}$，$\boldsymbol{a}=\begin{pmatrix}3\\-2\end{pmatrix}$，$\boldsymbol{b}=\begin{pmatrix}4\\1\end{pmatrix}$

（2） $\boldsymbol{x}=\begin{pmatrix}-17\\12\\16\end{pmatrix}$，$\boldsymbol{a}=\begin{pmatrix}-1\\3\\2\end{pmatrix}$，$\boldsymbol{b}=\begin{pmatrix}4\\1\\-2\end{pmatrix}$

4. 次のベクトルは1次独立になるか．

（1） $\begin{pmatrix}-1\\2\end{pmatrix}, \begin{pmatrix}3\\1\end{pmatrix}$　（2） $\begin{pmatrix}1\\2\\3\end{pmatrix}, \begin{pmatrix}3\\6\\9\end{pmatrix}$　（3） $\begin{pmatrix}1\\1\\0\end{pmatrix}, \begin{pmatrix}1\\0\\1\end{pmatrix}$

5. 次のベクトルが1次従属になるように a の値を定めよ．

（1） $\begin{pmatrix}2\\1\end{pmatrix}, \begin{pmatrix}-8\\a\end{pmatrix}$　（2） $\begin{pmatrix}1\\2\\-1\end{pmatrix}, \begin{pmatrix}0\\1\\2\end{pmatrix}, \begin{pmatrix}3\\2\\a\end{pmatrix}$

6. ベクトル $\boldsymbol{a}=\begin{pmatrix}4\\-1\\2\end{pmatrix}$，$\boldsymbol{b}=\begin{pmatrix}3\\2\\-5\end{pmatrix}$，$\boldsymbol{c}=\begin{pmatrix}2\\1\\3\end{pmatrix}$ に対して，次を求めよ．

（1） $(\boldsymbol{a}+3\boldsymbol{b}, \boldsymbol{c}), (3\boldsymbol{a})\times\boldsymbol{b}$

（2） $\boldsymbol{a}, \boldsymbol{c}$ に垂直な単位ベクトル

（3） $(\boldsymbol{a}\times\boldsymbol{b})\times(\boldsymbol{a}\times\boldsymbol{c})$

7. $\boldsymbol{a}=3\boldsymbol{e}_1-2\boldsymbol{e}_2+\boldsymbol{e}_3$，$\boldsymbol{b}=-\boldsymbol{e}_1+4\boldsymbol{e}_2+2\boldsymbol{e}_3$，$\boldsymbol{c}=5\boldsymbol{e}_1-3\boldsymbol{e}_3$ のとき，次を求めよ．

$(\boldsymbol{a}, \boldsymbol{b}-2\boldsymbol{c})$，$\|\boldsymbol{a}+\boldsymbol{b}-\boldsymbol{c}\|$，$\boldsymbol{a}\times\boldsymbol{c}$，$\boldsymbol{a}\times(\boldsymbol{b}\times\boldsymbol{c})$，$(\boldsymbol{c}\times\boldsymbol{a}, \boldsymbol{b})$

8. ベクトル $\boldsymbol{a}, \boldsymbol{b}, \boldsymbol{c}$ が $\|\boldsymbol{a}\|=2$，$\|\boldsymbol{b}\|=1$，$\|\boldsymbol{c}\|=3$，$\boldsymbol{a}+\boldsymbol{b}-\boldsymbol{c}=\boldsymbol{0}$ を満たすとき，$(\boldsymbol{a}, \boldsymbol{b}), (\boldsymbol{b}, \boldsymbol{c}), (\boldsymbol{c}, \boldsymbol{a})$ を求めよ．

9. 右図の立方体について

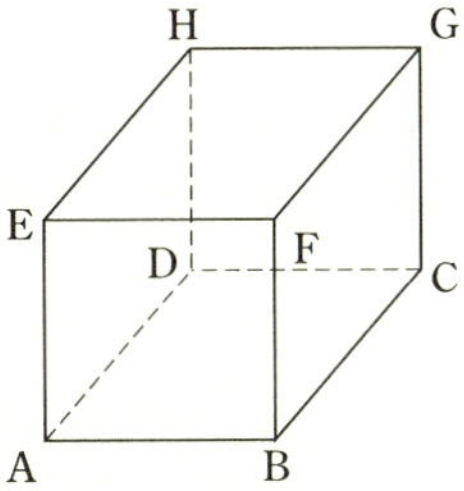

（1） $\overrightarrow{AG}$ と $\overrightarrow{AH}$ のなす角の余弦を求めよ．

（2） EC ⊥ AH を示せ．

（3） 3 角形 AGH の面積を求めよ．

10. 4 面体 ABCD において，$AC^2+BD^2 = BC^2+AD^2$ が成り立つとき，AB ⊥ CD を示せ．

11. 3 角形 ABC において，AB を 1：2 に内分する点を D，BC を 2：3 に内分する点を E とする．$\boldsymbol{a} = \overrightarrow{AB}$，$\boldsymbol{b} = \overrightarrow{AC}$ として，AE と CD の交点を P とするとき，$\overrightarrow{AP}, \overrightarrow{BP}, \overrightarrow{CP}$ を $\boldsymbol{a}, \boldsymbol{b}$ で表せ．

12. ベクトル $\boldsymbol{a}, \boldsymbol{b}$ を隣り合う 2 辺にもつ平行 4 辺形の面積 S は

$$S = \sqrt{\|\boldsymbol{a}\|^2\|\boldsymbol{b}\|^2-(\boldsymbol{a}, \boldsymbol{b})^2}$$

で表されることを示せ．とくに，平面ベクトル $\boldsymbol{a} = \begin{pmatrix} a_1 \\ a_2 \end{pmatrix}$，$\boldsymbol{b} = \begin{pmatrix} b_1 \\ b_2 \end{pmatrix}$ のときは，$S = |a_1b_2-a_2b_1|$ になることを示せ．

13. 平面上の 3 点 $(x_1, y_1), (x_2, y_2), (x_3, y_3)$ を頂点とする 3 角形の面積 S は

$$S = \frac{1}{2}\begin{vmatrix} x_1 & x_2 & x_3 \\ y_1 & y_2 & y_3 \\ 1 & 1 & 1 \end{vmatrix}$$

の絶対値で与えられることを示せ．

14. 空間ベクトルに関して，次が成り立つことを証明せよ．

（1） $(\boldsymbol{a}+\boldsymbol{b}, \boldsymbol{a}-\boldsymbol{b}) = \|\boldsymbol{a}\|^2-\|\boldsymbol{b}\|^2$

（2） $(\boldsymbol{a}-\boldsymbol{b})\times(\boldsymbol{a}+\boldsymbol{b}) = 2(\boldsymbol{a}\times\boldsymbol{b})$

（3） $\|\boldsymbol{a}+\boldsymbol{b}\|^2+\|\boldsymbol{a}-\boldsymbol{b}\|^2 = 2(\|\boldsymbol{a}\|^2+\|\boldsymbol{b}\|^2)$

（4） $\|\boldsymbol{a}\|-\|\boldsymbol{b}\| \leqq \|\boldsymbol{a}+\boldsymbol{b}\| \leqq \|\boldsymbol{a}\|+\|\boldsymbol{b}\|$

15. 空間の 4 点 A(3, −1, 2), B(1, −1, −2), C(4, −3, 4), D(−1, 0, 3) に対して，次を求めよ．

（1） 3 角形 ABC の面積

（2） B, C を通る直線と点 A との距離

（3） A, B, D を通る平面の方程式

（4） 4 面体 ABCD の体積

16. 次の直線の方程式を求めよ．

（1） 点 (0, 1, −2) を通り，直線 $\dfrac{x-3}{2} = \dfrac{y+1}{-1} = \dfrac{z-2}{3}$ に平行な直線

（2） 点 (1, 4, 2) を通り，直線 $\dfrac{x}{2} = \dfrac{y+2}{4} = \dfrac{z-1}{3}$ に直交する直線

（3） 点 (−1, 2, 1) を通り，2 直線 $x-2 = \dfrac{y-1}{-2} = \dfrac{z}{3}$，$\dfrac{x}{-2} = \dfrac{y-1}{3} = \dfrac{z-1}{4}$

に交わる直線

17. 次の平面の方程式を求めよ．

（1） 点$(-1, 1, 5)$を通り，ベクトル$\begin{pmatrix} 3 \\ 0 \\ -1 \end{pmatrix}, \begin{pmatrix} 1 \\ 1 \\ 1 \end{pmatrix}$を含む平面

（2） 点$(3, 1, 2)$を通り，2直線$x+2 = \dfrac{y-4}{2} = \dfrac{z+1}{-1}$，$\dfrac{x-1}{-2} = \dfrac{y+1}{-3} = \dfrac{z-1}{2}$に平行な平面

（3） 点$(-2, 0, 1)$を通り，2平面$2x-y-z+4=0$，$-3x+y+3z-2=0$に垂直な平面

18. 2つの平面$2x+3y-z=0$，$x-4y+5z=0$のなす角を求めよ．

[B]

1. 正5角形ABCDEにおいて，$\overrightarrow{\mathrm{AB}} = \boldsymbol{a}$，$\overrightarrow{\mathrm{AD}} = \boldsymbol{b}$とするとき，$\overrightarrow{\mathrm{BC}}, \overrightarrow{\mathrm{CD}}, \overrightarrow{\mathrm{DE}}$を$\boldsymbol{a}, \boldsymbol{b}$で表せ．

2. 異なるベクトル$\boldsymbol{a} = \overrightarrow{\mathrm{OA}}$，$\boldsymbol{b} = \overrightarrow{\mathrm{OB}}$，$\boldsymbol{c} = \overrightarrow{\mathrm{OC}}$に対して，3点A, B, Cが同一直線上にあるための必要十分条件は

$$l\boldsymbol{a}+m\boldsymbol{b}+n\boldsymbol{c} = \boldsymbol{0}, \quad l+m+n = 0, \quad lmn \neq 0$$

となる実数l, m, nが存在することである．これを示せ．

3. 空間の4点A, B, C, Dに対して線分AB, AD, CB, CDをそれぞれ$m : n$に内分する点P, Q, R, Sは平行4辺形の4頂点となることを示せ．

4. 3角形ABCの辺BC, CA, AB上にそれぞれP, Q, Rをとるとき，AP, BQ, CRが1点で交わるための必要十分条件は$\dfrac{\mathrm{BP}}{\mathrm{PC}} \cdot \dfrac{\mathrm{CQ}}{\mathrm{QA}} \cdot \dfrac{\mathrm{AR}}{\mathrm{RB}} = 1$であることを示せ（チェバの定理）．

5. 空間ベクトルに関して，次が成り立つことを証明せよ．

（1） $(\boldsymbol{a}\times\boldsymbol{b})\times\boldsymbol{c} = (\boldsymbol{a}, \boldsymbol{c})\boldsymbol{b}-(\boldsymbol{b}, \boldsymbol{c})\boldsymbol{a}$，$\boldsymbol{a}\times(\boldsymbol{b}\times\boldsymbol{c}) = (\boldsymbol{a}, \boldsymbol{c})\boldsymbol{b}-(\boldsymbol{a}, \boldsymbol{b})\boldsymbol{c}$

（2） $(\boldsymbol{a}\times\boldsymbol{b}, \boldsymbol{c}\times\boldsymbol{d}) = (\boldsymbol{a}, \boldsymbol{c})(\boldsymbol{b}, \boldsymbol{d})-(\boldsymbol{a}, \boldsymbol{d})(\boldsymbol{b}, \boldsymbol{c})$

（3） $(\boldsymbol{a}\times\boldsymbol{b})\times\boldsymbol{c}+(\boldsymbol{b}\times\boldsymbol{c})\times\boldsymbol{a}+(\boldsymbol{c}\times\boldsymbol{a})\times\boldsymbol{b} = \boldsymbol{0}$

6. ベクトル$\boldsymbol{a}, \boldsymbol{b}\ (\boldsymbol{a} \neq \boldsymbol{0})$に対して，方程式$\boldsymbol{a}\times\boldsymbol{x} = \boldsymbol{b}$が解をもつ必要十分条件は$(\boldsymbol{a}, \boldsymbol{b}) = 0$であることを示せ．また，解をもつとき，解は$\boldsymbol{x} = \dfrac{\boldsymbol{b}\times\boldsymbol{a}}{\|\boldsymbol{a}\|^2}+s\boldsymbol{a}$（$s$は任意の実数）で与えられることを示せ．

7. 点$\boldsymbol{x}_0$を通り，法線ベクトルが$\boldsymbol{n}$の平面と，この平面上にない点$\boldsymbol{a}$との距離は$\dfrac{|(\boldsymbol{a}-\boldsymbol{x}_0, \boldsymbol{n})|}{\|\boldsymbol{n}\|}$で与えられることを示せ．また，原点から平面$\dfrac{x}{a}+\dfrac{y}{b}+\dfrac{z}{c} = 1$へ下ろした垂線の長さを求めよ．

8. 2直線 $\dfrac{x}{2}=y-2=\dfrac{z-1}{4}$, $\dfrac{x+5}{-2}=\dfrac{y+3}{2}=\dfrac{z-4}{5}$ について

（1） 2直線に垂直に交わる直線（共通垂線）の方程式を求めよ.

（2） 2直線の間の距離を求めよ.

練習問題 4 のヒントと解答

［A］

1. 正 6 角形の中心を O とする．

（1） $\overrightarrow{\mathrm{BC}} = \overrightarrow{\mathrm{AO}} = \overrightarrow{\mathrm{AB}}+\overrightarrow{\mathrm{BO}} = \boldsymbol{a}+\boldsymbol{b}$, $\overrightarrow{\mathrm{BE}} = 2\,\overrightarrow{\mathrm{BO}} = 2\boldsymbol{b}$, $\overrightarrow{\mathrm{AC}} = \overrightarrow{\mathrm{AB}}+\overrightarrow{\mathrm{BC}} = 2\boldsymbol{a}+\boldsymbol{b}$

（2） $\boldsymbol{a}+2\boldsymbol{b} = (\boldsymbol{a}+\boldsymbol{b})+\boldsymbol{b} = \overrightarrow{\mathrm{BC}}+\overrightarrow{\mathrm{CD}} = \overrightarrow{\mathrm{BD}}$ より D を終点とするベクトルである．

2. （1） $-6\boldsymbol{a}+9\boldsymbol{b}+5\boldsymbol{c}$ （2） $-\boldsymbol{a}+2\boldsymbol{b}-\boldsymbol{c}$

（3） $\boldsymbol{x} = \dfrac{1}{4}(2\boldsymbol{a}-3\boldsymbol{b}-5\boldsymbol{c})$, $\boldsymbol{y} = \dfrac{1}{6}(-4\boldsymbol{a}+5\boldsymbol{b}+5\boldsymbol{c})$,

$$\boldsymbol{z} = \frac{1}{12}(-2\boldsymbol{a}+7\boldsymbol{b}+\boldsymbol{c})$$

3. （1） $\boldsymbol{x} = -7\boldsymbol{a}+4\boldsymbol{b}$ （2） $\boldsymbol{x} = 5\boldsymbol{a}-3\boldsymbol{b}$

4. （1） 平行でないから 1 次独立 （2） 平行になるから 1 次従属

（3） 平行でないから 1 次独立

5. （1） $a = -4$ （2） $a = -11$ （例題 4.6 の注意を参照）

6. （1） -8, $\begin{pmatrix} 3 \\ 78 \\ 33 \end{pmatrix}$ （2） $\boldsymbol{a}\times\boldsymbol{c} = \begin{pmatrix} -5 \\ -8 \\ 6 \end{pmatrix}$ より $\pm\dfrac{1}{5\sqrt{5}}\begin{pmatrix} 5 \\ 8 \\ -6 \end{pmatrix}$

（3） $\begin{pmatrix} 244 \\ -61 \\ 122 \end{pmatrix}$

7. $(\boldsymbol{a}, \boldsymbol{b}-2\boldsymbol{c}) = -33$, $\|\boldsymbol{a}+\boldsymbol{b}-\boldsymbol{c}\| = \|-3\boldsymbol{e}_1+2\boldsymbol{e}_2+6\boldsymbol{e}_3\| = 7$, $\boldsymbol{a}\times\boldsymbol{c} = 6\boldsymbol{e}_1+14\boldsymbol{e}_2+10\boldsymbol{e}_3$, $\boldsymbol{a}\times(\boldsymbol{b}\times\boldsymbol{c}) = 33\boldsymbol{e}_1+48\boldsymbol{e}_2-3\boldsymbol{e}_3$, $(\boldsymbol{c}\times\boldsymbol{a}, \boldsymbol{b}) = -(\boldsymbol{a}\times\boldsymbol{c}, \boldsymbol{b}) = -70$

8. $(\boldsymbol{a}, \boldsymbol{a}+\boldsymbol{b}-\boldsymbol{c}) = \|\boldsymbol{a}\|^2+(\boldsymbol{a}, \boldsymbol{b})-(\boldsymbol{a}, \boldsymbol{c}) = 0$ より $(\boldsymbol{a}, \boldsymbol{b})-(\boldsymbol{a}, \boldsymbol{c}) = -4$．同様に $(\boldsymbol{a}, \boldsymbol{b})-(\boldsymbol{b}, \boldsymbol{c}) = -1$，$(\boldsymbol{a}, \boldsymbol{c})+(\boldsymbol{b}, \boldsymbol{c}) = 9$ を得るから $(\boldsymbol{a}, \boldsymbol{b}) = 2$，$(\boldsymbol{b}, \boldsymbol{c}) = 3$，$(\boldsymbol{c}, \boldsymbol{a}) = 6$．

9. 立方体の 1 辺の長さを l，$\boldsymbol{a} = \overrightarrow{\mathrm{AB}}$，$\boldsymbol{b} = \overrightarrow{\mathrm{AD}}$，$\boldsymbol{c} = \overrightarrow{\mathrm{AE}}$ とおく．

（1） $(\overrightarrow{\mathrm{AG}}, \overrightarrow{\mathrm{AH}}) = (\overrightarrow{\mathrm{AC}}+\overrightarrow{\mathrm{CG}}, \overrightarrow{\mathrm{AH}}) = (\boldsymbol{a}+\boldsymbol{b}+\boldsymbol{c}, \boldsymbol{b}+\boldsymbol{c}) = (\boldsymbol{a}, \boldsymbol{b})+(\boldsymbol{a}, \boldsymbol{c})+\|\boldsymbol{b}\|^2+2(\boldsymbol{b}, \boldsymbol{c})+\|\boldsymbol{c}\|^2 = 2l^2$，$\|\overrightarrow{\mathrm{AG}}\| = \sqrt{3}\,l$，$\|\overrightarrow{\mathrm{AH}}\| = \sqrt{2}\,l$ であるから $\cos\theta = \dfrac{(\overrightarrow{\mathrm{AG}}, \overrightarrow{\mathrm{AH}})}{\|\overrightarrow{\mathrm{AG}}\|\|\overrightarrow{\mathrm{AH}}\|} = \dfrac{\sqrt{6}}{3}$．

（2） $(\overrightarrow{\mathrm{EC}}, \overrightarrow{\mathrm{AH}}) = (\overrightarrow{\mathrm{AC}}-\overrightarrow{\mathrm{AE}}, \overrightarrow{\mathrm{AH}}) = (\boldsymbol{a}+\boldsymbol{b}-\boldsymbol{c}, \boldsymbol{b}+\boldsymbol{c}) = (\boldsymbol{a}, \boldsymbol{b})+(\boldsymbol{a}, \boldsymbol{c})+\|\boldsymbol{b}\|^2+(\boldsymbol{b}, \boldsymbol{c})-(\boldsymbol{c}, \boldsymbol{b})-\|\boldsymbol{c}\|^2 = 0$

（3） $(\overrightarrow{\mathrm{HG}}, \overrightarrow{\mathrm{AH}}) = (\boldsymbol{a}, \boldsymbol{b}+\boldsymbol{c}) = (\boldsymbol{a}, \boldsymbol{b})+(\boldsymbol{a}, \boldsymbol{c}) = 0$ より $\mathrm{HG} \perp \mathrm{AH}$．よって，

面積は $\frac{1}{2}\mathrm{AH}\cdot\mathrm{HG} = \frac{\sqrt{2}}{2}l^2$.

10. $\boldsymbol{a} = \overrightarrow{\mathrm{DA}}$, $\boldsymbol{b} = \overrightarrow{\mathrm{DB}}$, $\boldsymbol{c} = \overrightarrow{\mathrm{DC}}$ とおくと仮定から $\|\boldsymbol{c}-\boldsymbol{a}\|^2+\|\boldsymbol{b}\|^2 = \|\boldsymbol{c}-\boldsymbol{b}\|^2+\|\boldsymbol{a}\|^2$ となる．これから $(\boldsymbol{c}, \boldsymbol{a}) = (\boldsymbol{c}, \boldsymbol{b})$，すなわち $(\boldsymbol{c}, \boldsymbol{b}-\boldsymbol{a}) = 0$．よって，$\overrightarrow{\mathrm{DC}} \perp \overrightarrow{\mathrm{AB}}$.

11. $\overrightarrow{\mathrm{AP}} = s\overrightarrow{\mathrm{AE}}$，$\overrightarrow{\mathrm{CP}} = t\overrightarrow{\mathrm{CD}}$ として $\overrightarrow{\mathrm{BP}} = \overrightarrow{\mathrm{BA}}+\overrightarrow{\mathrm{AP}} = \overrightarrow{\mathrm{BC}}+\overrightarrow{\mathrm{CP}}$ より $s = \frac{5}{11}$，$t = \frac{9}{11}$．よって，$\overrightarrow{\mathrm{AP}} = \frac{3}{11}\boldsymbol{a}+\frac{2}{11}\boldsymbol{b}$，$\overrightarrow{\mathrm{BP}} = -\frac{8}{11}\boldsymbol{a}+\frac{2}{11}\boldsymbol{b}$，$\overrightarrow{\mathrm{CP}} = \frac{3}{11}\boldsymbol{a}-\frac{9}{11}\boldsymbol{b}$.

12. $S^2 = (\|\boldsymbol{a}\|\|\boldsymbol{b}\|\sin\theta)^2 = \|\boldsymbol{a}\|^2\|\boldsymbol{b}\|^2(1-\cos^2\theta) = \|\boldsymbol{a}\|^2\|\boldsymbol{b}\|^2-(\boldsymbol{a}, \boldsymbol{b})^2$．平面ベクトルに対しては，この S^2 を計算すれば $(a_1b_2-a_2b_1)^2$.

13. 空間ベクトル $\boldsymbol{a} = \begin{pmatrix} x_2-x_1 \\ y_2-y_1 \\ 0 \end{pmatrix}$，$\boldsymbol{b} = \begin{pmatrix} x_3-x_1 \\ y_3-y_1 \\ 0 \end{pmatrix}$ とみれば，$S = \frac{1}{2}\|\boldsymbol{a}\times\boldsymbol{b}\| = \frac{1}{2}\begin{vmatrix} x_2-x_1 & x_3-x_1 \\ y_2-y_1 & y_3-y_1 \end{vmatrix}$ の絶対値 $= \frac{1}{2}\begin{vmatrix} x_1 & x_2 & x_3 \\ y_1 & y_2 & y_3 \\ 1 & 1 & 1 \end{vmatrix}$ の絶対値.

14. (1) $(\boldsymbol{a}+\boldsymbol{b}, \boldsymbol{a}-\boldsymbol{b}) = (\boldsymbol{a}, \boldsymbol{a})-(\boldsymbol{a}, \boldsymbol{b})+(\boldsymbol{b}, \boldsymbol{a})-(\boldsymbol{b}, \boldsymbol{b}) = \|\boldsymbol{a}\|^2-\|\boldsymbol{b}\|^2$

(2) $(\boldsymbol{a}-\boldsymbol{b})\times(\boldsymbol{a}+\boldsymbol{b}) = \boldsymbol{a}\times\boldsymbol{a}+\boldsymbol{a}\times\boldsymbol{b}-\boldsymbol{b}\times\boldsymbol{a}-\boldsymbol{b}\times\boldsymbol{b} = 2(\boldsymbol{a}\times\boldsymbol{b})$

(3) $\|\boldsymbol{a}+\boldsymbol{b}\|^2+\|\boldsymbol{a}-\boldsymbol{b}\|^2 = (\boldsymbol{a}+\boldsymbol{b}, \boldsymbol{a}+\boldsymbol{b})+(\boldsymbol{a}-\boldsymbol{b}, \boldsymbol{a}-\boldsymbol{b})$ を計算する.

(4) $\|\boldsymbol{a}+\boldsymbol{b}\|^2 = \|\boldsymbol{a}\|^2+2(\boldsymbol{a}, \boldsymbol{b})+\|\boldsymbol{b}\|^2 \leqq \|\boldsymbol{a}\|^2+2\|\boldsymbol{a}\|\|\boldsymbol{b}\|+\|\boldsymbol{b}\|^2 = (\|\boldsymbol{a}\|+\|\boldsymbol{b}\|)^2$，$\|\boldsymbol{a}\| = \|(\boldsymbol{a}-\boldsymbol{b})+\boldsymbol{b}\| \leqq \|\boldsymbol{a}-\boldsymbol{b}\|+\|\boldsymbol{b}\|$ から $\|\boldsymbol{a}-\boldsymbol{b}\| \geqq \|\boldsymbol{a}\|-\|\boldsymbol{b}\|$.

15. (1) $\overrightarrow{\mathrm{AB}}\times\overrightarrow{\mathrm{AC}} = \begin{pmatrix} -2 \\ 0 \\ -4 \end{pmatrix}\times\begin{pmatrix} 1 \\ -2 \\ 2 \end{pmatrix} = \begin{pmatrix} -8 \\ 0 \\ 4 \end{pmatrix}$，$\|\overrightarrow{\mathrm{AB}}\times\overrightarrow{\mathrm{AC}}\| = 4\sqrt{5}$ より $\triangle\mathrm{ABC} = 2\sqrt{5}$.

(2) BC を底辺とする 3 角形 ABC の高さを求めればよい．$\overrightarrow{\mathrm{BC}} = \begin{pmatrix} 3 \\ -2 \\ 6 \end{pmatrix}$，$\|\overrightarrow{\mathrm{BC}}\| = 7$ より $\frac{4}{7}\sqrt{5}$.

(3) $\overrightarrow{\mathrm{AB}}\times\overrightarrow{\mathrm{AD}} = \begin{pmatrix} -2 \\ 0 \\ -4 \end{pmatrix}\times\begin{pmatrix} -4 \\ 1 \\ 1 \end{pmatrix} = \begin{pmatrix} 4 \\ 18 \\ -2 \end{pmatrix}$．この平面上の点を $\mathrm{P}(x, y, z)$ とすると $(\overrightarrow{\mathrm{AP}}, \overrightarrow{\mathrm{AB}}\times\overrightarrow{\mathrm{AD}}) = 0$ より $2x+9y-z+5 = 0$.

（4） $\frac{1}{6}\det(\overrightarrow{\mathrm{AB}}\ \ \overrightarrow{\mathrm{AC}}\ \ \overrightarrow{\mathrm{AD}}) = 6$

16. （1） $\frac{x}{2} = \frac{y-1}{-1} = \frac{z+2}{3}$

（2） $x-1 = \frac{y-4}{-2} = \frac{z-2}{2}$．パラメータ表示 $x = 2t$，$y = 4t-2$，$z = 3t+1$ より，直線上の点と点 $(1, 4, 2)$ を結ぶ直線がもとの直線と直交することから $t = 1$．よって，求める直線の方向ベクトルは $\begin{pmatrix} 1 \\ -2 \\ 2 \end{pmatrix}$．

（3） $\frac{x+1}{6} = \frac{y-2}{-5} = \frac{z-1}{4}$．求める直線を $\frac{x+1}{l} = \frac{y-2}{m} = \frac{z-1}{n}$ とおくと，これが2直線のそれぞれと同一平面上にあるから，例題4.6（2）を用いて

$$\begin{vmatrix} 3 & 1 & l \\ -1 & -2 & m \\ -1 & 3 & n \end{vmatrix} = \begin{vmatrix} -1 & -2 & l \\ 1 & 3 & m \\ 0 & 4 & n \end{vmatrix} = 0.$$

17. （1） ベクトルが同一平面上にあることから $\begin{vmatrix} x+1 & 3 & 1 \\ y-1 & 0 & 1 \\ z-5 & -1 & 1 \end{vmatrix} = 0$（例題4.6注意）．これから $x-4y+3z-10 = 0$．

（2） 平面を $ax+by+cz+d = 0$ として例題4.6（1）から $a+2b-c = 0$，$-2a-3b+2c = 0$，点 $(3, 1, 2)$ を通るから $3a+b+2c+d = 0$．これらから $x+z-5 = 0$．

（3） $(-2, 0, 1)$ を通り，2平面の法線ベクトル $\begin{pmatrix} 2 \\ -1 \\ -1 \end{pmatrix}$，$\begin{pmatrix} -3 \\ 1 \\ 3 \end{pmatrix}$ を含む平面を求めることになるから，（1）と同様にして $2x+3y+z+3 = 0$．

18. それぞれの平面に垂直なベクトルのなす角を求める．$\pm\frac{5}{14}\sqrt{3}$．

[B]

1. $\boldsymbol{b} = t\,\overrightarrow{\mathrm{BC}}\ (t > 0)$ とおいて $\boldsymbol{a}+\overrightarrow{\mathrm{BC}}+\overrightarrow{\mathrm{CD}}+\overrightarrow{\mathrm{DE}}+\overrightarrow{\mathrm{EA}} = \boldsymbol{0}$ と $\overrightarrow{\mathrm{CD}}+\overrightarrow{\mathrm{DE}}+t\boldsymbol{a} = \boldsymbol{0}$ の両辺を t 倍した式，および $\boldsymbol{b}+t\,\overrightarrow{\mathrm{EA}} = \boldsymbol{a}$ から $t^2-t-1 = 0$．よって，$\overrightarrow{\mathrm{BC}} = \frac{\sqrt{5}-1}{2}\boldsymbol{b}$．さらに $\boldsymbol{0} = \overrightarrow{\mathrm{BC}}+\overrightarrow{\mathrm{CD}}+t\,\overrightarrow{\mathrm{EA}} = \frac{\sqrt{5}-1}{2}\boldsymbol{b}+\overrightarrow{\mathrm{CD}}+\boldsymbol{a}-\boldsymbol{b}$ より

$\overrightarrow{\mathrm{CD}} = -\boldsymbol{a}+\frac{3-\sqrt{5}}{2}\boldsymbol{b}$，$\overrightarrow{\mathrm{DE}} = \frac{1-\sqrt{5}}{2}\boldsymbol{a}-\frac{3-\sqrt{5}}{2}\boldsymbol{b}$．

2. 3点A, B, Cが同一直線上にあれば，$\boldsymbol{b}-\boldsymbol{a} \mathbin{/\mkern-5mu/} \boldsymbol{c}-\boldsymbol{a}$であるから$c(\boldsymbol{b}-\boldsymbol{a}) = d(\boldsymbol{c}-\boldsymbol{a})$，すなわち$(c-d)\boldsymbol{a}-c\boldsymbol{b}+d\boldsymbol{c}=\boldsymbol{0}$となる$c, d$が存在する．$c-d=l$, $-c=m$, $d=n$とおくと$l+m+n=0$, $lmn \neq 0$. 逆は$\boldsymbol{0}=l\boldsymbol{a}+m\boldsymbol{b}+n\boldsymbol{c}=-(m+n)\boldsymbol{a}+m\boldsymbol{b}+n\boldsymbol{c}$より$m(\boldsymbol{b}-\boldsymbol{a})=n(\boldsymbol{a}-\boldsymbol{c})$となるから$\boldsymbol{b}-\boldsymbol{a} \mathbin{/\mkern-5mu/} \boldsymbol{a}-\boldsymbol{c}$.

3. 点A, B, C, D, P, Q, R, Sの位置ベクトルをそれぞれ$\boldsymbol{a}, \boldsymbol{b}, \boldsymbol{c}, \boldsymbol{d}, \boldsymbol{p}, \boldsymbol{q}, \boldsymbol{r}, \boldsymbol{s}$とすると$\boldsymbol{p}=\dfrac{n\boldsymbol{a}+m\boldsymbol{b}}{m+n}$, $\boldsymbol{q}=\dfrac{n\boldsymbol{a}+m\boldsymbol{d}}{m+n}$, $\boldsymbol{r}=\dfrac{n\boldsymbol{c}+m\boldsymbol{b}}{m+n}$, $\boldsymbol{s}=\dfrac{n\boldsymbol{c}+m\boldsymbol{d}}{m+n}$であるから$\overrightarrow{\mathrm{PS}}=\boldsymbol{s}-\boldsymbol{p}=\dfrac{n}{m+n}(\boldsymbol{c}-\boldsymbol{a})+\dfrac{m}{m+n}(\boldsymbol{d}-\boldsymbol{b})=(\boldsymbol{r}-\boldsymbol{p})+(\boldsymbol{q}-\boldsymbol{p})=\overrightarrow{\mathrm{PR}}+\overrightarrow{\mathrm{PQ}}$. よって，4辺形は平行4辺形になる．

4. $\boldsymbol{a}=\overrightarrow{\mathrm{AR}}$, $\boldsymbol{b}=\overrightarrow{\mathrm{AQ}}$とおけば$\overrightarrow{\mathrm{AB}}=\dfrac{n+1}{n}\boldsymbol{a}$, $\overrightarrow{\mathrm{AC}}=(m+1)\boldsymbol{b}$, $\overrightarrow{\mathrm{AP}}=\dfrac{\overrightarrow{\mathrm{AB}}+l\overrightarrow{\mathrm{AC}}}{l+1}=\dfrac{n+1}{n(l+1)}\boldsymbol{a}+\dfrac{l(m+1)}{l+1}\boldsymbol{b}$. $\overrightarrow{\mathrm{AP}}, \overrightarrow{\mathrm{BQ}}$の交点をXとすれば，B, X, Qは一直線上にあるから，$\overrightarrow{\mathrm{AX}}=x\overrightarrow{\mathrm{AP}}=y\overrightarrow{\mathrm{AB}}+(1-y)\overrightarrow{\mathrm{AQ}}$となる実数$x, y$がある．$x=\dfrac{l+1}{lm+l+1}$, $y=\dfrac{1}{lm+l+1}$になるから

$$\overrightarrow{\mathrm{AX}}=\frac{n+1}{n(lm+l+1)}\boldsymbol{a}+\frac{l(m+1)}{lm+l+1}\boldsymbol{b}$$

BQ, CRの交点をYとすれば，同様にして

$$\overrightarrow{\mathrm{AY}}=\frac{m(n+1)}{mn+m+1}\boldsymbol{a}+\frac{m+1}{mn+m+1}\boldsymbol{b}$$

よって，XとYが一致するためには$lmn=1$でなければならないことがわかる．

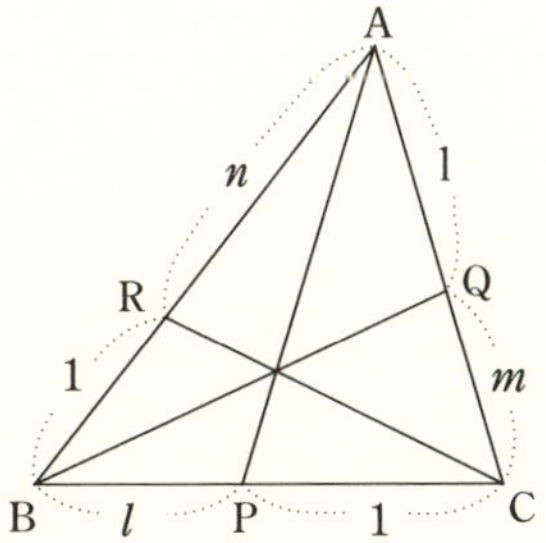

5. (1), (2)　両辺を成分表示する．(3)　(1)による．

6. 方程式が解$\boldsymbol{x}$をもてば，$(\boldsymbol{a}, \boldsymbol{b})=(\boldsymbol{a}, \boldsymbol{a}\times\boldsymbol{x})=\det(\boldsymbol{a}\quad\boldsymbol{a}\quad\boldsymbol{x})$. 2列が一致するから0になる．逆に$(\boldsymbol{a}, \boldsymbol{b})=0$ならば$\boldsymbol{a}\times\dfrac{\boldsymbol{b}\times\boldsymbol{a}}{\|\boldsymbol{a}\|^2}=\dfrac{1}{\|\boldsymbol{a}\|^2}\boldsymbol{a}\times(\boldsymbol{b}\times\boldsymbol{a})=\dfrac{1}{\|\boldsymbol{a}\|^2}((\boldsymbol{a}, \boldsymbol{a})\boldsymbol{b}-(\boldsymbol{a}, \boldsymbol{b})\boldsymbol{a})=\dfrac{1}{\|\boldsymbol{a}\|^2}(\boldsymbol{a}, \boldsymbol{a})\boldsymbol{b}=\boldsymbol{b}$. よって，$\dfrac{\boldsymbol{b}\times\boldsymbol{a}}{\|\boldsymbol{a}\|^2}$は方程式の

解である．解をもつとき，任意の解を $\boldsymbol{x}$ とすると $\boldsymbol{a}\times\left(\boldsymbol{x}-\dfrac{\boldsymbol{b}\times\boldsymbol{a}}{\|\boldsymbol{a}\|^2}\right)=\boldsymbol{a}\times\boldsymbol{x}-\boldsymbol{a}\times\dfrac{\boldsymbol{b}\times\boldsymbol{a}}{\|\boldsymbol{a}\|^2}=\boldsymbol{b}-\boldsymbol{b}=\boldsymbol{0}$，すなわち $\boldsymbol{a}$ と $\boldsymbol{x}-\dfrac{\boldsymbol{b}\times\boldsymbol{a}}{\|\boldsymbol{a}\|^2}$ は平行となり $\boldsymbol{x}-\dfrac{\boldsymbol{b}\times\boldsymbol{a}}{\|\boldsymbol{a}\|^2}=s\boldsymbol{a}$ と書ける．

7. $\boldsymbol{a}-\boldsymbol{x}_0$ と $\boldsymbol{n}$ のなす角を θ とすると，$(\boldsymbol{a}-\boldsymbol{x}_0, \boldsymbol{n})=\|\boldsymbol{a}-\boldsymbol{x}_0\|\|\boldsymbol{n}\|\cos\theta$．よって，平面と $\boldsymbol{a}$ との距離は $\|\boldsymbol{a}-\boldsymbol{x}_0\||\cos\theta|=\dfrac{|(\boldsymbol{a}-\boldsymbol{x}_0, \boldsymbol{n})|}{\|\boldsymbol{n}\|}$．$\boldsymbol{a}=\boldsymbol{0}$，$\boldsymbol{x}_0=\begin{pmatrix}a\\0\\0\end{pmatrix}$ として $\dfrac{1}{\sqrt{\dfrac{1}{a^2}+\dfrac{1}{b^2}+\dfrac{1}{c^2}}}=\sqrt{\dfrac{a^2b^2c^2}{a^2b^2+b^2c^2+c^2a^2}}$．

8. （1） 2直線上のそれぞれの点を $\mathrm{P}(2s, s+2, 4s+1)$, $\mathrm{Q}(-2t-5, 2t-3, 5t+4)$ とする．$\overrightarrow{\mathrm{PQ}}$ が2直線それぞれと垂直になるから $2(-2t-2s-5)+(2t-s-5)+4(5t-4s+3)=0$，$-2(-2t-2s-5)+2(2t-s-5)+5(5t-4s+3)=0$．よって，$s=t=-1$ から，$\mathrm{P}(-2, 1, -3)$, $\mathrm{Q}(-3, -5, -1)$, $\overrightarrow{\mathrm{PQ}}=\begin{pmatrix}-1\\-6\\2\end{pmatrix}$．したがって，求める直線は $x+2=\dfrac{y-1}{6}=\dfrac{z+3}{-2}$．

（2） $\|\overrightarrow{\mathrm{PQ}}\|=\sqrt{41}$

5 線形空間と線形写像

5.1 線形空間

x が集合 X の元（要素）であるとき $x \in X$ と書き，x が X の元でないときは $x \notin X$ と書く．

◆ **線形空間** ◆　空でない集合 V において

（和）　任意の $\boldsymbol{a}, \boldsymbol{b} \in V$ に対して，$\boldsymbol{a}+\boldsymbol{b} \in V$

（スカラー倍）任意の $\boldsymbol{a} \in V$ と実数または複素数 c に対して，$c\boldsymbol{a} \in V$

であって，これらの 2 つの演算に関して次の（1）〜（8）が成り立つとき，V を**線形空間**または**ベクトル空間**という．V の元を**ベクトル**といい，実数または複素数である c などを**スカラー**という．

（1）$\boldsymbol{a}+\boldsymbol{b} = \boldsymbol{b}+\boldsymbol{a}$　　（2）$(\boldsymbol{a}+\boldsymbol{b})+\boldsymbol{c} = \boldsymbol{a}+(\boldsymbol{b}+\boldsymbol{c})$

（3）任意の元 $\boldsymbol{a} \in V$ に対して，$\boldsymbol{a}+\boldsymbol{0} = \boldsymbol{0}+\boldsymbol{a} = \boldsymbol{a}$ を満たす V の元 $\boldsymbol{0}$ が存在する（この $\boldsymbol{0}$ を V の**零ベクトル**という）．

（4）任意の元 $\boldsymbol{a} \in V$ に対して，$\boldsymbol{a}+(-\boldsymbol{a}) = (-\boldsymbol{a})+\boldsymbol{a} = \boldsymbol{0}$ を満たす V の元 $-\boldsymbol{a}$ が存在する．

（5）$c(\boldsymbol{a}+\boldsymbol{b}) = c\boldsymbol{a}+c\boldsymbol{b}$　　（6）$(c+d)\boldsymbol{a} = c\boldsymbol{a}+d\boldsymbol{a}$

（7）$(cd)\boldsymbol{a} = c(d\boldsymbol{a})$　　（8）$1\boldsymbol{a} = \boldsymbol{a}$

スカラーを実数にとるとき V を**実線形空間**，スカラーを複素数にとるとき V を**複素線形空間**と呼ぶ．

今後，とくに断らない限り，線形空間 V といえば実線形空間を考えれば十分である．

また，数学全体で通用する記号である $\boldsymbol{R}, \boldsymbol{C}$ でそれぞれ実数全体からなる集合，複素数全体からなる集合を表すものとする．

◆ **線形空間の例** ◆

1° 平面ベクトルの全体，空間ベクトルの全体（83ページ参照）

2° 実数を成分にもつ n 項列ベクトルの全体 $\boldsymbol{R}^n$，すなわち

$$\boldsymbol{R}^n = \left\{ \begin{pmatrix} x_1 \\ x_2 \\ \vdots \\ x_n \end{pmatrix} \middle| \, x_1, x_2, \cdots, x_n \in \boldsymbol{R} \right\}, \quad \text{零ベクトルは } \boldsymbol{0} = \begin{pmatrix} 0 \\ 0 \\ \vdots \\ 0 \end{pmatrix}$$

平面ベクトルの全体，空間ベクトルの全体はそれぞれ $\boldsymbol{R}^2, \boldsymbol{R}^3$ と同一視される．また，複素数を成分にもつ n 項列ベクトルの全体 $\boldsymbol{C}^n$ は複素線形空間になる．$\boldsymbol{C}^n$ と $\boldsymbol{R}^n$ は**数ベクトル空間**とも呼ばれる．

3° m 行 n 列の実行列の全体 $M(m, n)$

4° 実数を係数とする n 次以下の多項式の全体 $P(n)$

5° 閉区間 $I = [a, b]$ で連続な関数の全体 $C(I)$

◆ **部分空間** ◆　線形空間 V の部分集合 W が V と同じ和とスカラー倍で線形空間になるとき，W を V の**部分空間**という．すなわち，V の空でない部分集合 W が V の部分空間であるとは，次の2つの条件が成り立つことである．

（1） 任意の $\boldsymbol{a}, \boldsymbol{b} \in W$ に対して，$\boldsymbol{a}+\boldsymbol{b} \in W$

（2） 任意の $\boldsymbol{a} \in W$ と任意のスカラー c に対して，$c\boldsymbol{a} \in W$．

W_1, W_2 が線形空間 V の部分空間のとき，W_1+W_2 と $W_1 \cap W_2$ はともに V の部分空間になる．ここで，$W_1+W_2 = \{w_1+w_2 \mid w_1 \in W_1,\ w_2 \in W_2\}$ であって，W_1 と W_2 の**和空間**と呼ばれる．

◆ **1次結合** ◆　空間でのベクトルの場合と同様に，線形空間 V の r 個のベクトル $\boldsymbol{a}_1, \boldsymbol{a}_2, \cdots, \boldsymbol{a}_r$ に対して，スカラー倍の和

$$c_1\boldsymbol{a}_1 + c_2\boldsymbol{a}_2 + \cdots + c_r\boldsymbol{a}_r$$

を $\boldsymbol{a}_1, \boldsymbol{a}_2, \cdots, \boldsymbol{a}_r$ の**1次結合**（または線形結合）という．$\boldsymbol{a}_1, \boldsymbol{a}_2, \cdots, \boldsymbol{a}_r$ の1次結合の全体からなる集合は V の部分空間になり，$\langle \boldsymbol{a}_1, \boldsymbol{a}_2, \cdots, \boldsymbol{a}_r \rangle$ で表す．これを $\boldsymbol{a}_1, \boldsymbol{a}_2, \cdots, \boldsymbol{a}_r$ が**生成する**部分空間または $\boldsymbol{a}_1, \boldsymbol{a}_2, \cdots, \boldsymbol{a}_r$ で**張られる**部分空間という．

◆1次独立と1次従属◆　線形空間 V のベクトル $\boldsymbol{a}_1, \boldsymbol{a}_2, \cdots, \boldsymbol{a}_r$ に対して，1次関係式

$$c_1\boldsymbol{a}_1 + c_2\boldsymbol{a}_2 + \cdots + c_r\boldsymbol{a}_r = \boldsymbol{0}$$

が成り立つのは $c_1 = c_2 = \cdots = c_r = 0$ に限るとき，$\boldsymbol{a}_1, \boldsymbol{a}_2, \cdots, \boldsymbol{a}_r$ は**1次独立**であるという．1次独立でないときは**1次従属**であるという．すなわち $\boldsymbol{a}_1, \boldsymbol{a}_2, \cdots, \boldsymbol{a}_r$ が1次従属であるとは，$c_1, c_2, \cdots, c_r$ の中で少なくとも1つ0でないものがあって $c_1\boldsymbol{a}_1 + c_2\boldsymbol{a}_2 + \cdots + c_r\boldsymbol{a}_r = \boldsymbol{0}$ とできるときである．

$\boldsymbol{R}^n$ および $\boldsymbol{C}^n$ の**基本ベクトル** $\boldsymbol{e}_1 = \begin{pmatrix} 1 \\ 0 \\ \vdots \\ 0 \end{pmatrix}$, $\boldsymbol{e}_2 = \begin{pmatrix} 0 \\ 1 \\ \vdots \\ 0 \end{pmatrix}$, $\cdots$, $\boldsymbol{e}_n = \begin{pmatrix} 0 \\ 0 \\ \vdots \\ 1 \end{pmatrix}$

は1次独立である．

1つのベクトル $\boldsymbol{a}$ は零ベクトルでなければ1次独立である．

定理 5.1　線形空間 V のベクトルについて，次が成り立つ．

（1）　$\boldsymbol{a}_1, \boldsymbol{a}_2, \cdots, \boldsymbol{a}_r$ が1次独立ならば，その一部分 $\boldsymbol{a}_{i_1}, \boldsymbol{a}_{i_2}, \cdots, \boldsymbol{a}_{i_s}$（$1 \leqq i_1 < \cdots < i_s \leqq r$）も1次独立である．

（2）　$\boldsymbol{a}_1, \boldsymbol{a}_2, \cdots, \boldsymbol{a}_r$ が1次従属であるための必要十分条件は，$\boldsymbol{a}_1, \boldsymbol{a}_2, \cdots, \boldsymbol{a}_r$ のうち少なくとも1個のベクトルが他の $r-1$ 個のベクトルの1次結合で書けることである．

（3）　$\boldsymbol{a}_1, \boldsymbol{a}_2, \cdots, \boldsymbol{a}_r$ が1次独立で $\boldsymbol{a}_1, \boldsymbol{a}_2, \cdots, \boldsymbol{a}_r, \boldsymbol{b}$ が1次従属であれば，$\boldsymbol{b}$ は $\boldsymbol{a}_1, \boldsymbol{a}_2, \cdots, \boldsymbol{a}_r$ の1次結合で書ける．

例題 5.1 次の集合はそれぞれ線形空間になることを示せ．

（1） m 行 n 列の実行列の全体 $M(m, n)$

（2） 実数を係数とする n 次以下の多項式の全体 $P(n)$

（3） 閉区間 $I = [a, b]$ で連続な関数の全体 $C(I)$

解 （1） $m\times n$ 行列 A, B と実数 c に対して，和 $A+B$ とスカラー倍 cA はともに $m\times n$ 行列である．このとき，定理 1.1 により $M(m, n)$ は線形空間になる．実際，定理 1.1 は線形空間の定義における（1）〜（8）と同じである．

（2） n 次以下の実数係数の多項式

$$f(x) = a_0x^n + a_1x^{n-1} + \cdots + a_n, \quad g(x) = b_0x^n + b_1x^{n-1} + \cdots + b_n$$

（係数 a_i, b_i は 0 でもよい）

と実数 c に対して，和とスカラー倍

$$f(x)+g(x) = (a_0+b_0)x^n+(a_1+b_1)x^{n-1}+\cdots+(a_n+b_n),$$
$$cf(x) = ca_0x^n + ca_1x^{n-1} + \cdots + ca_n$$

は n 次以下の多項式である．さらに，

$$f(x)+g(x) = g(x)+f(x)$$

など線形空間の定義における（1）〜（8）がすべて成り立つことは明らかである．零ベクトルにあたるものは

$$f(x) = 0x^n+0x^{n-1}+\cdots+0 = 0$$

である．よって，$P(n)$ は線形空間になる．

（3） 関数 $f(x), g(x)$ が I で連続のとき，$f(x)+g(x), cf(x)$ も I で連続である．また，線形空間の定義における（1）〜（8）も明らかに成り立つから，$C(I)$ は線形空間になる．零ベクトルは（2）と同様 0 である．

注意 与えられた集合が線形空間になることをみるには，例題のように和とスカラー倍の演算がその集合内で可能であることが本質的で，演算規則（1）〜（8）が成り立つことは容易にわかることが多い．

（1）において，実行列を複素行列でおきかえても同様に線形空間になる．また，実際には n 次正方行列のつくる線形空間 $M(n)$ を取り扱うことが多い．

（2）において，n 次多項式の全体からなる集合を考えれば，零ベクトル 0 は n 次多項式でない，すなわち零ベクトルは存在しないから線形空間にならない．

（3）において，連続という条件をはずしても線形空間になるし，微分可能，積分可能などでおきかえても線形空間になる．

例題 5.2　$\boldsymbol{R}^3$ の部分集合

$$W = \left\{ \begin{pmatrix} x_1 \\ x_2 \\ x_3 \end{pmatrix} \middle| \ x_1 + x_2 - 2x_3 = 0 \right\}$$

は $\boldsymbol{R}^3$ の部分空間であることを示せ．

解　任意の $\boldsymbol{x} = \begin{pmatrix} x_1 \\ x_2 \\ x_3 \end{pmatrix}$，$\boldsymbol{y} = \begin{pmatrix} y_1 \\ y_2 \\ y_3 \end{pmatrix} \in W$ をとれば

$$\boldsymbol{x} + \boldsymbol{y} = \begin{pmatrix} x_1 \\ x_2 \\ x_3 \end{pmatrix} + \begin{pmatrix} y_1 \\ y_2 \\ y_3 \end{pmatrix} = \begin{pmatrix} x_1 + y_1 \\ x_2 + y_2 \\ x_3 + y_3 \end{pmatrix}$$

であるから

$$(x_1 + y_1) + (x_2 + y_2) - 2(x_3 + y_3) = (x_1 + x_2 - 2x_3) + (y_1 + y_2 - 2y_3) = 0 + 0 = 0.$$

よって，$\boldsymbol{x} + \boldsymbol{y} \in W$．

任意の $\boldsymbol{x} \in W$ と実数 c をとれば，$c\boldsymbol{x} = \begin{pmatrix} cx_1 \\ cx_2 \\ cx_3 \end{pmatrix}$ であるから

$$cx_1 + cx_2 - 2cx_3 = c(x_1 + x_2 - 2x_3) = c0 = 0.$$

よって，$c\boldsymbol{x} \in W$．

したがって，W は $\boldsymbol{R}^3$ の部分空間になる．

注意　$\boldsymbol{R}^n$ の部分集合 W の満たす条件が同次連立 1 次方程式

$$\begin{cases} a_{11}x_1 + a_{12}x_2 + \cdots + a_{1n}x_n = 0 \\ a_{21}x_1 + a_{22}x_2 + \cdots + a_{2n}x_n = 0 \\ \qquad \cdots\cdots \\ a_{m1}x_1 + a_{m2}x_2 + \cdots + a_{mn}x_n = 0 \end{cases}$$

すなわち，$A\boldsymbol{x} = \boldsymbol{0}$ の形であれば，例題と同様にして W は $\boldsymbol{R}^n$ の部分空間になる．

よって，次が成り立つ：

$m \times n$ 行列 A に対して

$$W = \{\boldsymbol{x} \in \boldsymbol{R}^n \mid A\boldsymbol{x} = \boldsymbol{0}\}$$

は $\boldsymbol{R}^n$ の部分空間になる．W を同次連立 1 次方程式 $A\boldsymbol{x} = \boldsymbol{0}$ の**解空間**と呼ぶ．

例題 5.3　$\boldsymbol{R}^3$ のベクトル

$$\boldsymbol{a}_1 = \begin{pmatrix} 1 \\ -1 \\ 2 \end{pmatrix}, \quad \boldsymbol{a}_2 = \begin{pmatrix} -2 \\ 3 \\ 1 \end{pmatrix}, \quad \boldsymbol{a}_3 = \begin{pmatrix} 4 \\ -2 \\ 5 \end{pmatrix}, \quad \boldsymbol{a}_4 = \begin{pmatrix} -1 \\ 3 \\ 8 \end{pmatrix}$$

に対して，$\boldsymbol{a}_1, \boldsymbol{a}_2, \boldsymbol{a}_3$ は1次独立になるが，$\boldsymbol{a}_1, \boldsymbol{a}_2, \boldsymbol{a}_4$ は1次従属であることを示せ．

解　$\boldsymbol{a}_1, \boldsymbol{a}_2, \boldsymbol{a}_3$ が1次独立であることを示すために

$$c_1\boldsymbol{a}_1 + c_2\boldsymbol{a}_2 + c_3\boldsymbol{a}_3 = c_1\begin{pmatrix} 1 \\ -1 \\ 2 \end{pmatrix} + c_2\begin{pmatrix} -2 \\ 3 \\ 1 \end{pmatrix} + c_3\begin{pmatrix} 4 \\ -2 \\ 5 \end{pmatrix} = \begin{pmatrix} 0 \\ 0 \\ 0 \end{pmatrix}$$

とする．このとき，同次連立1次方程式

$$\begin{cases} c_1 - 2c_2 + 4c_3 = 0 \\ -c_1 + 3c_2 - 2c_3 = 0 \\ 2c_1 + c_2 + 5c_3 = 0 \end{cases}$$

が自明解だけをもてばよい．この係数行列 $A = (\boldsymbol{a}_1 \quad \boldsymbol{a}_2 \quad \boldsymbol{a}_3)$ の行列式は

$$\begin{vmatrix} 1 & -2 & 4 \\ -1 & 3 & -2 \\ 2 & 1 & 5 \end{vmatrix} = -13 \neq 0$$

であるから，定理 3.7 より解は $c_1 = c_2 = c_3 = 0$ だけである．よって，$\boldsymbol{a}_1, \boldsymbol{a}_2, \boldsymbol{a}_3$ は1次独立になる．

次に，$d_1\boldsymbol{a}_1 + d_2\boldsymbol{a}_2 + d_4\boldsymbol{a}_4 = \boldsymbol{0}$ とする．このときの同次連立1次方程式

$$\begin{cases} d_1 - 2d_2 - d_4 = 0 \\ -d_1 + 3d_2 + 3d_4 = 0 \\ 2d_1 + d_2 + 8d_4 = 0 \end{cases}$$

の係数行列 $B = (\boldsymbol{a}_1 \quad \boldsymbol{a}_2 \quad \boldsymbol{a}_4)$ のランクは以下の基本変形から2である．すなわち，B は正則行列ではないので $B\boldsymbol{d} = \boldsymbol{0}$ は非自明解 $\boldsymbol{d} \neq \boldsymbol{0}$ をもつ．よって，$\boldsymbol{a}_1, \boldsymbol{a}_2, \boldsymbol{a}_4$ は1次従属になる．

$$B = \begin{pmatrix} 1 & -2 & -1 \\ -1 & 3 & 3 \\ 2 & 1 & 8 \end{pmatrix} \xrightarrow[\text{③}+\text{①}\times(-2)]{\text{②}+\text{①}} \begin{pmatrix} 1 & -2 & -1 \\ 0 & 1 & 2 \\ 0 & 5 & 10 \end{pmatrix} \xrightarrow[\text{③}+\text{②}\times(-5)]{} \begin{pmatrix} 1 & -2 & -1 \\ 0 & 1 & 2 \\ 0 & 0 & 0 \end{pmatrix}$$

5.2 基底と次元

◆**基　底**◆　線形空間 V のベクトル $\boldsymbol{v}_1, \boldsymbol{v}_2, \cdots, \boldsymbol{v}_n$ が次の 2 つの条件を満たすとき，これらのベクトルの組 $\{\boldsymbol{v}_1, \boldsymbol{v}_2, \cdots, \boldsymbol{v}_n\}$ を V の**基底**という．

（1）　$\boldsymbol{v}_1, \boldsymbol{v}_2, \cdots, \boldsymbol{v}_n$ は 1 次独立である

（2）　$V = \langle \boldsymbol{v}_1, \boldsymbol{v}_2, \cdots, \boldsymbol{v}_n \rangle$，すなわち V の任意のベクトルは $\boldsymbol{v}_1, \boldsymbol{v}_2, \cdots, \boldsymbol{v}_n$ の 1 次結合で書ける．

この 2 条件（1),（2）は次と同値である：

V の任意のベクトルは $\boldsymbol{v}_1, \boldsymbol{v}_2, \cdots, \boldsymbol{v}_n$ の 1 次結合で一意的に表される．

$\boldsymbol{R}^n$ および $\boldsymbol{C}^n$ における n 個の基本ベクトル $\boldsymbol{e}_1, \boldsymbol{e}_2, \cdots, \boldsymbol{e}_n$ は $\boldsymbol{R}^n$ および $\boldsymbol{C}^n$ のそれぞれの基底になる．これを**標準的基底**という．

2 次以下の多項式全体からなる線形空間 $P(2)$ では $\{1, x, x^2\}$ は 1 組の基底になる．

定理 5.2　線形空間 V の基底を構成するベクトルの個数は，基底によらず一定である．

◆**次　元**◆　V の基底を構成するベクトルの個数を V の**次元**といい，$\dim V$ で表す．$V = \{\boldsymbol{0}\}$ のときは，$\dim V = 0$ と定める．また，$\dim V = n$ となる自然数 n が存在するとき，V は有限次元線形空間または n 次元線形空間であるという．有限次元でない線形空間は無限次元線形空間と呼ばれる．

$\dim \boldsymbol{R}^n = n, \quad \dim \boldsymbol{C}^n = n$

区間 I で連続な関数のつくる線形空間 $C(I)$ は無限次元である．

定理 5.3　$\dim V = n$ のとき，V の n 個のベクトル $\boldsymbol{v}_1, \boldsymbol{v}_2, \cdots, \boldsymbol{v}_n$ に対して，次の 3 条件は同値である．

（1）　$\boldsymbol{v}_1, \boldsymbol{v}_2, \cdots, \boldsymbol{v}_n$ は 1 次独立である

（2）　$V = \langle \boldsymbol{v}_1, \boldsymbol{v}_2, \cdots, \boldsymbol{v}_n \rangle$

（3）　$\{\boldsymbol{v}_1, \boldsymbol{v}_2, \cdots, \boldsymbol{v}_n\}$ は V の基底である

定理 5.4 **(基底の延長)** W を n 次元線形空間 V の部分空間とする．$\dim W = r\ (n > r)$ のとき，W の基底 $\{\boldsymbol{w}_1, \boldsymbol{w}_2, \cdots, \boldsymbol{w}_r\}$ に $n-r$ 個の V のベクトル $\boldsymbol{v}_1, \boldsymbol{v}_2, \cdots, \boldsymbol{v}_{n-r}$ を付け加えて n 個のベクトル $\boldsymbol{w}_1, \boldsymbol{w}_2, \cdots, \boldsymbol{w}_r, \boldsymbol{v}_1, \boldsymbol{v}_2, \cdots, \boldsymbol{v}_{n-r}$ が V の基底であるようにできる．

定理 5.5 有限次元線形空間 V の部分空間 W_1, W_2 に対して

$$\dim(W_1 + W_2) + \dim(W_1 \cap W_2) = \dim W_1 + \dim W_2$$

◆ **基底変換の行列** ◆　V の 2 組の基底 $\{\boldsymbol{u}_1, \boldsymbol{u}_2, \cdots, \boldsymbol{u}_n\}, \{\boldsymbol{v}_1, \boldsymbol{v}_2, \cdots, \boldsymbol{v}_n\}$ をとるとき

$$\begin{aligned} \boldsymbol{v}_1 &= p_{11}\boldsymbol{u}_1 + p_{21}\boldsymbol{u}_2 + \cdots + p_{n1}\boldsymbol{u}_n \\ \boldsymbol{v}_2 &= p_{12}\boldsymbol{u}_1 + p_{22}\boldsymbol{u}_2 + \cdots + p_{n2}\boldsymbol{u}_n \\ &\cdots\cdots \\ \boldsymbol{v}_n &= p_{1n}\boldsymbol{u}_1 + p_{2n}\boldsymbol{u}_2 + \cdots + p_{nn}\boldsymbol{u}_n \end{aligned}$$

で定まる正則行列

$$P = (p_{ij}) = \begin{pmatrix} p_{11} & p_{12} & \cdots & p_{1n} \\ p_{21} & p_{22} & \cdots & p_{2n} \\ & \cdots\cdots & & \\ p_{n1} & p_{n2} & \cdots & p_{nn} \end{pmatrix}$$

を基底 $\{\boldsymbol{u}_1, \boldsymbol{u}_2, \cdots, \boldsymbol{u}_n\}$ から基底 $\{\boldsymbol{v}_1, \boldsymbol{v}_2, \cdots, \boldsymbol{v}_n\}$ への**基底変換の行列**といい，$\{\boldsymbol{u}_1, \boldsymbol{u}_2, \cdots, \boldsymbol{u}_n\} \xrightarrow{P} \{\boldsymbol{v}_1, \boldsymbol{v}_2, \cdots, \boldsymbol{v}_n\}$ で表す．

$V = \boldsymbol{R}^n$ の場合，上の式は $(\boldsymbol{v}_1\ \ \boldsymbol{v}_2\ \ \cdots\ \ \boldsymbol{v}_n) = (\boldsymbol{u}_1\ \ \boldsymbol{u}_2\ \ \cdots\ \ \boldsymbol{u}_n)P$ で表される．

例題 5.4　次の 3 個のベクトル $\boldsymbol{a}_1, \boldsymbol{a}_2, \boldsymbol{a}_3$ は $\boldsymbol{R}^3$ の基底になることを示せ．

$$\boldsymbol{a}_1 = \begin{pmatrix} 1 \\ 3 \\ 5 \end{pmatrix}, \quad \boldsymbol{a}_2 = \begin{pmatrix} 1 \\ 0 \\ 2 \end{pmatrix}, \quad \boldsymbol{a}_3 = \begin{pmatrix} 2 \\ -2 \\ 1 \end{pmatrix}$$

解　$A = (\boldsymbol{a}_1 \quad \boldsymbol{a}_2 \quad \boldsymbol{a}_3)$ に対して，行列式 $|A| = 3 \neq 0$ より，A は正則行列である．よって，例題 5.3 と同様 $\boldsymbol{a}_1, \boldsymbol{a}_2, \boldsymbol{a}_3$ は 1 次独立である．

次に，$\boldsymbol{a}_1, \boldsymbol{a}_2, \boldsymbol{a}_3$ は $\boldsymbol{R}^3$ を生成することを示す．そのためには，$\boldsymbol{R}^3$ の任意のベクトル $\boldsymbol{x} = \begin{pmatrix} x_1 \\ x_2 \\ x_3 \end{pmatrix}$ に対して，$\boldsymbol{x} = c_1\boldsymbol{a}_1 + c_2\boldsymbol{a}_2 + c_3\boldsymbol{a}_3$ となる実数 c_1, c_2, c_3 がとれることをいえばよい．

$\boldsymbol{x} = c_1\boldsymbol{a}_1 + c_2\boldsymbol{a}_2 + c_3\boldsymbol{a}_3$ から得られる連立 1 次方程式

$$\begin{cases} c_1 + c_2 + 2c_3 = x_1 \\ 3c_1 \qquad - 2c_3 = x_2 \\ 5c_1 + 2c_2 + c_3 = x_3 \end{cases}$$

の係数行列は上でみたように正則行列 A であるから，クラメルの公式により解が求まる．すなわち

$$c_1 = \frac{1}{3}(4x_1 + 3x_2 - 2x_3), \quad c_2 = \frac{1}{3}(-13x_1 - 9x_2 + 8x_3),$$

$$c_3 = 2x_1 + x_2 - x_3.$$

したがって，$\{\boldsymbol{a}_1, \boldsymbol{a}_2, \boldsymbol{a}_3\}$ は $\boldsymbol{R}^n$ の基底である．

注意　$\boldsymbol{a}_1, \boldsymbol{a}_2, \boldsymbol{a}_3$ が 1 次独立になることと $\boldsymbol{a}_1, \boldsymbol{a}_2, \boldsymbol{a}_3$ が $\boldsymbol{R}^3$ を生成することは，ともに行列 $A = (\boldsymbol{a}_1 \quad \boldsymbol{a}_2 \quad \boldsymbol{a}_3)$ が正則であることから導きだされる．一般の $\boldsymbol{R}^n$ に対しても同様であるから，次の（1）～（4）は同値になる．

（1）　$\{\boldsymbol{a}_1, \boldsymbol{a}_2, \cdots, \boldsymbol{a}_n\}$ が $\boldsymbol{R}^n$ の基底である

（2）　$\boldsymbol{a}_1, \boldsymbol{a}_2, \cdots, \boldsymbol{a}_n$ は 1 次独立である

（3）　$\boldsymbol{R}^n = \langle \boldsymbol{a}_1, \boldsymbol{a}_2, \cdots, \boldsymbol{a}_n \rangle$

（4）　行列 $(\boldsymbol{a}_1 \quad \boldsymbol{a}_2 \quad \cdots \quad \boldsymbol{a}_3)$ は正則である

$\boldsymbol{C}^n$ でも同様なことが成り立つ．

例題 5.5　$\boldsymbol{R}^3$ の部分空間

$$W_1 = \left\{ \begin{pmatrix} x_1 \\ x_2 \\ x_3 \end{pmatrix} \middle| \; x_1 + 2x_2 - 3x_3 = 0 \right\}, \quad W_2 = \left\{ \begin{pmatrix} x_1 \\ x_2 \\ x_3 \end{pmatrix} \middle| \; \begin{matrix} x_1 + x_3 = 0 \\ x_2 - 2x_3 = 0 \end{matrix} \right\}$$

に対して，$W_1, W_2, W_1 \cap W_2$ のそれぞれの次元と 1 組の基底を求めよ．

解　W_1 の任意のベクトル $\boldsymbol{x}$ は同次連立 1 次方程式

$$x_1 + 2x_2 - 3x_3 = 0$$

の解であるから，$\boldsymbol{x} = \begin{pmatrix} x_1 \\ x_2 \\ x_3 \end{pmatrix} = \begin{pmatrix} -2c_1 + 3c_2 \\ c_1 \\ c_2 \end{pmatrix} = \begin{pmatrix} -2 \\ 1 \\ 0 \end{pmatrix} c_1 + \begin{pmatrix} 3 \\ 0 \\ 1 \end{pmatrix} c_2$,
すなわち $\boldsymbol{x}$ は 1 次独立な 2 つのベクトルの 1 次結合で表される．また，W_2 の任意のベクトル $\boldsymbol{x}$ は同次連立 1 次方程式

$$\begin{cases} x_1 \quad + \ x_3 = 0 \\ \quad x_2 - 2x_3 = 0 \end{cases}$$

の解であるから，$\boldsymbol{x} = \begin{pmatrix} x_1 \\ x_2 \\ x_3 \end{pmatrix} = \begin{pmatrix} -c \\ 2c \\ c \end{pmatrix} = \begin{pmatrix} -1 \\ 2 \\ 1 \end{pmatrix} c$ で表される．

よって，$\left\{ \begin{pmatrix} -2 \\ 1 \\ 0 \end{pmatrix}, \begin{pmatrix} 3 \\ 0 \\ 1 \end{pmatrix} \right\}$, $\left\{ \begin{pmatrix} -1 \\ 2 \\ 1 \end{pmatrix} \right\}$ は W_1, W_2 のそれぞれの基底になり，$\dim W_1 = 2$，$\dim W_2 = 1$．

次に，$W_1 \cap W_2$ の任意のベクトル $\boldsymbol{x}$ は同次連立 1 次方程式

$$\begin{cases} x_1 + 2x_2 - 3x_3 = 0 \\ x_1 + \qquad\quad x_3 = 0 \\ \qquad\quad x_2 - 2x_3 = 0 \end{cases}$$

を満たす．これを解けば $\begin{pmatrix} x_1 \\ x_2 \\ x_3 \end{pmatrix} = \begin{pmatrix} -1 \\ 2 \\ 1 \end{pmatrix} c$ となる．よって，$W_1 \cap W_2$ の基底は $\left\{ \begin{pmatrix} -1 \\ 2 \\ 1 \end{pmatrix} \right\}$ であり，W_2 の基底と同じになって $\dim(W_1 \cap W_2) = 1$．（実際，$W_1 \cap W_2 = W_2$ すなわち $W_1 \supset W_2$ が成り立つ．）

例題 5.6 $\boldsymbol{R}^2$ の 2 組の基底 $\left\{\boldsymbol{u}_1 = \begin{pmatrix} 3 \\ 2 \end{pmatrix},\ \boldsymbol{u}_2 = \begin{pmatrix} 5 \\ 3 \end{pmatrix}\right\}$, $\left\{\boldsymbol{v}_1 = \begin{pmatrix} -1 \\ 4 \end{pmatrix},\ \boldsymbol{v}_2 = \begin{pmatrix} 2 \\ -6 \end{pmatrix}\right\}$ に対して，次の基底変換の行列を求めよ．

（1） $\{\boldsymbol{u}_1, \boldsymbol{u}_2\} \xrightarrow{P} \{\boldsymbol{v}_1, \boldsymbol{v}_2\}$　　（2） $\{\boldsymbol{v}_1, \boldsymbol{v}_2\} \xrightarrow{Q} \{\boldsymbol{u}_1, \boldsymbol{u}_2\}$

解（1） $P = \begin{pmatrix} p_{11} & p_{12} \\ p_{21} & p_{22} \end{pmatrix}$ とすれば，定義から

$$(*) \qquad \begin{pmatrix} -1 \\ 4 \end{pmatrix} = p_{11}\begin{pmatrix} 3 \\ 2 \end{pmatrix} + p_{21}\begin{pmatrix} 5 \\ 3 \end{pmatrix},\quad \begin{pmatrix} 2 \\ -6 \end{pmatrix} = p_{12}\begin{pmatrix} 3 \\ 2 \end{pmatrix} + p_{22}\begin{pmatrix} 5 \\ 3 \end{pmatrix}$$

すなわち $\begin{cases} 3p_{11}+5p_{21} = -1 \\ 2p_{11}+3p_{21} = 4 \end{cases}$, $\begin{cases} 3p_{12}+5p_{22} = 2 \\ 2p_{12}+3p_{22} = -6. \end{cases}$

これらを解いて，$P = \begin{pmatrix} 23 & -36 \\ -14 & 22 \end{pmatrix}$.

（2） $Q = \begin{pmatrix} q_{11} & q_{12} \\ q_{21} & q_{22} \end{pmatrix}$ とすれば，同様に

$$\begin{pmatrix} 3 \\ 2 \end{pmatrix} = q_{11}\begin{pmatrix} -1 \\ 4 \end{pmatrix} + q_{21}\begin{pmatrix} 2 \\ -6 \end{pmatrix},\quad \begin{pmatrix} 5 \\ 3 \end{pmatrix} = q_{12}\begin{pmatrix} -1 \\ 4 \end{pmatrix} + q_{22}\begin{pmatrix} 2 \\ -6 \end{pmatrix}$$

であるから，$Q - \begin{pmatrix} 11 & 18 \\ 7 & \dfrac{23}{2} \end{pmatrix}$.

注意 $(*)$は $\begin{pmatrix} -1 & 2 \\ 4 & -6 \end{pmatrix} = \begin{pmatrix} 3 & 5 \\ 2 & 3 \end{pmatrix} P$ と表されるから

$$P = \begin{pmatrix} 3 & 5 \\ 2 & 3 \end{pmatrix}^{-1}\begin{pmatrix} -1 & 2 \\ 4 & -6 \end{pmatrix} = \begin{pmatrix} -3 & 5 \\ 2 & -3 \end{pmatrix}\begin{pmatrix} -1 & 2 \\ 4 & -6 \end{pmatrix} = \begin{pmatrix} 23 & -36 \\ -14 & 22 \end{pmatrix},$$

同様に

$$Q = \begin{pmatrix} -1 & 2 \\ 4 & -6 \end{pmatrix}^{-1}\begin{pmatrix} 3 & 5 \\ 2 & 3 \end{pmatrix} = \left(\begin{pmatrix} 3 & 5 \\ 2 & 3 \end{pmatrix}^{-1}\begin{pmatrix} -1 & 2 \\ 4 & -6 \end{pmatrix}\right)^{-1} = P^{-1}$$

と計算される．このように，基底の順序を逆にすれば逆行列が現れる．一般の $\boldsymbol{R}^n$ の場合でも同様で

$$\{\boldsymbol{u}_1, \boldsymbol{u}_2, \cdots, \boldsymbol{u}_n\} \xrightarrow{P} \{\boldsymbol{v}_1, \boldsymbol{v}_2, \cdots, \boldsymbol{v}_n\} \quad \text{ならば} \quad \{\boldsymbol{v}_1, \boldsymbol{v}_2, \cdots, \boldsymbol{v}_n\} \xrightarrow{P^{-1}} \{\boldsymbol{u}_1, \boldsymbol{u}_2, \cdots, \boldsymbol{u}_n\}$$

5.3 線形写像

◈ **写　像** ◈　集合 X の任意の元に対して集合 Y の 1 つの元が対応しているとき，この対応 f を X から Y への**写像**といい，$f: X \to Y$ で表す．写像 f により X の元 x に Y の元 y が対応するとき，$f: x \longmapsto y$ または $y = f(x)$ と書く．

X の部分集合 A に対して

$$f(A) = \{f(x) \mid x \in A\}$$

を f による A の**像**という．Y の部分集合 B に対して

$$f^{-1}(B) = \{x \mid f(x) \in B\}$$

を f による B の**逆像**という．

$f(X) = Y$ になるとき，f は**全射**であるという．また，X の任意の 2 元 x, x' に対して

$$x \neq x' \Longrightarrow f(x) \neq f(x')$$

が成り立つとき，f は**単射**であるという．全射であると同時に単射であるときは**全単射**であるという．

$f: X \to Y$ が全単射であれば，Y の任意の元 y に $f^{-1}(y) \in X$ を対応させる Y から X への写像 f^{-1} を f の**逆写像**と呼ぶ．f^{-1} も全単射である．

2 つの写像 $f: X \to Y$，$g: Y \to Z$ に対して，X の元 x に Z の元 $g(f(x))$ を対応させる写像を $g\cdot f$ と書き，f と g の**合成写像**という．すなわち

$$g\cdot f: X \to Y,\ \ (g\cdot f)(x) = g(f(x))\ \ (x \in X).$$

◈ **線形写像** ◈　線形空間 V から線形空間 V' への写像 $f: V \to V'$ が次の 2 つの条件を満たすとき**線形写像**であるという．

（1）　任意の $\boldsymbol{a}, \boldsymbol{b} \in V$ に対して，$f(\boldsymbol{a}+\boldsymbol{b}) = f(\boldsymbol{a})+(\boldsymbol{b})$

（2）　任意の $\boldsymbol{a} \in V$ と任意のスカラー c に対して，$f(c\boldsymbol{a}) = cf(\boldsymbol{a})$.

とくに，$V = V'$ のとき線形写像 $f: V \to V$ を V の**線形変換**（または**1 次変換**）ともいう．

$f:\begin{pmatrix}x_1\\x_2\end{pmatrix}\to\begin{pmatrix}x_1+x_2\\x_1-x_2\end{pmatrix}$ で定まる写像 $f:\boldsymbol{R}^2\to\boldsymbol{R}^2$ は線形変換である．

線形写像 $f:V\to V'$ が全単射であるとき**同型写像**という．このとき V は V' に**同型**であるという．

> **定理 5.6**　線形写像 $f:V\to V'$ に対して
>
> （1）　W を V の部分空間とするとき，f による W の像
> $$f(W)=\{f(\boldsymbol{a})\mid\boldsymbol{a}\in W\}$$
> は V' の部分空間になる．
>
> （2）　W' を V' の部分空間とするとき，f による W' の逆像
> $$f^{-1}(W')=\{\boldsymbol{a}\mid f(\boldsymbol{a})\in W\}$$
> は V の部分空間になる．

$f(V)=\{f(\boldsymbol{a})\mid\boldsymbol{a}\in V\}=\mathrm{Im}\,f$ を f の**像**といい，$f^{-1}(\boldsymbol{0})=\{\boldsymbol{a}\in V\mid f(\boldsymbol{a})=\boldsymbol{0}\}=\mathrm{Ker}\,f$ を f の**核**という．また，$\mathrm{Im}\,f$ の次元 $\dim\mathrm{Im}\,f$ を $\mathrm{rank}\,f$ で表し，f の**階数**または**ランク**という．

f の像と核に関して

$$f\text{ は全射}\iff\mathrm{Im}\,f=V'$$
$$f\text{ は単射}\iff\mathrm{Ker}\,f=\{\boldsymbol{0}\}$$

が成り立つ．

> **定理 5.7**（次元定理）　V,V' を有限次元線形空間，$f:V\to V'$ を線形写像とするとき
> $$\dim V=\dim\mathrm{Im}\,f+\dim\mathrm{Ker}\,f$$

◆線形写像に対応する行列◆　$m\times n$ 行列 A に対して，$f(\boldsymbol{x})=A\boldsymbol{x}$ により線形写像 $f:\boldsymbol{R}^n\to\boldsymbol{R}^m$ が定まる．この f を**行列 A に対応する線形写像**という．

逆に，$f:\boldsymbol{R}^n\to\boldsymbol{R}^m$ を任意の線形写像とする．

$$f(\boldsymbol{e}_1)=\begin{pmatrix}a_{11}\\a_{21}\\\vdots\\a_{m1}\end{pmatrix},\quad f(\boldsymbol{e}_2)=\begin{pmatrix}a_{12}\\a_{22}\\\vdots\\a_{m2}\end{pmatrix},\quad \cdots,\quad f(\boldsymbol{e}_n)=\begin{pmatrix}a_{1n}\\a_{2n}\\\vdots\\a_{mn}\end{pmatrix}$$

とすれば，$m\times n$ 行列

$$A=\begin{pmatrix}a_{11} & a_{12} & \cdots & a_{1n}\\ a_{21} & a_{22} & \cdots & a_{2n}\\ & & \cdots\cdots & \\ a_{m1} & a_{m2} & \cdots & a_{mn}\end{pmatrix}$$

が得られる．このとき，$\boldsymbol{R}^n$ のベクトル $\boldsymbol{x}$ に対して $f(\boldsymbol{x})=A\boldsymbol{x}$ となる．この A を**線形写像 $\boldsymbol{f}$ に対応する行列**という．すなわち，

$m\times n$ 行列の全体からなる集合と，$\boldsymbol{R}^n$ から $\boldsymbol{R}^m$ への線形写像の全体からなる集合とは 1 対 1 に対応する．

線形写像 $f:\boldsymbol{R}^2\to\boldsymbol{R}^2$, $\begin{pmatrix}x_1\\x_2\end{pmatrix}\to\begin{pmatrix}x_1+x_2\\x_1-x_2\end{pmatrix}$ に対応する行列 A は $\begin{pmatrix}1 & 1\\1 & -1\end{pmatrix}$ である．

> **定理 5.8**　$m\times n$ 行列 A とその対応する線形写像 $f:\boldsymbol{R}^n\to\boldsymbol{R}^m$ に対して
>
> $$\mathrm{rank}\,A=\mathrm{rank}\,f$$

> **定理 5.9**　$\boldsymbol{R}^n$ の線形変換 f が同型写像になるための必要十分条件は，f に対応する行列 A が正則行列になることである．

◆ **表現行列** ◆　線形空間 V, V' のそれぞれの基底 $\{\boldsymbol{v}_1, \boldsymbol{v}_2, \cdots, \boldsymbol{v}_n\}, \{\boldsymbol{v}_1', \boldsymbol{v}_2', \cdots, \boldsymbol{v}_m'\}$ を 1 組ずつとる．このとき

線形写像 $f: V\to V'$ に対して

$$f(\boldsymbol{v}_1)=a_{11}\boldsymbol{v}_1'+a_{21}\boldsymbol{v}_2'+\cdots+a_{m1}\boldsymbol{v}_m'$$
$$f(\boldsymbol{v}_2)=a_{12}\boldsymbol{v}_1'+a_{22}\boldsymbol{v}_2'+\cdots+a_{m2}\boldsymbol{v}_m'$$

$$\cdots\cdots$$

$$f(\boldsymbol{v}_n) = a_{1n}\boldsymbol{v}_1' + a_{2n}\boldsymbol{v}_2' + \cdots + a_{mn}\boldsymbol{v}_m'$$

の係数のつくる $m \times n$ 行列

$$\begin{pmatrix} a_{11} & a_{12} & \cdots & a_{1n} \\ a_{21} & a_{22} & \cdots & a_{2n} \\ & & \cdots\cdots & \\ a_{m1} & a_{m2} & \cdots & a_{mn} \end{pmatrix}$$

を f の基底 $\{\boldsymbol{v}_1, \boldsymbol{v}_2, \cdots, \boldsymbol{v}_n\}, \{\boldsymbol{v}_1', \boldsymbol{v}_2', \cdots, \boldsymbol{v}_m'\}$ に関する**表現行列**という．

線形変換の場合は $m = n$，$\{\boldsymbol{v}_1, \boldsymbol{v}_2, \cdots, \boldsymbol{v}_n\} = \{\boldsymbol{v}_1', \boldsymbol{v}_2', \cdots, \boldsymbol{v}_n'\}$ とみなしたときに現れる正方行列

$$\begin{pmatrix} a_{11} & a_{12} & \cdots & a_{1n} \\ a_{21} & a_{22} & \cdots & a_{2n} \\ & & \cdots\cdots & \\ a_{n1} & a_{n2} & \cdots & a_{nn} \end{pmatrix}, \quad f(\boldsymbol{v}_j) = \sum_{i=1}^{n} a_{ij}\boldsymbol{v}_i \quad (j = 1, 2, \cdots, n)$$

を f の基底 $\{\boldsymbol{v}_1, \boldsymbol{v}_2, \cdots, \boldsymbol{v}_n\}$ に関する表現行列という．

定理 5.10　V の 2 組の基底 $\{\boldsymbol{v}_1, \boldsymbol{v}_2, \cdots, \boldsymbol{v}_n\}, \{\boldsymbol{u}_1, \boldsymbol{u}_2, \cdots, \boldsymbol{u}_n\}$ および V' の 2 組の基底 $\{\boldsymbol{v}_1', \boldsymbol{v}_2', \cdots, \boldsymbol{v}_m'\}, \{\boldsymbol{u}_1', \boldsymbol{u}_2', \cdots, \boldsymbol{u}_m'\}$ をとる．線形写像 $f: V \to V'$ の $\{\boldsymbol{v}_1, \boldsymbol{v}_2, \cdots, \boldsymbol{v}_n\}, \{\boldsymbol{v}_1', \boldsymbol{v}_2', \cdots, \boldsymbol{v}_m'\}$ に関する表現行列を A，$\{\boldsymbol{u}_1, \boldsymbol{u}_2, \cdots, \boldsymbol{u}_n\}$, $\{\boldsymbol{u}_1', \boldsymbol{u}_2', \cdots, \boldsymbol{u}_m'\}$ に関する表現行列を B とする．さらに，基底変換

$$\{\boldsymbol{v}_1, \boldsymbol{v}_2, \cdots, \boldsymbol{v}_n\} \longrightarrow \{\boldsymbol{u}_1, \boldsymbol{u}_2, \cdots, \boldsymbol{u}_n\},$$
$$\{\boldsymbol{v}_1', \boldsymbol{v}_2', \cdots, \boldsymbol{v}_m'\} \longrightarrow \{\boldsymbol{u}_1', \boldsymbol{u}_2', \cdots, \boldsymbol{u}_m'\}$$

の行列をそれぞれ P, Q とする．このとき，$B = Q^{-1}AP$．

定理 5.11　V の線形変換 f に対して，V の基底 $\{\boldsymbol{v}_1, \boldsymbol{v}_2, \cdots, \boldsymbol{v}_n\}$ に関する表現行列を A，別の基底 $\{\boldsymbol{u}_1, \boldsymbol{u}_2, \cdots, \boldsymbol{u}_n\}$ に関する表現行列を B とする．さらに，$\{\boldsymbol{v}_1, \boldsymbol{v}_2, \cdots, \boldsymbol{v}_n\}$ から $\{\boldsymbol{u}_1, \boldsymbol{u}_2, \cdots, \boldsymbol{u}_n\}$ への基底変換の行列を P とする．このとき，$B = P^{-1}AP$．

例題 5.7 次の写像 $f: \boldsymbol{R}^2 \to \boldsymbol{R}^3$ は線形写像になるか.

（1） $\begin{pmatrix} x_1 \\ x_2 \end{pmatrix} \longmapsto \begin{pmatrix} x_1+x_2 \\ x_1-x_2 \\ 2x_1 \end{pmatrix}$ 　　（2） $\begin{pmatrix} x_1 \\ x_2 \end{pmatrix} \longmapsto \begin{pmatrix} x_1+x_2+1 \\ x_1-x_2 \\ 2x_1 \end{pmatrix}$

解 （1） $\boldsymbol{R}^2$ のベクトル $\boldsymbol{x} = \begin{pmatrix} x_1 \\ x_2 \end{pmatrix}$, $\boldsymbol{y} = \begin{pmatrix} y_1 \\ y_2 \end{pmatrix}$ と実数 c をとれば

$$f(\boldsymbol{x}+\boldsymbol{y}) = f\left(\begin{pmatrix} x_1+y_1 \\ x_2+y_2 \end{pmatrix}\right) = \begin{pmatrix} (x_1+y_1)+(x_2+y_2) \\ (x_1+y_1)-(x_2+y_2) \\ 2(x_1+y_1) \end{pmatrix}$$

$$= \begin{pmatrix} x_1+x_2 \\ x_1-x_2 \\ 2x_1 \end{pmatrix} + \begin{pmatrix} y_1+y_2 \\ y_1-y_2 \\ 2y_1 \end{pmatrix} = f(\boldsymbol{x})+f(\boldsymbol{y}),$$

$$f(c\boldsymbol{x}) = f\left(\begin{pmatrix} cx_1 \\ cx_2 \end{pmatrix}\right) = \begin{pmatrix} cx_1+cx_2 \\ cx_1-cx_2 \\ 2cx_1 \end{pmatrix} = c\begin{pmatrix} x_1+x_2 \\ x_1-x_2 \\ 2x_1 \end{pmatrix} = cf(\boldsymbol{x}).$$

したがって，f は線形写像である.

（2） たとえば $\boldsymbol{x} = \begin{pmatrix} 1 \\ 1 \end{pmatrix}$, $\boldsymbol{y} = \begin{pmatrix} 2 \\ 2 \end{pmatrix}$ をとれば

$$f(\boldsymbol{x}) = \begin{pmatrix} 3 \\ 0 \\ 2 \end{pmatrix}, \quad f(\boldsymbol{y}) = \begin{pmatrix} 5 \\ 0 \\ 4 \end{pmatrix}, \quad f(\boldsymbol{x}+\boldsymbol{y}) = \begin{pmatrix} 7 \\ 0 \\ 6 \end{pmatrix}$$

となり，$f(\boldsymbol{x}+\boldsymbol{y}) = f(\boldsymbol{x})+f(\boldsymbol{y})$ は成り立たないから f は線形写像ではない.

注意 線形写像の定義（116 ページ）で $c = 0$ とおけば $f(\boldsymbol{0}) = \boldsymbol{0}$ が成り立つ.（2）では $f\left(\begin{pmatrix} 0 \\ 0 \end{pmatrix}\right) = \begin{pmatrix} 1 \\ 0 \\ 0 \end{pmatrix}$ であるから，このことからでも f は線形写像にならない.

一般に

$$\boldsymbol{R}^n \ni \begin{pmatrix} x_1 \\ x_2 \\ \vdots \\ x_n \end{pmatrix} \longmapsto \begin{pmatrix} a_{11}x_1+a_{12}x_2+\cdots+a_{1n}x_n \\ a_{21}x_1+a_{22}x_2+\cdots+a_{2n}x_n \\ \cdots\cdots \\ a_{m1}x_1+a_{m2}x_2+\cdots+a_{mn}x_n \end{pmatrix} \in \boldsymbol{R}^m$$

の形の写像は線形写像である.

例題 5.8 $\boldsymbol{R}^3$ の線形変換

$$f:\begin{pmatrix}x_1\\x_2\\x_3\end{pmatrix}\longmapsto\begin{pmatrix}x_1-2x_2+x_3\\3x_1+x_2+4x_3\\2x_1+3x_2+3x_3\end{pmatrix}$$

の像 $\mathrm{Im}\,f$ と核 $\mathrm{Ker}\,f$ のそれぞれの次元と 1 組の基底を求めよ．

解 $\mathrm{Ker}\,f$ は同次連立 1 次方程式

$$\begin{cases}x_1-2x_2+x_3=0\\3x_1+x_2+4x_3=0\\2x_1+3x_2+3x_3=0\end{cases}$$

の解の集合（解空間）である．

$$A=\begin{pmatrix}1&-2&1\\3&1&4\\2&3&3\end{pmatrix}\xrightarrow[\substack{②+①\times(-3)\\③+①\times(-2)}]{}\begin{pmatrix}1&-2&1\\0&7&1\\0&7&1\end{pmatrix}\xrightarrow[③+②\times(-1)]{}\begin{pmatrix}1&-2&1\\0&7&1\\0&0&0\end{pmatrix}$$

から

$$\begin{cases}x_1-2x_2+x_3=0\\7x_2+x_3=0\end{cases}$$

これを解けば $\begin{pmatrix}x_1\\x_2\\x_3\end{pmatrix}=\begin{pmatrix}9\\1\\-7\end{pmatrix}c$ であるから，$\mathrm{Ker}\,f$ の基底として $\left\{\begin{pmatrix}9\\1\\-7\end{pmatrix}\right\}$ がとれて，$\dim\mathrm{Ker}\,f=1$．

また，$\mathrm{Im}\,f=\left\{\begin{pmatrix}1\\3\\2\end{pmatrix}x_1+\begin{pmatrix}-2\\1\\3\end{pmatrix}x_2+\begin{pmatrix}1\\4\\3\end{pmatrix}x_3\,\middle|\,x_1,x_2,x_3\in\boldsymbol{R}\right\}$ であって，$\dim\mathrm{Im}\,f=\dim\boldsymbol{R}^3-\dim\mathrm{Ker}\,f=3-1=2$ である．$\dfrac{9}{7}\begin{pmatrix}1\\3\\2\end{pmatrix}+\dfrac{1}{7}\begin{pmatrix}-2\\1\\3\end{pmatrix}=\begin{pmatrix}1\\4\\3\end{pmatrix}$ であるから，

$\mathrm{Im}\,f$ の基底として $\left\{\begin{pmatrix}1\\3\\2\end{pmatrix},\begin{pmatrix}-2\\1\\3\end{pmatrix}\right\}$ がとれる．

例題 5.9　線形変換 $f: \boldsymbol{R}^3 \to \boldsymbol{R}^3$ が

$$f\left(\begin{pmatrix} 1 \\ 1 \\ -1 \end{pmatrix}\right) = \begin{pmatrix} 2 \\ -3 \\ 1 \end{pmatrix}, \quad f\left(\begin{pmatrix} 2 \\ -1 \\ 0 \end{pmatrix}\right) = \begin{pmatrix} -1 \\ 1 \\ 4 \end{pmatrix}, \quad f\left(\begin{pmatrix} 0 \\ 1 \\ 1 \end{pmatrix}\right) = \begin{pmatrix} 5 \\ 1 \\ 1 \end{pmatrix}$$

を満たすとき

（1）　$\boldsymbol{R}^3$ の基本ベクトルの像 $f(\boldsymbol{e}_1), f(\boldsymbol{e}_2), f(\boldsymbol{e}_3)$ を求めよ.

（2）　$f(\boldsymbol{x}) = A\boldsymbol{x}$ となる行列 A を求めよ.

解　（1）

$$f\left(\begin{pmatrix} 1 \\ 1 \\ -1 \end{pmatrix}\right) = f(\boldsymbol{e}_1+\boldsymbol{e}_2-\boldsymbol{e}_3) = f(\boldsymbol{e}_1)+f(\boldsymbol{e}_2)-f(\boldsymbol{e}_3) = \begin{pmatrix} 2 \\ -3 \\ 1 \end{pmatrix},$$

$$f\left(\begin{pmatrix} 2 \\ -1 \\ 0 \end{pmatrix}\right) = f(2\boldsymbol{e}_1-\boldsymbol{e}_2) = 2f(\boldsymbol{e}_1)-f(\boldsymbol{e}_2) = \begin{pmatrix} -1 \\ 1 \\ 4 \end{pmatrix},$$

$$f\left(\begin{pmatrix} 0 \\ 1 \\ 1 \end{pmatrix}\right) = f(\boldsymbol{e}_2+\boldsymbol{e}_3) = f(\boldsymbol{e}_2)+f(\boldsymbol{e}_3) = \begin{pmatrix} 5 \\ 1 \\ 1 \end{pmatrix}.$$

したがって

$$f(\boldsymbol{e}_1) = \begin{pmatrix} 1 \\ 0 \\ 2 \end{pmatrix}, \quad f(\boldsymbol{e}_2) = \begin{pmatrix} 3 \\ -1 \\ 0 \end{pmatrix}, \quad f(\boldsymbol{e}_3) = \begin{pmatrix} 2 \\ 2 \\ 1 \end{pmatrix}.$$

（2）　$\boldsymbol{R}^3$ の任意のベクトル $\boldsymbol{x} = \begin{pmatrix} x_1 \\ x_2 \\ x_3 \end{pmatrix} = x_1\boldsymbol{e}_1+x_2\boldsymbol{e}_2+x_3\boldsymbol{e}_3$ をとれば

$$\begin{aligned} f(\boldsymbol{x}) &= f(x_1\boldsymbol{e}_1+x_2\boldsymbol{e}_2+x_3\boldsymbol{e}_3) = x_1f(\boldsymbol{e}_1)+x_2f(\boldsymbol{e}_2)+x_3f(\boldsymbol{e}_3) \\ &= (f(\boldsymbol{e}_1) \quad f(\boldsymbol{e}_2) \quad f(\boldsymbol{e}_3))\begin{pmatrix} x_1 \\ x_2 \\ x_3 \end{pmatrix} = \begin{pmatrix} 1 & 3 & 2 \\ 0 & -1 & 2 \\ 2 & 0 & 1 \end{pmatrix}\begin{pmatrix} x_1 \\ x_2 \\ x_3 \end{pmatrix}. \end{aligned}$$

したがって

$$A = \begin{pmatrix} 1 & 3 & 2 \\ 0 & -1 & 2 \\ 2 & 0 & 1 \end{pmatrix}.$$

例題 5.10 線形写像 $f: \boldsymbol{R}^3 \to \boldsymbol{R}^2$, $\begin{pmatrix} x_1 \\ x_2 \\ x_3 \end{pmatrix} \longmapsto \begin{pmatrix} x_1+2x_2-x_3 \\ 3x_1-x_2+4x_3 \end{pmatrix}$ の次の基底に関する表現行列 A を求めよ．

$$\left\{\begin{pmatrix} 1 \\ 1 \\ 0 \end{pmatrix}, \begin{pmatrix} 1 \\ 2 \\ -1 \end{pmatrix}, \begin{pmatrix} 3 \\ -1 \\ 2 \end{pmatrix}\right\}, \quad \left\{\begin{pmatrix} 5 \\ 2 \end{pmatrix}, \begin{pmatrix} 3 \\ 1 \end{pmatrix}\right\}.$$

解 f の定義より

$$f\left(\begin{pmatrix} 1 \\ 1 \\ 0 \end{pmatrix}\right) = \begin{pmatrix} 3 \\ 2 \end{pmatrix}, \quad f\left(\begin{pmatrix} 1 \\ 2 \\ -1 \end{pmatrix}\right) = \begin{pmatrix} 6 \\ -3 \end{pmatrix}, \quad f\left(\begin{pmatrix} 3 \\ -1 \\ 2 \end{pmatrix}\right) = \begin{pmatrix} -1 \\ 18 \end{pmatrix}$$

となる．表現行列は

$$a_{11}\begin{pmatrix} 5 \\ 2 \end{pmatrix} + a_{21}\begin{pmatrix} 3 \\ 1 \end{pmatrix} = \begin{pmatrix} 3 \\ 2 \end{pmatrix}, \quad a_{12}\begin{pmatrix} 5 \\ 2 \end{pmatrix} + a_{22}\begin{pmatrix} 3 \\ 1 \end{pmatrix} = \begin{pmatrix} 6 \\ -3 \end{pmatrix},$$

$$a_{13}\begin{pmatrix} 5 \\ 2 \end{pmatrix} + a_{23}\begin{pmatrix} 3 \\ 1 \end{pmatrix} = \begin{pmatrix} -1 \\ 18 \end{pmatrix}$$

すなわち

$$\begin{cases} 5a_{11}+3a_{21} = 3 \\ 2a_{11}+\ \ a_{21} = 2 \end{cases}, \quad \begin{cases} 5a_{12}+3a_{22} = 6 \\ 2a_{12}+\ \ a_{22} = -3 \end{cases}, \quad \begin{cases} 5a_{13}+3a_{23} = -1 \\ 2a_{13}+\ \ a_{23} = 18 \end{cases}$$

を解いて $A = \begin{pmatrix} 3 & -15 & 55 \\ -4 & 27 & -92 \end{pmatrix}$．

別解 $\boldsymbol{R}^3$ の基底 $\left\{\begin{pmatrix} 1 \\ 0 \\ 0 \end{pmatrix}, \begin{pmatrix} 0 \\ 1 \\ 0 \end{pmatrix}, \begin{pmatrix} 0 \\ 0 \\ 1 \end{pmatrix}\right\}$ から $\left\{\begin{pmatrix} 1 \\ 1 \\ 0 \end{pmatrix}, \begin{pmatrix} 1 \\ 2 \\ -1 \end{pmatrix}, \begin{pmatrix} 3 \\ -1 \\ 2 \end{pmatrix}\right\}$ への基底変換の行列は $\begin{pmatrix} 1 & 1 & 3 \\ 1 & 2 & -1 \\ 0 & -1 & 2 \end{pmatrix}$，$\boldsymbol{R}^2$ の基底 $\left\{\begin{pmatrix} 1 \\ 0 \end{pmatrix}, \begin{pmatrix} 0 \\ 1 \end{pmatrix}\right\}$ から $\left\{\begin{pmatrix} 5 \\ 2 \end{pmatrix}, \begin{pmatrix} 3 \\ 1 \end{pmatrix}\right\}$ への基底変換の行列は $\begin{pmatrix} 5 & 3 \\ 2 & 1 \end{pmatrix}$ であるから，定理 5.10 を用いれば

$$\begin{pmatrix} 5 & 3 \\ 2 & 1 \end{pmatrix}^{-1} \begin{pmatrix} 1 & 2 & -1 \\ 3 & -1 & 4 \end{pmatrix} \begin{pmatrix} 1 & 1 & 3 \\ 1 & 2 & -1 \\ 0 & -1 & 2 \end{pmatrix} = \begin{pmatrix} 3 & -15 & 55 \\ -4 & 27 & -92 \end{pmatrix}.$$

例題 5.11 2次以下の多項式のつくる線形空間 $P(2)$ において

(1) $\{1, x-1, (x-1)^2\}$ は $P(2)$ の基底になることを示せ．

(2) 基底 $\{1, x, x^2\}$ から基底 $\{1, x-1, (x-1)^2\}$ への基底変換の行列 P を求めよ．

(3) $P(2)$ の線形変換 $F: f(x) \longmapsto xf'(x-1)$ の，基底 $\{1, x, x^2\}$ に関する表現行列 A と基底 $\{1, x-1, (x-1)^2\}$ に関する表現行列 B を求めて，$P^{-1}AP = B$ が成り立つことを確かめよ．

解 (1) $ax^2+bx+c = (a+b+c)1+(2a+b)(x-1)+a(x-1)^2$ より，任意の2次多項式 ax^2+bx+c は $1, x-1, (x-1)^2$ の1次結合で表される．また，$c_1+c_2(x-1)+c_3(x-1)^2 = 0$ とすれば x に $0, 1, 2$ を代入することにより，$c_1 = c_2 = c_3 = 0$ となり $1, x-1, (x-1)^2$ は1次独立である．したがって，$\{1, x-1, (x-1)^2\}$ は $P(2)$ の基底である．

(2) $\begin{cases} 1 = 1\cdot 1+0x+0x^2 \\ x-1 = (-1)\cdot 1+1x+0x^2 \\ (x-1)^2 = 1\cdot 1+(-2)x+1x^2 \end{cases}$ から $P = \begin{pmatrix} 1 & -1 & 1 \\ 0 & 1 & -2 \\ 0 & 0 & 1 \end{pmatrix}$.

(3) $\begin{cases} F(1) = 0 = 0\cdot 1+0x+0x^2 \\ F(x) = x = 0\cdot 1+1x+0x^2 \\ F(x^2) = 2x^2-2x = 0\cdot 1+(-2)x+2x^2 \end{cases}$

$\begin{cases} F(1) = 0 = 0\cdot 1+0(x-1)+0(x-1)^2 \\ F(x-1) = x = 1\cdot 1+1(x-1)+0(x-1)^2 \\ F((x-1)^2) = 2x^2-4x = (-2)\cdot 1+0(x-1)+2(x-1)^2 \end{cases}$

から，$A = \begin{pmatrix} 0 & 0 & 0 \\ 0 & 1 & -2 \\ 0 & 0 & 2 \end{pmatrix}$，$B = \begin{pmatrix} 0 & 1 & -2 \\ 0 & 1 & 0 \\ 0 & 0 & 2 \end{pmatrix}$.

このとき

$$P^{-1}AP = \begin{pmatrix} 1 & -1 & 1 \\ 0 & 1 & -2 \\ 0 & 0 & 1 \end{pmatrix}^{-1} \begin{pmatrix} 0 & 0 & 0 \\ 0 & 1 & -2 \\ 0 & 0 & 2 \end{pmatrix} \begin{pmatrix} 1 & -1 & 1 \\ 0 & 1 & -2 \\ 0 & 0 & 1 \end{pmatrix}$$

$$= \begin{pmatrix} 1 & 1 & 1 \\ 0 & 1 & 2 \\ 0 & 0 & 1 \end{pmatrix} \begin{pmatrix} 0 & 0 & 0 \\ 0 & 1 & -2 \\ 0 & 0 & 2 \end{pmatrix} \begin{pmatrix} 1 & -1 & 1 \\ 0 & 1 & -2 \\ 0 & 0 & 1 \end{pmatrix} = \begin{pmatrix} 0 & 1 & -2 \\ 0 & 1 & 0 \\ 0 & 0 & 2 \end{pmatrix} = B$$

が成り立つ．

練習問題5

[A]

1. 線形空間 V の任意のベクトル $\boldsymbol{a}$ と実数 c に対して，次を示せ．

（1） $0\boldsymbol{a}=\boldsymbol{0}$ （2） $c\boldsymbol{0}=\boldsymbol{0}$ （3） $(-1)\boldsymbol{a}=-\boldsymbol{a}$

2. 次の集合 W は線形空間になるか．

（1） $W=\{A\mid A$ は2次の正則行列$\}$

（2） $W=\{A\mid A$ は2次の対角行列$\}$

3. 次の集合は $\boldsymbol{R}^3$ の部分空間になるかどうかを調べよ．

（1） $\left\{\begin{pmatrix}x_1\\x_2\\x_3\end{pmatrix}\middle|\, x_1=0\right\}$ （2） $\left\{\begin{pmatrix}x_1\\x_2\\x_3\end{pmatrix}\middle|\, {x_1}^2+{x_2}^2=0\right\}$

（3） $\left\{\begin{pmatrix}x_1\\x_2\\x_3\end{pmatrix}\middle|\, x_1\neq x_2\right\}$ （4） $\left\{\begin{pmatrix}x_1\\x_2\\x_3\end{pmatrix}\middle|\, x_1, x_2, x_3 \text{ は整数}\right\}$

4. $I=[-1,1]$ で連続な関数全体のつくる線形空間 $C(I)$ において，次の条件を満たす関数 $f(x)$ 全体からなる集合は $C(I)$ の部分空間になるか．

（1） $f(x)$ は区間 $(-1,1)$ で微分可能 （2） $f'(1)=0$

（3） $f(x)\geqq 0$ （4） $\displaystyle\int_0^1 f(x)\,dx=0$ （5） $f(x)=f(-x)$

5. 線形空間 V の部分空間 W_1, W_2 に対して，$W_1\cap W_2$ と W_1+W_2 はともに V の部分空間になることを示せ．また，$W_1\cup W_2$ は部分空間になるか．

6. （1） $\boldsymbol{R}^3$ のベクトル $\boldsymbol{x}=\begin{pmatrix}5\\4\\-4\end{pmatrix}$ を $\boldsymbol{a}=\begin{pmatrix}1\\-3\\2\end{pmatrix}$，$\boldsymbol{b}=\begin{pmatrix}0\\2\\-1\end{pmatrix}$，$\boldsymbol{c}=\begin{pmatrix}3\\5\\-4\end{pmatrix}$ の1次結合で表せ．

（2） 行列 $X=\begin{pmatrix}8&-7\\-1&5\end{pmatrix}$ を $A=\begin{pmatrix}-1&2\\4&0\end{pmatrix}$，$B=\begin{pmatrix}1&-3\\5&1\end{pmatrix}$，$C=\begin{pmatrix}3&6\\-8&2\end{pmatrix}$ の1次結合で表せ．

7. 次のベクトルは1次独立になるかどうかを判定せよ．

（1） $\begin{pmatrix}2\\-1\end{pmatrix},\begin{pmatrix}-1\\2\end{pmatrix}$ （2） $\begin{pmatrix}1\\5\end{pmatrix},\begin{pmatrix}-2\\1\end{pmatrix},\begin{pmatrix}3\\2\end{pmatrix}$

（3） $\begin{pmatrix}1\\2\\3\end{pmatrix},\begin{pmatrix}4\\5\\6\end{pmatrix},\begin{pmatrix}7\\8\\9\end{pmatrix}$ （4） $\begin{pmatrix}1\\i\\-i\end{pmatrix},\begin{pmatrix}0\\2\\1+i\end{pmatrix},\begin{pmatrix}i\\2-i\\3\end{pmatrix}$

（5） $\begin{pmatrix}1\\1\\1\\a\end{pmatrix}, \begin{pmatrix}1\\1\\a\\1\end{pmatrix}, \begin{pmatrix}1\\a\\1\\1\end{pmatrix}$ （6） $\begin{pmatrix}1\\8\\9\\16\end{pmatrix}, \begin{pmatrix}2\\7\\10\\15\end{pmatrix}, \begin{pmatrix}3\\6\\11\\14\end{pmatrix}, \begin{pmatrix}4\\5\\12\\13\end{pmatrix}$

8. （1） $\boldsymbol{R}^3$ のベクトル $\begin{pmatrix}2\\1\\a\end{pmatrix}, \begin{pmatrix}1\\a\\2\end{pmatrix}, \begin{pmatrix}a\\1\\2\end{pmatrix}$ が1次従属になるように a の値を定めよ．

（2） $\boldsymbol{C}^3$ のベクトル $\begin{pmatrix}a\\2\\-1\end{pmatrix}, \begin{pmatrix}3\\a\\2\end{pmatrix}, \begin{pmatrix}2\\0\\1\end{pmatrix}$ が1次従属になるように a の値を定めよ．

9. 次のベクトルはこれらを含む線形空間において1次独立になることを示せ．

（1） $\begin{pmatrix}0 & 1\\1 & 1\end{pmatrix}, \begin{pmatrix}1 & 0\\1 & 1\end{pmatrix}, \begin{pmatrix}1 & 1\\1 & 1\end{pmatrix}$ （2） $x, \sin x, \cos x$

（3） $1, e^x, xe^x$ （4） $1+x, 2+x-x^2, 3x+2x^2$

10. 線形空間の $\boldsymbol{0}$ でないベクトル $\boldsymbol{a}, \boldsymbol{b}, \boldsymbol{c}$ について，次を示せ．

（1） $\boldsymbol{a}, \boldsymbol{b}$ が1次独立，$\boldsymbol{b}, \boldsymbol{c}$ が1次従属ならば，$\boldsymbol{a}, \boldsymbol{c}$ も1次独立になる．

（2） $\boldsymbol{a}, \boldsymbol{b}, \boldsymbol{c}$ が1次独立であるとき，$\boldsymbol{a}-2\boldsymbol{b}, 3\boldsymbol{b}+\boldsymbol{c}, \boldsymbol{c}+4\boldsymbol{a}$ も1次独立になる．

（3） $\boldsymbol{a}, \boldsymbol{b}, \boldsymbol{c}$ が1次独立のとき，$2\boldsymbol{a}-\boldsymbol{b}+\boldsymbol{c}, \boldsymbol{a}+2\boldsymbol{b}-\boldsymbol{c}, -\boldsymbol{a}+\boldsymbol{b}+2\boldsymbol{c}$ も1次独立になる．

11. $\boldsymbol{R}^4$ のベクトル $\boldsymbol{a}_1 = \begin{pmatrix}1\\2\\3\\4\end{pmatrix}$，$\boldsymbol{a}_2 = \begin{pmatrix}0\\1\\-3\\1\end{pmatrix}$，$\boldsymbol{a}_3 = \begin{pmatrix}1\\5\\9\\2\end{pmatrix}$，$\boldsymbol{a}_4 = \begin{pmatrix}-1\\2\\0\\-5\end{pmatrix}$ に対して

（1） 1次独立になるベクトルの最大個数 r を求めよ．

（2） r 個の1次独立なベクトルを求め，他のベクトルをこれらの1次結合で表せ．

12. $\boldsymbol{R}^3$ のベクトル $\boldsymbol{a} = \begin{pmatrix}0\\2\\-1\end{pmatrix}$，$\boldsymbol{b} = \begin{pmatrix}2\\4\\5\end{pmatrix}$，$\boldsymbol{c} = \begin{pmatrix}1\\3\\2\end{pmatrix}$ は $\boldsymbol{R}^3$ を生成するか．また，$\boldsymbol{R}^3$ のベクトル $\boldsymbol{x}$ が $\langle \boldsymbol{a}, \boldsymbol{b}, \boldsymbol{c} \rangle$ に属するための $\boldsymbol{x}$ の成分に関する条件を求めよ．

13. $\boldsymbol{R}^3$ のベクトル $\boldsymbol{a} = \begin{pmatrix}5\\1\\3\end{pmatrix}$，$\boldsymbol{b} = \begin{pmatrix}3\\-4\\2\end{pmatrix}$ に対して，ベクトル $\boldsymbol{c}$ を選んで $\{\boldsymbol{a}, \boldsymbol{b}, \boldsymbol{c}\}$ が $\boldsymbol{R}^3$ の基底になるようにせよ．

14. 次のベクトルは $\boldsymbol{R}^3$ の基底になるか．

（1） $\begin{pmatrix} 1 \\ -2 \\ 1 \end{pmatrix}, \begin{pmatrix} 2 \\ 4 \\ 5 \end{pmatrix}$　　（2） $\begin{pmatrix} 0 \\ 1 \\ -1 \end{pmatrix}, \begin{pmatrix} 2 \\ 0 \\ 2 \end{pmatrix}, \begin{pmatrix} 1 \\ 1 \\ 1 \end{pmatrix}$

（3） $\begin{pmatrix} 1 \\ 3 \\ 5 \end{pmatrix}, \begin{pmatrix} 3 \\ 5 \\ 1 \end{pmatrix}, \begin{pmatrix} 5 \\ 1 \\ 3 \end{pmatrix}$　　（4） $\begin{pmatrix} 5 \\ 1 \\ 0 \end{pmatrix}, \begin{pmatrix} 0 \\ 1 \\ 1 \end{pmatrix}, \begin{pmatrix} 3 \\ 2 \\ 1 \end{pmatrix}, \begin{pmatrix} 2 \\ -1 \\ -1 \end{pmatrix}$

15. 次のベクトルが生成する部分空間の次元を求めよ

（1） $\begin{pmatrix} 1 \\ -3 \end{pmatrix}, \begin{pmatrix} -3 \\ 9 \end{pmatrix}$　　（2） $\begin{pmatrix} 6 \\ 1 \\ 3 \end{pmatrix}, \begin{pmatrix} -1 \\ 0 \\ 0 \end{pmatrix}, \begin{pmatrix} 2 \\ 1 \\ 3 \end{pmatrix}$

（3） $\begin{pmatrix} 1 \\ -1 \\ 0 \end{pmatrix}, \begin{pmatrix} 1 \\ 0 \\ -1 \end{pmatrix}, \begin{pmatrix} 0 \\ 1 \\ 1 \end{pmatrix}$　　（4） $\begin{pmatrix} i \\ 0 \\ i \end{pmatrix}, \begin{pmatrix} 0 \\ i \\ i \end{pmatrix}, \begin{pmatrix} i \\ i \\ 0 \end{pmatrix}, \begin{pmatrix} i \\ i \\ i \end{pmatrix}$

16. 次の部分空間の次元と基底を求めよ．

（1） $W = \left\{ \begin{pmatrix} x_1 \\ x_2 \\ x_3 \end{pmatrix} \middle| \, x_2 = 0 \right\}$　　（2） $W = \left\{ \begin{pmatrix} x_1 \\ x_2 \\ x_3 \end{pmatrix} \middle| \, \begin{matrix} x_1 + x_2 = 0 \\ x_2 + x_3 = 0 \end{matrix} \right\}$

（3） $W = \left\{ \begin{pmatrix} x_1 \\ x_2 \\ x_3 \\ x_4 \end{pmatrix} \middle| \, x_1 + x_2 = 0 \right\}$

（4） $\left\{ \begin{pmatrix} x_1 \\ x_2 \\ x_3 \\ x_4 \end{pmatrix} \middle| \, \begin{pmatrix} 1 & 1 & 1 & 1 \\ 2 & 3 & 4 & 5 \\ 3 & 4 & 5 & 6 \end{pmatrix} \begin{pmatrix} x_1 \\ x_2 \\ x_3 \\ x_4 \end{pmatrix} = \begin{pmatrix} 0 \\ 0 \\ 0 \\ 0 \end{pmatrix} \right\}$

17. $\boldsymbol{a}_1 = \begin{pmatrix} 1 \\ 0 \\ 2 \\ -1 \end{pmatrix}$, $\boldsymbol{a}_2 = \begin{pmatrix} 3 \\ 1 \\ 2 \\ -2 \end{pmatrix}$, $\boldsymbol{a}_3 = \begin{pmatrix} -4 \\ 1 \\ 1 \\ 5 \end{pmatrix}$, $\boldsymbol{a}_4 = \begin{pmatrix} 3 \\ 3 \\ 5 \\ 0 \end{pmatrix}$ で生成される $\boldsymbol{R}^4$ の部分空間の次元と基底を求めよ．

18. $\boldsymbol{R}^3$ のベクトル $\boldsymbol{a}_1 = \begin{pmatrix} 1 \\ 0 \\ 1 \end{pmatrix}$, $\boldsymbol{a}_2 = \begin{pmatrix} -1 \\ 1 \\ 0 \end{pmatrix}$, $\boldsymbol{a}_3 = \begin{pmatrix} 2 \\ 1 \\ 3 \end{pmatrix}$, $\boldsymbol{a}_4 = \begin{pmatrix} 0 \\ 5 \\ 2 \end{pmatrix}$, $\boldsymbol{a}_5 = \begin{pmatrix} 3 \\ 7 \\ 1 \end{pmatrix}$ に対して，$W_1 = \langle \boldsymbol{a}_1, \boldsymbol{a}_2, \boldsymbol{a}_3 \rangle$，$W_2 = \langle \boldsymbol{a}_4, \boldsymbol{a}_5 \rangle$ とおくとき $W_1 + W_2$ と $W_1 \cap W_2$ のそれぞれの次元および基底を求めよ．

19. 2 次の行列全体のつくる線形空間 $M(2)$ において

$$\begin{pmatrix}1 & 0\\0 & 0\end{pmatrix},\ \begin{pmatrix}0 & 1\\0 & 0\end{pmatrix},\ \begin{pmatrix}0 & 0\\1 & 0\end{pmatrix},\ \begin{pmatrix}0 & 0\\0 & 1\end{pmatrix}$$

は $M(2)$ の基底になることを示せ．

20. 次の行列と可換な行列の全体は線形空間になることを示し，その基底と次元を求めよ．

（1） $\begin{pmatrix}0 & 1 & 0\\0 & 0 & 1\\1 & 0 & 0\end{pmatrix}$ （2） $\begin{pmatrix}0 & 0 & 1\\0 & 1 & 0\\1 & 0 & 0\end{pmatrix}$

21. $\boldsymbol{R}^3$ の 3 組の基底 $\left\{\boldsymbol{u}_1=\begin{pmatrix}1\\1\\-1\end{pmatrix},\ \boldsymbol{u}_2=\begin{pmatrix}1\\1\\-2\end{pmatrix},\ \boldsymbol{u}_3=\begin{pmatrix}1\\0\\0\end{pmatrix}\right\}$, $\left\{\boldsymbol{v}_1=\begin{pmatrix}0\\-1\\1\end{pmatrix},\ \boldsymbol{v}_2=\begin{pmatrix}2\\-2\\1\end{pmatrix},\ \boldsymbol{v}_3=\begin{pmatrix}-1\\1\\0\end{pmatrix}\right\}$, $\left\{\boldsymbol{w}_1=\begin{pmatrix}2\\-2\\1\end{pmatrix},\ \boldsymbol{w}_2=\begin{pmatrix}2\\3\\1\end{pmatrix},\ \boldsymbol{w}_3=\begin{pmatrix}3\\1\\0\end{pmatrix}\right\}$ に対して，次の基底変換の行列を求めよ．また，これら 3 つの行列にはどんな関係があるか．

$$\{\boldsymbol{u}_1, \boldsymbol{u}_2, \boldsymbol{u}_3\}\xrightarrow{P}\{\boldsymbol{v}_1, \boldsymbol{v}_2, \boldsymbol{v}_3\},\quad \{\boldsymbol{v}_1, \boldsymbol{v}_2, \boldsymbol{v}_3\}\xrightarrow{Q}\{\boldsymbol{w}_1, \boldsymbol{w}_2, \boldsymbol{w}_3\},$$

$$\{\boldsymbol{u}_1, \boldsymbol{u}_2, \boldsymbol{u}_3\}\xrightarrow{R}\{\boldsymbol{w}_1, \boldsymbol{w}_2, \boldsymbol{w}_3\}$$

22. $\boldsymbol{R}^3=\langle \boldsymbol{a}, \boldsymbol{b}, \boldsymbol{c}\rangle$ のとき，次の基底変換の行列を求めよ．

（1） $\{\boldsymbol{a}, \boldsymbol{b}, \boldsymbol{c}\}\longrightarrow\{\boldsymbol{b}, \boldsymbol{c}, \boldsymbol{a}\}$

（2） $\{\boldsymbol{a}, \boldsymbol{b}, \boldsymbol{c}\}\longrightarrow\{2\boldsymbol{a}+\boldsymbol{b}+\boldsymbol{c}, \boldsymbol{a}+2\boldsymbol{b}+\boldsymbol{c}, \boldsymbol{a}+\boldsymbol{b}+2\boldsymbol{c}\}$

23. $\boldsymbol{R}^3$ のベクトル $\boldsymbol{a}$ に対して，次の写像は線形写像になるか．

（1） $f:\boldsymbol{R}^3\to\boldsymbol{R}^3,\ \boldsymbol{x}\longmapsto\boldsymbol{x}\times\boldsymbol{a}$

（2） $f:\boldsymbol{R}^3\to\boldsymbol{R},\ \boldsymbol{x}\longmapsto(\boldsymbol{x}, \boldsymbol{a})$

24. n 次実行列のつくる線形空間 $M(n)$ における次の写像 f は線形写像になるか．

（1） $f(A)=|A|$ （2） $f(A)=\mathrm{tr}\,A$

(3) $f(A)=a_{ij}$ （4） $f(A)={}^tA$

25. n 次以下の多項式 $p(x)$ のつくる線形空間 $P(n)$ での次の写像は線形写像になるか．

（1） $p(x)\longmapsto p(2x+1)$ （2） $p(x)\longmapsto p(x)+2x$

（3） $p(x)\longmapsto xp'(x)$ （4） $p(x)\longmapsto \int_0^x p(t)\,dt$

26. 次の行列に対応する線形写像 f の像と核のそれぞれの次元と 1 組の基底を求めよ．

（1） $\begin{pmatrix}1 & 2 & 3\\2 & 3 & 4\end{pmatrix}$ （2） $\begin{pmatrix}2 & 1\\1 & -2\\3 & 1\end{pmatrix}$ （3） $\begin{pmatrix}1 & -2 & 5 & 2\\2 & -3 & 9 & 7\\0 & 1 & -1 & 3\end{pmatrix}$

27. 2次の行列からなる線形空間 $M(2)$ において，$A=\begin{pmatrix}1 & 2\\ 3 & 1\end{pmatrix}$ とするとき，写像 f を

$$f: M(2) \to M(2), \quad X \longmapsto AX - XA$$

で定義する．このとき，f は $M(2)$ の線形変換になることを示し，$\mathrm{Ker}\, f$ の次元と基底を求めよ．

28. $f: \boldsymbol{R}^3 \to \boldsymbol{R}^3$, $\begin{pmatrix}x_1\\ x_2\\ x_3\end{pmatrix} \longmapsto \begin{pmatrix}x_1+x_2\\ x_2+x_3\\ x_1+x_3\end{pmatrix}$ は同型写像であることを示せ．また，f の逆写像に対応する行列を求めよ．

29. (1) $\boldsymbol{R}^3$ の線形変換 f が $f\left(\begin{pmatrix}1\\ 1\\ 2\end{pmatrix}\right)=\begin{pmatrix}5\\ 6\\ 0\end{pmatrix}$, $f\left(\begin{pmatrix}1\\ -2\\ 3\end{pmatrix}\right)=\begin{pmatrix}5\\ -2\\ -7\end{pmatrix}$, $f\left(\begin{pmatrix}1\\ 3\\ -4\end{pmatrix}\right)=\begin{pmatrix}-11\\ 6\\ 10\end{pmatrix}$ を満たすとき，$f(\boldsymbol{e}_1), f(\boldsymbol{e}_2), f(\boldsymbol{e}_3)$ を求めよ．さらに，f に対応する行列も求めよ．

(2) $\boldsymbol{C}^3$ の線形変換 f が $f\left(\begin{pmatrix}1\\ i\\ 0\end{pmatrix}\right)=\begin{pmatrix}0\\ 1\\ 0\end{pmatrix}$, $f\left(\begin{pmatrix}0\\ 1\\ i\end{pmatrix}\right)=\begin{pmatrix}0\\ 2i\\ 0\end{pmatrix}$, $f\left(\begin{pmatrix}1\\ 0\\ -1\end{pmatrix}\right)=\begin{pmatrix}1\\ -1\\ -2i\end{pmatrix}$ を満たすとき，f に対応する行列を求めよ．

30. 次の行列に対応する写像は単射になるか全射になるかを調べよ．

(1) $(1\ \ 2\ \ 3)$ (2) $\begin{pmatrix}1 & 2\\ 2 & 4\end{pmatrix}$ (3) $\begin{pmatrix}2 & 1\\ -1 & 1\\ 3 & 2\end{pmatrix}$

31. 線形写像 $f: \boldsymbol{R}^m \to \boldsymbol{R}^l$, $g: \boldsymbol{R}^n \to \boldsymbol{R}^m$ に対応する行列をそれぞれ A, B とするとき，合成写像 $f\cdot g: \boldsymbol{R}^n \to \boldsymbol{R}^l$ も線形写像であって，その対応する行列は AB になることを示せ．

32. $\boldsymbol{R}^n$ から $\boldsymbol{R}^m$ への2つの線形写像 f, g に対応する行列をそれぞれ A, B とする．

$$(f+g)(\boldsymbol{x}) = f(\boldsymbol{x})+g(\boldsymbol{x}), \quad (cf)(\boldsymbol{x}) = cf(\boldsymbol{x})$$

で $\boldsymbol{R}^n$ から $\boldsymbol{R}^m$ への写像 $f+g, cf$ を定義すれば，$f+g, cf$ は線形写像になることを示せ．また，$f+g, cf$ に対応する行列はそれぞれ $A+B, cA$ になることを示せ．

33. 次の線形写像の与えられた基底に関する表現行列を求めよ．

（1） $f: \boldsymbol{R}^2 \to \boldsymbol{R}^3$, $\begin{pmatrix} x_1 \\ x_2 \end{pmatrix} \longrightarrow \begin{pmatrix} x_1+2x_2 \\ -x_1+3x_2 \\ 3x_1-x_2 \end{pmatrix}$

$\left\{\begin{pmatrix} -1 \\ 2 \end{pmatrix}, \begin{pmatrix} 3 \\ 4 \end{pmatrix}\right\}$, $\left\{\begin{pmatrix} -2 \\ 0 \\ 1 \end{pmatrix}, \begin{pmatrix} 1 \\ 1 \\ -3 \end{pmatrix}, \begin{pmatrix} 0 \\ -1 \\ 3 \end{pmatrix}\right\}$

（2） $f: \boldsymbol{R}^4 \to \boldsymbol{R}^2$, $\begin{pmatrix} x_1 \\ x_2 \\ x_3 \\ x_4 \end{pmatrix} \longrightarrow \begin{pmatrix} x_1+x_2+x_3+x_4 \\ x_2-3x_3-2x_4 \end{pmatrix}$

$\left\{\begin{pmatrix} 1 \\ 1 \\ 0 \\ 0 \end{pmatrix}, \begin{pmatrix} 1 \\ 0 \\ 1 \\ 0 \end{pmatrix}, \begin{pmatrix} 1 \\ 0 \\ 0 \\ 1 \end{pmatrix}, \begin{pmatrix} 0 \\ 1 \\ 1 \\ 0 \end{pmatrix}\right\}$, $\left\{\begin{pmatrix} 5 \\ -3 \end{pmatrix}, \begin{pmatrix} 3 \\ -2 \end{pmatrix}\right\}$

34. $\begin{pmatrix} 1 & 0 & 3 \\ 2 & 1 & 5 \\ -1 & 4 & -2 \end{pmatrix}$ に対応する線形変換 $f: \boldsymbol{R}^3 \to \boldsymbol{R}^3$ の次の基底に関する表現行列を求めよ.

（1） $\left\{\begin{pmatrix} 1 \\ 1 \\ 0 \end{pmatrix}, \begin{pmatrix} 2 \\ 0 \\ 1 \end{pmatrix}, \begin{pmatrix} 3 \\ -1 \\ 1 \end{pmatrix}\right\}$ （2） $\left\{\begin{pmatrix} 4 \\ 2 \\ 0 \end{pmatrix}, \begin{pmatrix} 3 \\ -1 \\ 1 \end{pmatrix}, \begin{pmatrix} 3 \\ 5 \\ -1 \end{pmatrix}\right\}$

35. $\boldsymbol{R}^3$ の線形変換 f の基底 $\{\boldsymbol{a}_1, \boldsymbol{a}_2, \boldsymbol{a}_3\}$ に関する表現行列を

$A = \begin{pmatrix} 1 & 5 & 3 \\ 2 & -1 & 3 \\ -1 & 4 & -2 \end{pmatrix}$ とする．このとき，f の基底 $\{\boldsymbol{a}_1+\boldsymbol{a}_2, \boldsymbol{a}_2+\boldsymbol{a}_3, \boldsymbol{a}_3+\boldsymbol{a}_1\}$ に関する表現行列を求めよ.

36. 3次以下の多項式全体からなる線形空間 $P(3)$ の線形変換 T を

$$T: f(x) \longmapsto 4f(x) - f'(1)x$$

で定めるとき，T の基底 $\{1, x, x^2, x^3\}$ に関する表現行列を求めよ.

[B]

1. A, B を n 次正方行列とするとき，$AX = XB$ を満たす X の全体は n 次正方行列全体からなる線形空間の部分空間になることを示せ.

2. n 次以下の多項式全体のつくる線形空間 $P(n)$ と $m \times n$ 行列全体のつくる線形空間 $M(m, n)$ のそれぞれの次元と1組の基底を求めよ.

3. n 次実行列のつくる線形空間 $M(n)$ において，次の各部分集合は $M(n)$ の部分空間になるか.

（1） $W = \{A \mid A$ は上3角行列$\}$ （2） $W = \{A \mid |A| = 0\}$

（3） $W=\{A \mid A^2=E\}$ （4） $W=\{A \mid \mathrm{tr}\,A=0\}$

4. 3次以下の多項式全体のつくる線形空間 $P(3)$ で，次の条件を満たす多項式 $p(x)$ 全体からなる集合 W は $P(3)$ の部分空間になるか．なるときは W の次元と基底を求めよ．

（1） $p(1)=p(-1)=0$ （2） $p(0)=0$，$p(1)=1$

（3） $p'(1)=1$ （4） $p'(2)=p(1)=0$

5. ベクトル $\boldsymbol{a}_1, \boldsymbol{a}_2, \cdots, \boldsymbol{a}_n$ が1次独立のとき，次のベクトルは1次独立になるか．

（1） $\boldsymbol{a}_1$，$\boldsymbol{a}_1+\boldsymbol{a}_2$，$\cdots$，$\boldsymbol{a}_1+\boldsymbol{a}_2+\cdots+\boldsymbol{a}_n$

（2） $\boldsymbol{a}_1-\boldsymbol{a}_2$，$\boldsymbol{a}_2-\boldsymbol{a}_3$，$\cdots$，$\boldsymbol{a}_n-\boldsymbol{a}_1$

（3） $\boldsymbol{a}_1+\boldsymbol{a}_2$，$\boldsymbol{a}_2+\boldsymbol{a}_3$，$\cdots$，$\boldsymbol{a}_n+\boldsymbol{a}_1$

6. $f: V \to V'$ が線形写像のとき，V のベクトル $\boldsymbol{a}_1, \boldsymbol{a}_2, \cdots, \boldsymbol{a}_n$ に対して次を示せ．

（1） $f(\boldsymbol{a}_1), f(\boldsymbol{a}_2), \cdots, f(\boldsymbol{a}_n)$ が1次独立であれば，$\boldsymbol{a}_1, \boldsymbol{a}_2, \cdots, \boldsymbol{a}_n$ が1次独立になる．

（2） $\boldsymbol{a}_1, \boldsymbol{a}_2, \cdots, \boldsymbol{a}_n$ が1次独立で f が単射であれば，$f(\boldsymbol{a}_1), (\boldsymbol{a}_2), \cdots, f(\boldsymbol{a}_n)$ は1次独立になる．

7. 実数列 $\{a_n\}$ $(n \geqq 0)$ の全体からなる集合 V は線形空間になることを示せ．また，$W=\{\{a_n\} \mid a_{n+2}=a_{n+1}+2a_n,\ n=1,2,\cdots\}$ は V の部分空間になることを示して W の次元を求めよ．

8. 線形空間 V とその部分空間 W_1, W_2 に対して，V の任意のベクトル $\boldsymbol{a}$ が

$$\boldsymbol{a}=\boldsymbol{a}_1+\boldsymbol{a}_2 \quad (\boldsymbol{a}_1 \in W_1,\ \boldsymbol{a}_2 \in W_2)$$

と一意的に表されるとき，V は W_1 と W_2 の**直和**であるといい，$V=W_1 \oplus W_2$ と書く．このとき，次を示せ．

（1） $V=W_1 \oplus W_2 \iff V=W_1+W_2$，$W_1 \cap W_2=\{\boldsymbol{0}\}$

（2） V が有限次元で $V=W_1 \oplus W_2$ のとき，$\dim V=\dim W_1+\dim W_2$

9. n 次実行列のつくる線形空間 $M(n)$ の部分集合

$$S=\{A \mid A \text{ は対称行列}\}, \quad T=\{A \mid A \text{ は交代行列}\}$$

に対して

（1） S, T は $M(n)$ の部分空間になることを示し，それぞれの次元と基底を求めよ．

（2） $M(n)=S \oplus T$ を示せ．

10. n 次正方行列 A が $A^2=A$ を満たすとき（この A を**べき等行列**という），A に対応する $\boldsymbol{R}^n$ の線形変換 f に対して次が成り立つことを示せ．

（1） $\mathrm{Im}\,f=\{\boldsymbol{x} \in \boldsymbol{R}^n \mid A\boldsymbol{x}=\boldsymbol{x}\}$，$\mathrm{Ker}\,f=\{\boldsymbol{x}-A\boldsymbol{x} \mid \boldsymbol{x} \in \boldsymbol{R}^n\}$

（2） $\boldsymbol{R}^n=\mathrm{Im}\,f \oplus \mathrm{Ker}\,f$

11. $V=W_1 \oplus W_2$ のとき，$\boldsymbol{x}=\boldsymbol{x}_1+\boldsymbol{x}_2$ として $p_i(\boldsymbol{x})=\boldsymbol{x}_i$ で定まる写像 $p_i: V \to W_i$ $(i=1,2)$ について，次を示せ．

（1） p_i は $p_i \cdot p_i=p_i$ $(i=1,2)$ を満たす線形写像である．

（2） $p_1+p_2=1$（$=$ 恒等写像）

12. A を n 次正方行列，f を A に対応する $\boldsymbol{R}^n$ の線形変換とするとき，次を示せ．

（1） $A^2 = O \iff \mathrm{Im}\, f \subset \mathrm{Ker}\, f$

（2） $A^2 = O$ のとき，$\mathrm{rank}\, A \leqq \dfrac{n}{2}$

13. 行列に対応する線形写像を考察することで，次を示せ．

（1） A, B が $m \times n$ 行列のとき

$$\mathrm{rank}\,(A+B) \leqq \mathrm{rank}\, A + \mathrm{rank}\, B$$

（2） A が $l \times m$ 行列，B が $m \times n$ 行列のとき

$$\mathrm{rank}\, AB \leqq \mathrm{rank}\, A, \quad \mathrm{rank}\, AB \leqq \mathrm{rank}\, B,$$
$$\mathrm{rank}\, A + \mathrm{rank}\, B - m \leqq \mathrm{rank}\,(AB)$$

（3） A が $m \times n$ 行列，P が m 次正則行列，Q が n 次正則行列のとき

$$\mathrm{rank}\, PA = \mathrm{rank}\, AQ = \mathrm{rank}\, PAQ = \mathrm{rank}\, A$$

14. 有限次元線形空間 V から $\boldsymbol{R}$ への線形写像の全体を V^* で表す．

（1） V^* は線形空間になることを示せ（この V^* を V の**双対空間**という）．

（2） V の基底 $\{\boldsymbol{v}_1, \boldsymbol{v}_2, \cdots, \boldsymbol{v}_n\}$ に対して，$\boldsymbol{v}_i{}^* : V \to \boldsymbol{R}$ を $\boldsymbol{v}_i{}^*(\boldsymbol{v}_j) = \delta_{ij}\,(1 \leqq i, j \leqq n)$ で定めるとき，$\{\boldsymbol{v}_1{}^*, \boldsymbol{v}_2{}^*, \cdots, \boldsymbol{v}_n{}^*\}$ は V^* の基底になることを示せ．

練習問題5のヒントと解答

[A]

1. （1） $0\boldsymbol{a}=(0+0)\boldsymbol{a}=0\boldsymbol{a}+0\boldsymbol{a}$ の両辺に $-(0\boldsymbol{a})$ を加える．

（2） $c\boldsymbol{0}=c(\boldsymbol{0}+\boldsymbol{0})=c\boldsymbol{0}+c\boldsymbol{0}$ の両辺に $-(c\boldsymbol{0})$ を加える．

（3） $\boldsymbol{0}=0\boldsymbol{a}=(1+(-1))\boldsymbol{a}=1\boldsymbol{a}+(-1)\boldsymbol{a}=\boldsymbol{a}+(-1)\boldsymbol{a}$ の両辺に $-\boldsymbol{a}$ を加える．

2. （1） $W \ni A=\begin{pmatrix}1&0\\0&1\end{pmatrix}$, $B=\begin{pmatrix}0&1\\1&0\end{pmatrix}$ をとれば $A+B=\begin{pmatrix}1&1\\1&1\end{pmatrix}\notin W$ より W は部分空間にならない．

（2） A, B が対角行列のとき，$A+B, cA$ は対角行列であるから部分空間になる．

3. （1） 部分空間になる．

（2） $x_1=x_2=0$，$x_3=c$ は任意の数，になるから $\begin{pmatrix}0\\0\\c\end{pmatrix}$ の全体をみれば，部分空間になる．

（3） 零ベクトル $\begin{pmatrix}0\\0\\0\end{pmatrix}$ を含まないから部分空間にならない．

（4） たとえば $\begin{pmatrix}1\\1\\1\end{pmatrix}$ の実数倍 $\sqrt{2}\begin{pmatrix}1\\1\\1\end{pmatrix}$ を含まないから部分空間にならない．

4. $(f(x)+g(x))'=f'(x)+g'(x)$，$(cf(x))'=cf'(x)$ であるから（1),（2）は部分空間になる．（3）は $f(x)=x^2$ のとき，スカラー倍 $(-1)f(x)\leqq 0$ であるから部分空間にならない．$\int_0^1 (f(x)+g(x))\,dx=\int_0^1 f(x)\,dx+\int_0^1 g(x)\,dx$，$\int_0^1 cf(x)\,dx=c\int_0^1 f(x)\,dx$ より（4）は部分空間になる．偶関数の全体である（5）は部分空間になる．

5. スカラー c と $\boldsymbol{a}, \boldsymbol{b}\in W_1\cap W_2$ をとれば，$\boldsymbol{a}, \boldsymbol{b}\in W_1$ より $\boldsymbol{a}+\boldsymbol{b}, c\boldsymbol{a}\in W_1$．また，$\boldsymbol{a}, \boldsymbol{b}\in W_2$ より $\boldsymbol{a}+\boldsymbol{b}, c\boldsymbol{a}\in W_2$．よって $\boldsymbol{a}+\boldsymbol{b}, c\boldsymbol{a}\in W_1\cap W_2$ となるから $W_1\cap W_2$ は V の部分空間になる．次に，$W_1+W_2\ni \boldsymbol{w}_1+\boldsymbol{w}_2, \boldsymbol{w}_1'+\boldsymbol{w}_2'$ をとれば，$(\boldsymbol{w}_1+\boldsymbol{w}_2)+(\boldsymbol{w}_1'+\boldsymbol{w}_2')=(\boldsymbol{w}_1+\boldsymbol{w}_1')+(\boldsymbol{w}_2+\boldsymbol{w}_2')\in W_1+W_2$，$c(\boldsymbol{w}_1+\boldsymbol{w}_2)=c\boldsymbol{w}_1+c\boldsymbol{w}_2\in W_1+W_2$ であるから W_1+W_2 は V の部分空間になる．

6. （1） $\boldsymbol{x}=\frac{1}{2}\boldsymbol{a}-\boldsymbol{b}+\frac{3}{2}\boldsymbol{c}$　（2） $X=-2A+3B+C$

7. （1） 1次独立　（2） 1次従属　（3） 1次従属　（4） 1次独立

（5） $a \neq 1$ のとき1次独立，$a=1$ のとき1次従属　（6） 1次独立

8. （1） 行列 $A=\begin{pmatrix} 2 & 1 & a \\ 1 & a & 1 \\ a & 2 & 2 \end{pmatrix}$ が正則でなければよいから $|A|=0$. よって $a^3-7a+6=(a-1)(a-2)(a+3)=0$ から $a=1, 2, -3$.

（2） 同様に，$a^2+2a+2=0$ から $a=-1\pm i$.

9. （1） $c_1\begin{pmatrix} 0 & 1 \\ 1 & 1 \end{pmatrix}+c_2\begin{pmatrix} 1 & 0 \\ 1 & 1 \end{pmatrix}+c_3\begin{pmatrix} 1 & 1 \\ 1 & 1 \end{pmatrix}=\begin{pmatrix} 0 & 0 \\ 0 & 0 \end{pmatrix}$ とすれば $c_2+c_3=0$，$c_1+c_3=0$，$c_1+c_2+c_3=0$. よって $c_1=c_2=c_3=0$.

（2） $c_1x+c_2\sin x+c_3\cos x=0$ として $x=0, \dfrac{\pi}{2}, \pi$ とすれば $c_3=0$，$\dfrac{\pi}{2}c_1+c_2=0$，$\pi c_1-c_3=0$. よって $c_1=c_2=c_3=0$.

（3） $c_1+c_2e^x+c_3xe^x=0$ として両辺を2回微分すれば $e^x \neq 0$ より $c_2=c_3=0$. よって $c_1=0$.

（4） $c_1(1+x)+c_2(2+x-x^2)+c_3(3x+2x^2)=0$，すなわち $c_1+2c_2+(c_1+c_2+3c_3)x+(-c_2+2c_3)x^2=0$ から（2）または（3）と同様にして $c_1=c_2=c_3=0$.

10. （1） $p\boldsymbol{a}+q\boldsymbol{c}=\boldsymbol{0}$ とする. $\boldsymbol{c}=r\boldsymbol{b}$ $(r \neq 0)$ と書けるから $p\boldsymbol{a}+qr\boldsymbol{b}=\boldsymbol{0}$. $\boldsymbol{a}, \boldsymbol{b}$ は1次独立であるから $p=qr=0$ すなわち $p=q=0$.

（2） $p(\boldsymbol{a}-2\boldsymbol{b})+q(3\boldsymbol{b}+\boldsymbol{c})+r(\boldsymbol{c}+4\boldsymbol{a})=\boldsymbol{0}$ とすれば $(p+4r)\boldsymbol{a}+(-2p+3q)\boldsymbol{b}+(q+r)\boldsymbol{c}=\boldsymbol{0}$. $\boldsymbol{a}, \boldsymbol{b}, \boldsymbol{c}$ は1次独立であるから $p+4r=0$，$-2p+3q=0$，$q+r=0$. これから $p=q=r=0$.

（3） $p(2\boldsymbol{a}-\boldsymbol{b}+\boldsymbol{c})+q(\boldsymbol{a}+2\boldsymbol{b}-\boldsymbol{c})+r(-\boldsymbol{a}+\boldsymbol{b}+2\boldsymbol{c})=\boldsymbol{0}$ とすれば $(2p+q-r)\boldsymbol{a}+(-p+2q+r)\boldsymbol{b}+(p-q+2r)\boldsymbol{c}=\boldsymbol{0}$. $\boldsymbol{a}, \boldsymbol{b}, \boldsymbol{c}$ は1次独立であるから $2p+q-r=0$，$-p+2q+r=0$，$p-q+2r=0$. これから $p=q=r=0$.

11. （1） $A=(\boldsymbol{a}_1 \quad \boldsymbol{a}_2 \quad \boldsymbol{a}_3 \quad \boldsymbol{a}_4)=\begin{pmatrix} 1 & 0 & 1 & -1 \\ 2 & 1 & 5 & 2 \\ 3 & -3 & 9 & 0 \\ 4 & 1 & 2 & -5 \end{pmatrix} \longrightarrow$

$\begin{pmatrix} 1 & 0 & 1 & -1 \\ 0 & 1 & 3 & 4 \\ 0 & -3 & 6 & 3 \\ 0 & 1 & -2 & -1 \end{pmatrix} \longrightarrow \begin{pmatrix} 1 & 0 & 1 & -1 \\ 0 & 1 & 3 & 4 \\ 0 & 0 & 1 & 1 \\ 0 & 0 & 0 & 0 \end{pmatrix}=(\boldsymbol{b}_1 \quad \boldsymbol{b}_2 \quad \boldsymbol{b}_3 \quad \boldsymbol{b}_4)$ から $\mathrm{rank}\,A=3$. よって，$r=3$.

（2） $\boldsymbol{a}_1, \boldsymbol{a}_2, \boldsymbol{a}_3$ は1次独立になり，$\boldsymbol{b}_4=-2\boldsymbol{b}_1+\boldsymbol{b}_2+\boldsymbol{b}_3$ が成り立つから $\boldsymbol{a}_4=-2\boldsymbol{a}_1+\boldsymbol{a}_2+\boldsymbol{a}_3$.

12. $A=(\boldsymbol{a} \quad \boldsymbol{b} \quad \boldsymbol{c})$ の行列式 $|A|=0$ より A は正則行列ではないので $\boldsymbol{a}, \boldsymbol{b}, \boldsymbol{c}$ は

$\boldsymbol{R}^3$ を生成しない．次に，$\boldsymbol{x}$ が $\boldsymbol{x} = p\boldsymbol{a}+q\boldsymbol{b}$ と表されればよいから，成分で書けば $x_1 = 2q$，$x_2 = 2p+4q$，$x_3 = -p+5q$．p, q を消去して $7x_1-x_2-2x_3 = 0$.

13. $\boldsymbol{c} = \begin{pmatrix} c_1 \\ c_2 \\ c_3 \end{pmatrix}$ とおいて，行列 $(\boldsymbol{a} \quad \boldsymbol{b} \quad \boldsymbol{c})$ の行列式は $\neq 0$，すなわち $14c_1-c_2-23c_3 \neq 0$ となるようにとればよい．たとえば $\boldsymbol{c} = \begin{pmatrix} 1 \\ 0 \\ 0 \end{pmatrix}$.

14. （1） 基底にならない　（2） 基底になる
（3） 基底になる　（4） 基底にならない

15. （1） $-3\begin{pmatrix} 1 \\ -3 \end{pmatrix} = \begin{pmatrix} -3 \\ 9 \end{pmatrix}$ により次元は 1.

（2） $\begin{pmatrix} 6 \\ 1 \\ 3 \end{pmatrix}+4\begin{pmatrix} -1 \\ 0 \\ 0 \end{pmatrix} = \begin{pmatrix} 2 \\ 1 \\ 3 \end{pmatrix}$ であって $\begin{pmatrix} 6 \\ 1 \\ 3 \end{pmatrix}$ と $\begin{pmatrix} -1 \\ 0 \\ 0 \end{pmatrix}$ は 1 次独立より次元は 2.

（3） $\begin{pmatrix} 1 & 1 & 0 \\ -1 & 0 & 1 \\ 0 & -1 & 1 \end{pmatrix}$ は正則行列であるから次元は 3.

（4） $\frac{1}{2}\begin{pmatrix} i \\ 0 \\ i \end{pmatrix}+\frac{1}{2}\begin{pmatrix} 0 \\ i \\ i \end{pmatrix}+\frac{1}{2}\begin{pmatrix} i \\ i \\ 0 \end{pmatrix} = \begin{pmatrix} i \\ i \\ i \end{pmatrix}$ である．$\begin{pmatrix} i & 0 & i \\ 0 & i & i \\ i & i & 0 \end{pmatrix}$ の行列式は $2i$ であるから正則行列になる．よって，次元は 3.

16. 1 組の基底の例と次元を順に与える：

（1） $\left\{\begin{pmatrix} 1 \\ 0 \\ 0 \end{pmatrix}, \begin{pmatrix} 0 \\ 0 \\ 1 \end{pmatrix}\right\}$, 2　（2） $\left\{\begin{pmatrix} 1 \\ -1 \\ 1 \end{pmatrix}\right\}$, 1

（3） $\left\{\begin{pmatrix} 1 \\ -1 \\ 0 \\ 0 \end{pmatrix}, \begin{pmatrix} 0 \\ 0 \\ 1 \\ 0 \end{pmatrix}, \begin{pmatrix} 0 \\ 0 \\ 0 \\ 1 \end{pmatrix}\right\}$, 3　（4） $\left\{\begin{pmatrix} 1 \\ -2 \\ 1 \\ 0 \end{pmatrix}, \begin{pmatrix} 2 \\ -3 \\ 0 \\ 1 \end{pmatrix}\right\}$, 2

17. $A = (\boldsymbol{a}_1 \quad \boldsymbol{a}_2 \quad \boldsymbol{a}_3 \quad \boldsymbol{a}_4) = \begin{pmatrix} 1 & 3 & -4 & 3 \\ 0 & 1 & 1 & 3 \\ 2 & 2 & 1 & 5 \\ -1 & -2 & 5 & 0 \end{pmatrix} \longrightarrow \begin{pmatrix} 1 & 3 & -4 & 3 \\ 0 & 1 & 1 & 3 \\ 0 & -4 & 9 & -1 \\ 0 & 1 & 1 & 3 \end{pmatrix}$

$$\longrightarrow \begin{pmatrix} 1 & 3 & -4 & 3 \\ 0 & 1 & 1 & 3 \\ 0 & 0 & 13 & 11 \\ 0 & 0 & 0 & 0 \end{pmatrix}$$ より rank $A = 3$．よって，次元は 3，基底はたとえば $\{\boldsymbol{a}_1, \boldsymbol{a}_2, \boldsymbol{a}_3\}$．

18. $W_1 \cap W_2 \ni \boldsymbol{x} = \begin{pmatrix} 1 \\ 0 \\ 1 \end{pmatrix} c_1 + \begin{pmatrix} -1 \\ 1 \\ 0 \end{pmatrix} c_2 + \begin{pmatrix} 2 \\ 1 \\ 3 \end{pmatrix} c_3 = \begin{pmatrix} 0 \\ 5 \\ 2 \end{pmatrix} c_4 + \begin{pmatrix} 3 \\ 7 \\ 1 \end{pmatrix} c_5$，すなわち $\begin{pmatrix} x_1 \\ x_2 \\ x_3 \end{pmatrix} = \begin{pmatrix} c_1 - c_2 + 2c_3 \\ c_2 + c_3 \\ c_1 + 3c_3 \end{pmatrix} = \begin{pmatrix} 3c_5 \\ 5c_4 + 7c_5 \\ 2c_4 + c_5 \end{pmatrix}$ と書ける．この最初の等式から $x_1 + x_2 = x_3$ が従う．よって，右辺のベクトルから $c_4 = -3c_5$．このことから $\begin{pmatrix} x_1 \\ x_2 \\ x_3 \end{pmatrix} = \begin{pmatrix} 3 \\ -8 \\ -5 \end{pmatrix} c_5$ となり $W_1 \cap W_2$ の基底として $\left\{ \begin{pmatrix} -3 \\ 8 \\ 5 \end{pmatrix} \right\}$ がとれて，$\dim(W_1 \cap W_2) = 1$．$\dim(W_1 + W_2) = \dim W_1 + \dim W_2 - \dim(W_1 \cap W_2) = 2 + 2 - 1 = 3$，基底はたとえば $\{\boldsymbol{a}_1, \boldsymbol{a}_2, \boldsymbol{a}_4\}$ がとれる．

19. $\begin{pmatrix} a & b \\ c & d \end{pmatrix} = a \begin{pmatrix} 1 & 0 \\ 0 & 0 \end{pmatrix} + b \begin{pmatrix} 0 & 1 \\ 0 & 0 \end{pmatrix} + c \begin{pmatrix} 0 & 0 \\ 1 & 0 \end{pmatrix} + d \begin{pmatrix} 0 & 0 \\ 0 & 1 \end{pmatrix}$．1次独立であることは明らか．

20. （1） 問題 1 [A] 11（4）から，$\begin{pmatrix} a & b & c \\ c & a & b \\ b & c & a \end{pmatrix} = a \begin{pmatrix} 1 & 0 & 0 \\ 0 & 1 & 0 \\ 0 & 0 & 1 \end{pmatrix} + b \begin{pmatrix} 0 & 1 & 0 \\ 0 & 0 & 1 \\ 1 & 0 & 0 \end{pmatrix} + c \begin{pmatrix} 0 & 0 & 1 \\ 1 & 0 & 0 \\ 0 & 1 & 0 \end{pmatrix}$．よって，基底は $\left\{ \begin{pmatrix} 1 & 0 & 0 \\ 0 & 1 & 0 \\ 0 & 0 & 1 \end{pmatrix}, \begin{pmatrix} 0 & 1 & 0 \\ 0 & 0 & 1 \\ 1 & 0 & 0 \end{pmatrix}, \begin{pmatrix} 0 & 0 & 1 \\ 1 & 0 & 0 \\ 0 & 1 & 0 \end{pmatrix} \right\}$，次元は 3．

（2） 可換な行列は $\begin{pmatrix} a & b & c \\ d & e & d \\ c & b & a \end{pmatrix}$ の形．よって，基底は $\begin{pmatrix} 1 & 0 & 0 \\ 0 & 0 & 0 \\ 0 & 0 & 1 \end{pmatrix}$，$\begin{pmatrix} 0 & 1 & 0 \\ 0 & 0 & 0 \\ 0 & 1 & 0 \end{pmatrix}$，$\begin{pmatrix} 0 & 0 & 1 \\ 0 & 0 & 0 \\ 1 & 0 & 0 \end{pmatrix}$，$\begin{pmatrix} 0 & 0 & 0 \\ 1 & 0 & 1 \\ 0 & 0 & 0 \end{pmatrix}$，$\begin{pmatrix} 0 & 0 & 0 \\ 0 & 1 & 0 \\ 0 & 0 & 0 \end{pmatrix}$，次元は 5．

21. $\begin{pmatrix} 0 & 2 & -1 \\ -1 & -2 & 1 \\ 1 & 1 & 0 \end{pmatrix} = \begin{pmatrix} 1 & 1 & 1 \\ 1 & 1 & 0 \\ -1 & -2 & 0 \end{pmatrix} P$ より

$$P = \begin{pmatrix} 1 & 1 & 1 \\ 1 & 1 & 0 \\ -1 & -2 & 0 \end{pmatrix}^{-1} \begin{pmatrix} 0 & 2 & -1 \\ -1 & -2 & 1 \\ 1 & 1 & 0 \end{pmatrix} = \begin{pmatrix} -1 & -3 & 2 \\ 0 & 1 & -1 \\ 1 & 4 & -2 \end{pmatrix},$$

$\begin{pmatrix} 2 & 2 & 3 \\ -2 & 3 & 1 \\ 1 & 1 & 0 \end{pmatrix} = \begin{pmatrix} 0 & 2 & -1 \\ -1 & -2 & 1 \\ 1 & 1 & 0 \end{pmatrix} Q$ より $Q = \begin{pmatrix} 0 & -5 & -4 \\ 1 & 6 & 4 \\ 0 & 10 & 5 \end{pmatrix}$,

$\begin{pmatrix} 2 & 2 & 3 \\ -2 & 3 & 1 \\ 1 & 1 & 0 \end{pmatrix} = \begin{pmatrix} 1 & 1 & 1 \\ 1 & 1 & 0 \\ -1 & -2 & 0 \end{pmatrix} R$ より $R = \begin{pmatrix} -3 & 7 & 2 \\ 1 & -4 & -1 \\ 4 & -1 & 2 \end{pmatrix}$.

$R = PQ$ が成り立つ（これは一般の $\boldsymbol{R}^n$ および $\boldsymbol{C}^n$ で成り立つ).

22. （1） $(\boldsymbol{b} \quad \boldsymbol{c} \quad \boldsymbol{a}) = (\boldsymbol{a} \quad \boldsymbol{b} \quad \boldsymbol{c}) \begin{pmatrix} 0 & 0 & 1 \\ 1 & 0 & 0 \\ 0 & 1 & 0 \end{pmatrix}$ であるから，$\begin{pmatrix} 0 & 0 & 1 \\ 1 & 0 & 0 \\ 0 & 1 & 0 \end{pmatrix}$

（2） $\begin{pmatrix} 2 & 1 & 1 \\ 1 & 2 & 1 \\ 1 & 1 & 2 \end{pmatrix}$

23. （1） $f(\boldsymbol{x}+\boldsymbol{y}) = (\boldsymbol{x}+\boldsymbol{y}) \times \boldsymbol{a} = \boldsymbol{x} \times \boldsymbol{a} + \boldsymbol{y} \times \boldsymbol{a} = f(\boldsymbol{x}) + f(\boldsymbol{y})$，$f(c\boldsymbol{x}) = (c\boldsymbol{x}) \times \boldsymbol{a} = c(\boldsymbol{x} \times \boldsymbol{a}) = cf(\boldsymbol{x})$ から f は線形写像である.

（2） $f(\boldsymbol{x}+\boldsymbol{y}) = (\boldsymbol{x}+\boldsymbol{y}, \boldsymbol{a}) = (\boldsymbol{x}, \boldsymbol{a}) + (\boldsymbol{y}, \boldsymbol{a}) = f(\boldsymbol{x}) + f(\boldsymbol{y})$，$f(c\boldsymbol{x}) = (c\boldsymbol{x}, \boldsymbol{a}) = c(\boldsymbol{x}, \boldsymbol{a}) = cf(\boldsymbol{x})$ から f は線形写像である.

24. （1） 線形写像にならない．たとえば $A = \begin{pmatrix} 1 & 0 \\ 0 & 1 \end{pmatrix}$，$c = 2$ にとれば $|2A| = 4$，$2|A| = 2$ より $f(2A) = 2f(A)$ は成り立たない.

（2） $\mathrm{tr}(A+B) = \mathrm{tr}\,A + \mathrm{tr}\,B$，$\mathrm{tr}(cA) = c\,\mathrm{tr}\,A$ が成り立つから線形写像になる.

（3） 線形写像になる.

（4） ${}^t(A+B) = {}^tA + {}^tB$，${}^t(cA) = c\,{}^tA$ が成り立つから線形写像になる.

25. （2）以外は線形写像になる.

26. （1） $A = \begin{pmatrix} 1 & 2 & 3 \\ 2 & 3 & 4 \end{pmatrix} \longrightarrow \begin{pmatrix} 1 & 0 & -1 \\ 0 & 1 & 2 \end{pmatrix}$ から $A\boldsymbol{x} = \boldsymbol{0}$ の解は $x_1 - x_3 = 0$，$x_2 + 2x_3 = 0$ を解いて $\begin{pmatrix} x_1 \\ x_2 \\ x_3 \end{pmatrix} = \begin{pmatrix} 1 \\ -2 \\ 1 \end{pmatrix} c$．よって，$\dim \mathrm{Ker}\, f = 1$，$\mathrm{Ker}\, f$ の基底は

$\left\{\begin{pmatrix} 1 \\ -2 \\ 1 \end{pmatrix}\right\}$，$\dim \mathrm{Im}\, f = 2$，$\mathrm{Im}\, f$ の基底は $\left\{\begin{pmatrix} 1 \\ 2 \end{pmatrix}, \begin{pmatrix} 2 \\ 3 \end{pmatrix}\right\}$.

（2） 行列のランクは2であるから，$\mathrm{rank}\, f = \dim \mathrm{Im}\, f = 2$，$\mathrm{Im}\, f$ の基底は $\left\{\begin{pmatrix} 2 \\ 1 \\ 3 \end{pmatrix}, \begin{pmatrix} 1 \\ -2 \\ 1 \end{pmatrix}\right\}$，$\dim \mathrm{Ker}\, f = 0$，$\mathrm{Ker}\, f$ の基底はなし.

（3） $A = \begin{pmatrix} 1 & -2 & 5 & 2 \\ 2 & -3 & 9 & 7 \\ 0 & 1 & -1 & 3 \end{pmatrix} \longrightarrow \begin{pmatrix} 1 & 0 & 3 & 8 \\ 0 & 1 & -1 & 3 \\ 0 & 0 & 0 & 0 \end{pmatrix}$ から $x_1+3x_3+8x_4 = 0$，$x_2-x_3+3x_4 = 0$ を解いて $\begin{pmatrix} x_1 \\ x_2 \\ x_3 \\ x_4 \end{pmatrix} = \begin{pmatrix} -3 \\ 1 \\ 1 \\ 0 \end{pmatrix} c_1 + \begin{pmatrix} 8 \\ 3 \\ 0 \\ -1 \end{pmatrix} c_2$. よって，$\dim \mathrm{Ker}\, f = 2$，$\mathrm{Ker}\, f$ の基底は $\left\{\begin{pmatrix} -3 \\ 1 \\ 1 \\ 0 \end{pmatrix}, \begin{pmatrix} 8 \\ 3 \\ 0 \\ -1 \end{pmatrix}\right\}$，$\dim \mathrm{Im}\, f = 2$，$\mathrm{Im}\, f$ の基底は $\left\{\begin{pmatrix} 1 \\ 2 \\ 0 \end{pmatrix}, \begin{pmatrix} -2 \\ -3 \\ 1 \end{pmatrix}\right\}$.

27. $f(X+Y) = A(X+Y)-(X+Y)A = (AX-XA)+(AY-YA) = f(X)+f(Y)$，$f(cX) = A(cX)-(cX)A = c(AX-XA) = cf(X)$ から f は線形写像になる．$\mathrm{Ker}\, f$ は $\begin{pmatrix} x_1 & x_2 \\ x_3 & x_4 \end{pmatrix}\begin{pmatrix} 1 & 2 \\ 3 & 1 \end{pmatrix} = \begin{pmatrix} 1 & 2 \\ 3 & 1 \end{pmatrix}\begin{pmatrix} x_1 & x_2 \\ x_3 & x_4 \end{pmatrix}$ から $x_1 = x_4$，$3x_2 = 2x_3$ を解いて $\begin{pmatrix} x_1 & x_2 \\ x_3 & x_4 \end{pmatrix} = \begin{pmatrix} \alpha & 2\beta \\ 3\beta & \alpha \end{pmatrix} = \begin{pmatrix} 1 & 0 \\ 0 & 1 \end{pmatrix}\alpha + \begin{pmatrix} 0 & 2 \\ 3 & 0 \end{pmatrix}\beta$. よって，基底は $\left\{\begin{pmatrix} 1 & 0 \\ 0 & 1 \end{pmatrix}, \begin{pmatrix} 0 & 2 \\ 3 & 0 \end{pmatrix}\right\}$，$\dim \mathrm{Kef}\, f = 2$.

28. $\boldsymbol{R}^3$ の任意のベクトル $\boldsymbol{y} = \begin{pmatrix} y_1 \\ y_2 \\ y_3 \end{pmatrix}$ に対して，$x_1+x_2 = y_1$，$x_2+x_3 = y_2$，$x_3+x_1 = y_3$ から $x_1 = \dfrac{1}{2}(y_1-y_2+y_3)$. $x_2 = \dfrac{1}{2}(y_1+y_2-y_3)$. $x_3 = \dfrac{1}{2}(-y_1+y_2+y_3)$. よって，$f(\boldsymbol{x}) = \boldsymbol{y}$ となる $\boldsymbol{x}$ が存在するから，f は全射になる．次に，$f(\boldsymbol{x}) = f(\boldsymbol{x}')$ すなわち $x_1+x_2 = x_1'+x_2'$，$x_2+x_3 = x_2'+x_3'$，$x_1+x_3 = x_1'+x_3'$ から容易に $x_1 = x_1'$，$x_2 = x_2'$，$x_3 = x_3'$ となるので f は単射である．f^{-1}

に対応する行列は $\frac{1}{2}\begin{pmatrix} 1 & -1 & 1 \\ 1 & 1 & -1 \\ -1 & 1 & 1 \end{pmatrix}$（これは f に対応する行列の逆行列である．一般に逆写像には逆行列が対応する）．

29. （1） $f(\boldsymbol{e}_1)+f(\boldsymbol{e}_2)+2f(\boldsymbol{e}_3)=\begin{pmatrix} 5 \\ 6 \\ 0 \end{pmatrix}$，$f(\boldsymbol{e}_1)-2f(\boldsymbol{e}_2)+3f(\boldsymbol{e}_3)=\begin{pmatrix} 5 \\ -2 \\ -7 \end{pmatrix}$，$f(\boldsymbol{e}_1)+3f(\boldsymbol{e}_2)-4f(\boldsymbol{e}_3)=\begin{pmatrix} -11 \\ 6 \\ 10 \end{pmatrix}$ により $f(\boldsymbol{e}_1)=\begin{pmatrix} -2 \\ 1 \\ 0 \end{pmatrix}$，$f(\boldsymbol{e}_2)=\begin{pmatrix} 1 \\ 3 \\ 2 \end{pmatrix}$，$f(\boldsymbol{e}_3)=\begin{pmatrix} 3 \\ 1 \\ -1 \end{pmatrix}$．次に，$f(\boldsymbol{x})=f(x_1\boldsymbol{e}_1+x_2\boldsymbol{e}_2+x_3\boldsymbol{e}_3)=x_1f(\boldsymbol{e}_1)+x_2f(\boldsymbol{e}_2)+x_3f(\boldsymbol{e}_3)=\begin{pmatrix} -2 & 1 & 3 \\ 1 & 3 & 1 \\ 0 & 2 & -1 \end{pmatrix}\begin{pmatrix} x_1 \\ x_2 \\ x_3 \end{pmatrix}$ から f に対応する行列は $\begin{pmatrix} -2 & 1 & 3 \\ 1 & 3 & 1 \\ 0 & 2 & -1 \end{pmatrix}$．

（2） $f(\boldsymbol{e}_1)+if(\boldsymbol{e}_2)=\begin{pmatrix} 0 \\ 1 \\ 0 \end{pmatrix}$，$f(\boldsymbol{e}_2)+if(\boldsymbol{e}_3)=\begin{pmatrix} 0 \\ 2i \\ 0 \end{pmatrix}$，$f(\boldsymbol{e}_1)-f(\boldsymbol{e}_3)=\begin{pmatrix} 1 \\ -1 \\ -2i \end{pmatrix}$ により $f(\boldsymbol{e}_1)=\begin{pmatrix} \frac{1}{2} \\ 1 \\ -i \end{pmatrix}$，$f(\boldsymbol{e}_2)=\begin{pmatrix} \frac{i}{2} \\ 0 \\ 1 \end{pmatrix}$，$f(\boldsymbol{e}_3)=\begin{pmatrix} -\frac{1}{2} \\ 2 \\ i \end{pmatrix}$ であるから対応する行列は $\begin{pmatrix} \frac{1}{2} & \frac{i}{2} & -\frac{1}{2} \\ 1 & 0 & 2 \\ -i & 1 & i \end{pmatrix}$．

30. （1） 行列のランクは 1 より $\dim \mathrm{Im}\, f=1$，$\dim \mathrm{Ker}\, f=2$ となり，全射でも単射でもない．

（2） 行列は正則であるから定理 5.9 により全単射である．

（3） 行列のランクは 2 より $\dim \mathrm{Im}\, f=2$，$\dim \mathrm{Ker}\, f=0$ となるため，単射になるが全射にならない．

31. $\boldsymbol{R}^n \ni \boldsymbol{a}, \boldsymbol{b}$ と実数 c に対して

$$(f\cdot g)(\boldsymbol{a}+\boldsymbol{b})=f(g(\boldsymbol{a}+\boldsymbol{b}))=f(g(\boldsymbol{a})+g(\boldsymbol{b}))=f(g(\boldsymbol{a}))+f(g(\boldsymbol{b}))$$
$$=(f\cdot g)(\boldsymbol{a})+(f\cdot g)(\boldsymbol{b}),$$
$$(f\cdot g)(c\boldsymbol{a})=f(g(c\boldsymbol{a}))=f(cg(\boldsymbol{a}))=cf(g(\boldsymbol{a}))=c(f\cdot g)(\boldsymbol{a})$$

から $f\cdot g$ は線形写像になる．次に $(f\cdot g)(\boldsymbol{a})=f(g(\boldsymbol{a}))=f(B\boldsymbol{a})=A(B\boldsymbol{a})=(AB)\boldsymbol{a}$ から $f\cdot g$ には AB が対応する．

32. $(f+g)(\boldsymbol{x}+\boldsymbol{y}) = f(\boldsymbol{x}+\boldsymbol{y})+g(\boldsymbol{x}+\boldsymbol{y}) = f(\boldsymbol{x})+g(\boldsymbol{x})+f(\boldsymbol{y})+g(\boldsymbol{y})$ $= (f+g)(\boldsymbol{x})+(f+g)(\boldsymbol{y})$，$(f+g)(c\boldsymbol{x}) = f(c\boldsymbol{x})+g(c\boldsymbol{x}) = cf(\boldsymbol{x})+cg(\boldsymbol{x})$ $= c(f(\boldsymbol{x})+g(\boldsymbol{x})) = c(f+g)(\boldsymbol{x})$ が成り立つから $f+g$ は線形写像になる．cf が線形写像になることも容易．次に，$(f+g)\boldsymbol{x} = f(\boldsymbol{x})+g(\boldsymbol{x}) = A\boldsymbol{x}+B\boldsymbol{x}$ $= (A+B)\boldsymbol{x}$．スカラー倍も同様である．

33. （1）では表現行列の定義式を用いた解を，（2）では定理 5.10 を用いた解を与える．

（1）$f\left(\begin{pmatrix} -1 \\ 2 \end{pmatrix}\right) = \begin{pmatrix} 3 \\ 7 \\ -5 \end{pmatrix} = a_{11}\begin{pmatrix} -2 \\ 0 \\ 1 \end{pmatrix} + a_{21}\begin{pmatrix} 1 \\ 1 \\ -3 \end{pmatrix} + a_{31}\begin{pmatrix} 0 \\ -1 \\ 3 \end{pmatrix}$，

$f\left(\begin{pmatrix} 3 \\ 4 \end{pmatrix}\right) = \begin{pmatrix} 11 \\ 9 \\ 5 \end{pmatrix} = a_{12}\begin{pmatrix} -2 \\ 0 \\ 1 \end{pmatrix} + a_{22}\begin{pmatrix} 1 \\ 1 \\ -3 \end{pmatrix} + a_{32}\begin{pmatrix} 0 \\ -1 \\ 3 \end{pmatrix}$.

よって，表現行列は $\begin{pmatrix} 16 & 32 \\ 35 & 75 \\ 28 & 66 \end{pmatrix}$.

（2）$\begin{pmatrix} 5 & 3 \\ -3 & -2 \end{pmatrix}^{-1}\begin{pmatrix} 1 & 1 & 1 & 1 \\ 0 & 1 & -3 & -2 \end{pmatrix}\begin{pmatrix} 1 & 1 & 1 & 0 \\ 1 & 0 & 0 & 1 \\ 0 & 1 & 0 & 1 \\ 0 & 0 & 1 & 0 \end{pmatrix}$ を計算して

$\begin{pmatrix} 7 & -5 & -2 & -2 \\ -11 & 9 & 4 & 4 \end{pmatrix}$.

34. 定理 5.11 により

（1）$\begin{pmatrix} 1 & 2 & 3 \\ 1 & 0 & -1 \\ 0 & 1 & 1 \end{pmatrix}^{-1}\begin{pmatrix} 1 & 0 & 3 \\ 2 & 1 & 5 \\ -1 & 4 & -2 \end{pmatrix}\begin{pmatrix} 1 & 2 & 3 \\ 1 & 0 & -1 \\ 0 & 1 & 1 \end{pmatrix} = \begin{pmatrix} -1 & 11 & 17 \\ 7 & -6 & -16 \\ -4 & 2 & 7 \end{pmatrix}$

（2）$\begin{pmatrix} 4 & 3 & 3 \\ 2 & -1 & 5 \\ 0 & 1 & -1 \end{pmatrix}^{-1}\begin{pmatrix} 1 & 0 & 3 \\ 2 & 1 & 5 \\ -1 & 4 & -2 \end{pmatrix}\begin{pmatrix} 4 & 3 & 3 \\ 2 & -1 & 5 \\ 0 & 1 & -1 \end{pmatrix}$

$= \dfrac{1}{2}\begin{pmatrix} -58 & 63 & -189 \\ 44 & -49 & 145 \\ 36 & -31 & 107 \end{pmatrix}$

35. 表現行列の定義から $f(\boldsymbol{a}_1) = \boldsymbol{a}_1+2\boldsymbol{a}_2-\boldsymbol{a}_3$，$f(\boldsymbol{a}_2) = 5\boldsymbol{a}_1-\boldsymbol{a}_2+4\boldsymbol{a}_3$，$f(\boldsymbol{a}_3)$ $= 3\boldsymbol{a}_1+3\boldsymbol{a}_2-2\boldsymbol{a}_3$ が成り立つ．これより $f(\boldsymbol{a}_1+\boldsymbol{a}_2) = f(\boldsymbol{a}_1)+f(\boldsymbol{a}_2) = 6\boldsymbol{a}_1+\boldsymbol{a}_2$ $+3\boldsymbol{a}_3 = p(\boldsymbol{a}_1+\boldsymbol{a}_2)+q(\boldsymbol{a}_2+\boldsymbol{a}_3)+r(\boldsymbol{a}_3+\boldsymbol{a}_1)$ として，$p=2$，$q=-1$，$r=4$．同様にして $f(\boldsymbol{a}_2+\boldsymbol{a}_3) = 4(\boldsymbol{a}_1+\boldsymbol{a}_2)-2(\boldsymbol{a}_2+\boldsymbol{a}_3)+4(\boldsymbol{a}_3+\boldsymbol{a}_1)$，$f(\boldsymbol{a}_3+\boldsymbol{a}_1) = 6(\boldsymbol{a}_1$

$+\boldsymbol{a}_2)-(\boldsymbol{a}_2+\boldsymbol{a}_3)-2(\boldsymbol{a}_3+\boldsymbol{a}_1)$．よって，求める行列は $\begin{pmatrix} 2 & 4 & 6 \\ -1 & -2 & -1 \\ 4 & 4 & -2 \end{pmatrix}$.

36. $\begin{cases} T(1) = 4\cdot 1+0x+0x^2+0x^3 \\ T(x) = 0\cdot 1+3x+0x^2+0x^3 \\ T(x^2) = 0\cdot 1+(-2)x+4x^2+0x^3 \\ T(x^3) = 0\cdot 1+(-3)x+0x^2+4x^3 \end{cases}$ であるから $\begin{pmatrix} 4 & 0 & 0 & 0 \\ 0 & 3 & -2 & -3 \\ 0 & 0 & 4 & 0 \\ 0 & 0 & 0 & 4 \end{pmatrix}$.

[B]

1. $AX = XB$，$AY = YB$ とすれば，$A(X+Y) = AX+AY = XB+YB = (X+Y)B$，$A(cX) = c(AX) = c(XB) = (cX)B$ から従う．

2. $\dim P(n) = n+1$，$P(n)$ の基底はたとえば $\{1, x, x^2, \cdots, x^n\}$，$\dim M(m, n) = mn$，$M(m, n)$ の基底はたとえば $\{E_{11}, E_{12}, \cdots, E_{ij}, \cdots, E_{mn}\}$，ここで E_{ij} は (i, j) 成分のみ 1 で他の成分はすべて 0 である $m\times n$ 行列を表す．**行列単位**と呼ばれる．

3. (1) 部分空間になる．

(2) $A = \begin{pmatrix} 1 & 1 \\ 1 & 1 \end{pmatrix}$，$B = \begin{pmatrix} 1 & -1 \\ -1 & 1 \end{pmatrix}$ とすれば，$|A| = |B| = 0$，$|A+B| = 4$ であるから $A, B \in W$，$A+B \notin W$．よって，部分空間にならない．

(3) $E \in W$ であるが，そのスカラー倍 $2E \notin W$ であるから，部分空間にならない．

(4) $\mathrm{tr}(A+B) = \mathrm{tr}\,A+\mathrm{tr}\,B$，$\mathrm{tr}(cA) = c\,\mathrm{tr}\,A$ より $A, B \in W$ すなわち $\mathrm{tr}\,A = \mathrm{tr}\,B = 0$ ならば $\mathrm{tr}(A+B) = 0$，$\mathrm{tr}(cA) = 0$．よって，$A+B, cA \in W$ となって W は部分空間になる．

4. (1) 部分空間になる．$p(x) = (x-1)(x+1)(ax+b) = a(x^3-x)+b(x^2-1)$ と書けることから $\{x^3-x,\ x^2-1\}$ は W の基底になることがわかる．$\dim W = 2$．

(2) 部分空間にならない．たとえば $p_1(x) = 2x^3-x^2$，$p_2(x) = 3x^3-2x^2 \in W$ をとれば $q(x) = p_1(x)+p_2(x) = 5x^3-3x^2$ は $q(1) = 2$ より $q(x) \notin W$．

(3) 部分空間にならない．たとえば $p(x) = x^3-x^2 \in W$ であるが $2p'(1) = 2$ より $2p(x) \notin W$．

(4) 部分空間になる．基底は $\{(x-2)^2(x-1)\}$，$\dim W = 1$．

5. (1) $c_1\boldsymbol{a}_1+c_2(\boldsymbol{a}_1+\boldsymbol{a}_2)+\cdots+c_n(\boldsymbol{a}_1+\boldsymbol{a}_2+\cdots+\boldsymbol{a}_n) = \boldsymbol{0}$ とすれば $(c_1+\cdots+c_n)\boldsymbol{a}_1+(c_2+\cdots+c_n)\boldsymbol{a}_2+\cdots+c_n\boldsymbol{a}_n = \boldsymbol{0}$．$\boldsymbol{a}_1, \boldsymbol{a}_2, \cdots, \boldsymbol{a}_n$ が 1 次独立であることから $c_1+\cdots+c_n = 0$，$c_2+\cdots+c_n = 0$，$\cdots$，$c_n = 0$．この同次連立 1 次方程式の係数行列（3 角行列になる）は行列式が 1 になるから正則である．よって $c_1 = c_2 = \cdots = c_n = 0$ がいえるので 1 次独立である．

(2) $c_1(\boldsymbol{a}_1-\boldsymbol{a}_2)+c_2(\boldsymbol{a}_2-\boldsymbol{a}_3)+\cdots+c_n(\boldsymbol{a}_n-\boldsymbol{a}_1) = \boldsymbol{0}$ とすれば，$(c_1-c_n)\boldsymbol{a}_1+(-c_1+c_2)\boldsymbol{a}_2+\cdots+(-c_{n-1}+c_n)\boldsymbol{a}_n = \boldsymbol{0}$．$\boldsymbol{a}_1, \boldsymbol{a}_2, \cdots, \boldsymbol{a}_n$ が 1 次独立であることか

ら $c_1-c_n=-c_1+c_2=\cdots=-c_{n-1}+c_n=0$. この係数行列は，行列式が問題2 [B] 5 (3) から 0 となって (行列を (-1) 倍して，$a=-1$ とみる) 正則ではない. よって，$(c_1, c_2, \cdots, c_n) \neq (0, 0, \cdots, 0)$ となり1次独立にならない.

(3) $c_1(\boldsymbol{a}_1+\boldsymbol{a}_2)+c_2(\boldsymbol{a}_2+\boldsymbol{a}_3)+\cdots+c_n(\boldsymbol{a}_n+\boldsymbol{a}_1)=\boldsymbol{0}$ とすれば，$(c_1+c_n)\boldsymbol{a}_1+(c_1+c_2)\boldsymbol{a}_2+\cdots+(c_{n-1}+c_n)\boldsymbol{a}_n=\boldsymbol{0}$. $\boldsymbol{a}_1, \boldsymbol{a}_2, \cdots, \boldsymbol{a}_n$ が1次独立であることから $c_1+c_n=c_1+c_2=\cdots=c_{n-1}+c_n=0$. この係数行列の行列式は問題2 [B] 5 (3) ($a=1$ とおく) により，n が偶数のとき 0，n が奇数のとき 2 である. よって，n が奇数のとき1次独立になり，n が偶数のとき1次従属である.

6. (1) $c_1\boldsymbol{a}_1+c_2\boldsymbol{a}_2+\cdots+c_n\boldsymbol{a}_n=\boldsymbol{0}$ とすれば $f(c_1\boldsymbol{a}_1+c_2\boldsymbol{a}_2+\cdots+c_n\boldsymbol{a}_n)=c_1f(\boldsymbol{a}_1)+c_2f(\boldsymbol{a}_2)+\cdots+c_nf(\boldsymbol{a}_n)=f(\boldsymbol{0})=\boldsymbol{0}$. よって，$c_1=c_2=\cdots=c_n=0$.

(2) $c_1f(\boldsymbol{a}_1)+c_2f(\boldsymbol{a}_2)+\cdots+c_nf(\boldsymbol{a}_n)=\boldsymbol{0}$ とすると $f(c_1\boldsymbol{a}_1+c_2\boldsymbol{a}_2+\cdots+c_n\boldsymbol{a}_n)=\boldsymbol{0}$ となって $c_1\boldsymbol{a}_1+c_2\boldsymbol{a}_2+\cdots+c_n\boldsymbol{a}_n \in \mathrm{Ker}\, f=\{\boldsymbol{0}\}$. よって，$c_1=c_2=\cdots=c_n=0$.

7. 和は $\{a_n\}+\{b_n\}=\{a_n+b_n\}$，実数倍は $c\{a_n\}=\{ca_n\}$ で定義すれば容易に V は線形空間になることはわかる. W は V の部分空間になることも明らか. $W \ni \{a_n\}$ をとると $a_n=p_na_2+q_na_1$，$\{p_n\}=\{1, 3, 5, 11, \cdots\}$，$\{q_n\}=\{2, 2, 6, 10, \cdots\}$ $(n \geqq 3)$ と表される. よって，$\{\{p_n\}, \{q_n\}\}$ は W の基底にならから $\dim W=2$.

8. (1) $\Longrightarrow$: $W_1 \cap W_2 \ni \boldsymbol{a}$ をとれば $W_1+W_2 \ni \boldsymbol{a}+\boldsymbol{0}=\boldsymbol{0}+\boldsymbol{a} \in W_1+W_2$. 一意性より $\boldsymbol{a}=\boldsymbol{0}$.

$\Longleftarrow$: $V \ni \boldsymbol{a}=\boldsymbol{a}_1+\boldsymbol{a}_2=\boldsymbol{a}_1'+\boldsymbol{a}_2'$ $(\boldsymbol{a}_1, \boldsymbol{a}_1' \in W_1$，$\boldsymbol{a}_2, \boldsymbol{a}_2' \in W_2)$ とすれば，$\boldsymbol{a}_1-\boldsymbol{a}_1'=\boldsymbol{a}_2'-\boldsymbol{a}_2 \in W_1 \cap W_2=\boldsymbol{0}$ より $\boldsymbol{a}_1=\boldsymbol{a}_1'$，$\boldsymbol{a}_2=\boldsymbol{a}_2'$.

(2) 定理5.5からわかる.

9. (1) $S \ni A, B$ すなわち A, B を対称行列とするとき，${}^t(A+B)={}^tA+{}^tB=A+B$，${}^t(cA)=c\,{}^tA=cA$ より $A+B, cA$ も対称行列になるから $A+B \in S$，$cA \in S$. よって S は $M(n)$ の部分空間である. 次に A, B が交代行列のとき，${}^t(A+B)={}^tA+{}^tB=(-A)+(-B)=-(A+B)$，${}^t(cA)=c\,{}^tA=c(-A)=-(cA)$ より $A+B, cA$ と交代行列になるから，T は $M(n)$ の部分空間である. S の基底は $\{E_{ii}\,(1 \leqq i \leqq n), E_{ij}+E_{ji}\,(1 \leqq i < j \leqq n)\}$ (E_{ij} は行列単位，問題 [B] 2 の解答を参照)，$\dim S=n+\dfrac{1}{2}(n^2-n)=\dfrac{1}{2}n(n+1)$，$T$ の基底は $\{E_{ij}-E_{ji}\,(1 \leqq i < j \leqq n)\}$，$\dim T=\dfrac{1}{2}n(n-1)$.

(2) $M(n) \ni A=\dfrac{1}{2}(A+{}^tA)+\dfrac{1}{2}(A-{}^tA) \in S+T$ (例題1.7参照). 対称行列で同時に交代行列となるのは零行列 O だけであったから $S \cap T=\{O\}$.

10. (1) 第1式の右辺を W_1 とおく. $\mathrm{Im}\, f \ni \boldsymbol{y}$ をとれば $\boldsymbol{y}=f(\boldsymbol{x})=A\boldsymbol{x}$ となる $\boldsymbol{x} \in \boldsymbol{R}^n$ が存在する. このとき，$A\boldsymbol{y}=A(A\boldsymbol{x})=A^2\boldsymbol{x}=A\boldsymbol{x}=\boldsymbol{y}$. よって，$\boldsymbol{y} \in W_1$，すなわち $\mathrm{Im}\, f \subset W_1$. 逆に $W_1 \ni \boldsymbol{x}$ をとれば $\boldsymbol{x}=A\boldsymbol{x}=f(\boldsymbol{x}) \in \mathrm{Im}\, f$，

すなわち $W_1 \subset \mathrm{Im}\, f$.

次に，第2の式の右辺を W_2 とおく．$\mathrm{Ker}\, f \ni \boldsymbol{x}$ をとれば，$f(\boldsymbol{x}) = A\boldsymbol{x} = \boldsymbol{0}$. よって，$\boldsymbol{x} = \boldsymbol{x} - A\boldsymbol{x} \in W_2$. 逆に $W_2 \ni \boldsymbol{x} - A\boldsymbol{x}$ をとれば，$A(\boldsymbol{x} - A\boldsymbol{x}) = A\boldsymbol{x} - A^2\boldsymbol{x} = A\boldsymbol{x} - A\boldsymbol{x} = \boldsymbol{0}$. よって $\boldsymbol{x} - A\boldsymbol{x} \in \mathrm{Ker}\, f$.

（2） $\boldsymbol{R}^n \ni \boldsymbol{x} = A\boldsymbol{x} + (\boldsymbol{x} - A\boldsymbol{x}) \in \mathrm{Im}\, f + \mathrm{Ker}\, f$. $\mathrm{Im}\, f \cap \mathrm{Ker}\, f \ni \boldsymbol{x}$ をとると $A\boldsymbol{x} = \boldsymbol{x}$, $f(\boldsymbol{x}) = A\boldsymbol{x} = \boldsymbol{0}$. よって，$\boldsymbol{x} = \boldsymbol{0}$.

11. （1） p_i は線形写像であることは容易．$p_1 \cdot p_1(\boldsymbol{x}) = p_1(p_1(\boldsymbol{x})) = p_1(\boldsymbol{x}_1) = p_1(\boldsymbol{x}_1 + \boldsymbol{0}) = \boldsymbol{x}_1 = p_1(\boldsymbol{x})$ から $p_1 \cdot p_1 = p_1$ が成り立つ．$p_2 \cdot p_2 = p_2$ も同様．

（2） $(p_1 + p_2)(\boldsymbol{x}) = p_1(\boldsymbol{x}) + p_2(\boldsymbol{x}) = \boldsymbol{x}_1 + \boldsymbol{x}_2 = \boldsymbol{x}$ から $p_1 + p_2 = 1$.

12. （1） 任意の $\boldsymbol{x} \in \boldsymbol{R}^n$ に対して

$$A^2 = O \iff A(A\boldsymbol{x}) = A^2\boldsymbol{x} = O\boldsymbol{x} = \boldsymbol{0} \iff f(f(\boldsymbol{x})) = \boldsymbol{0}$$
$$\iff f(\boldsymbol{x}) \in \mathrm{Ker}\, f \iff \mathrm{Im}\, f \subset \mathrm{Ker}\, f$$

（2）（1）より $n = \dim \mathrm{Ker}\, f + \dim \mathrm{Im}\, f \geqq 2 \dim \mathrm{Im}\, f = 2\, \mathrm{rank}\, f = 2\, \mathrm{rank}\, A$.

13. （1） $A+B$ には線形写像の和 $f+g$ が対応するから（問題［A］32参照），$\mathrm{rank}\,(A+B) = \dim \mathrm{Im}\,(f+g) \leqq \dim\,(\mathrm{Im}\, f + \mathrm{Im}\, g) \leqq \dim \mathrm{Im}\, f + \dim \mathrm{Im}\, g = \mathrm{rank}\, A + \mathrm{rank}\, B$.

（2） AB には合成写像 $f \cdot g$ が対応するから（問題［A］31参照），$\mathrm{rank}\, AB = \dim \mathrm{Im}\,(f \cdot g) = \dim f(g(\boldsymbol{R}^n)) \leqq \dim f(\boldsymbol{R}^m) = \dim \mathrm{Im}\, f = \mathrm{rank}\, A$. 次に，$\dim W \geqq \dim f(W)$ であるから，$\mathrm{rank}\, AB = \dim \mathrm{Im}\,(f \cdot g) = \dim f(g(\boldsymbol{R}^n)) \leqq \dim g(\boldsymbol{R}^n) = \dim \mathrm{Im}\, g = \mathrm{rank}\, B$. さらに，定理5.7で $V = g(\boldsymbol{R}^n)$ とみて，$\mathrm{rank}\, AB = \dim \mathrm{Im}\,(f \cdot g) = \dim f(g(\boldsymbol{R}^n)) = \dim g(\boldsymbol{R}^n) - \dim\,(\mathrm{Ker}\, f \cap g(\boldsymbol{R}^n)) \geqq \dim g(\boldsymbol{R}^n) - \dim \mathrm{Ker}\, f = \dim \mathrm{Im}\, g - (m - \dim \mathrm{Im}\, f) = \mathrm{rank}\, B - m + \mathrm{rank}\, A$.

（3）（2）より $\mathrm{rank}\, PA \leqq \mathrm{rank}\, A = \mathrm{rank}\, P^{-1}(PA) \leqq \mathrm{rank}\, PA$. よって，$\mathrm{rank}\, PA = \mathrm{rank}\, A$. $\mathrm{rank}\, P(AQ) = \mathrm{rank}\, AQ \leqq \mathrm{rank}\, A = \mathrm{rank}\,(AQ)Q^{-1} \leqq \mathrm{rank}\, AQ$. よって，$\mathrm{rank}\, AQ = \mathrm{rank}\, A$.

14. （1）は問題［A］32からわかる．

（2） $V^* \ni f$ をとる．$\left(\sum_{i=1}^{n} f(\boldsymbol{v}_i)\boldsymbol{v}_i{}^*\right)(\boldsymbol{v}_j) = \sum_{i=1}^{n} f(\boldsymbol{v}_i)\boldsymbol{v}_i{}^*(\boldsymbol{v}_j) = \sum_{i=1}^{n} f(\boldsymbol{v}_i)\delta_{ij} = f(\boldsymbol{v}_j)$ より $f = \sum_{i=1}^{n} f(\boldsymbol{v}_i)\boldsymbol{v}_i{}^*$. 次に，$c_1\boldsymbol{v}_1{}^* + \cdots + c_n\boldsymbol{v}_n{}^* = 0$（＝零写像）とする．$0 = \left(\sum_{i=1}^{n} c_i\boldsymbol{v}_i{}^*\right)(\boldsymbol{v}_j) = \sum_{i=1}^{n} c_i\delta_{ij} = c_j$ より $\boldsymbol{v}_1{}^*, \cdots, \boldsymbol{v}_n{}^*$ は1次独立になる．よって，$\boldsymbol{v}_1{}^*, \cdots, \boldsymbol{v}_n{}^*$ は V^* の基底になる．

6 内 積 空 間

6.1 内　　積

◆ **内積空間** ◆　　実線形空間 V の任意のベクトル $\boldsymbol{a}, \boldsymbol{b}$ に実数 $(\boldsymbol{a}, \boldsymbol{b})$ が対応していて，これが次の条件を満たすとき，$(\boldsymbol{a}, \boldsymbol{b})$ を V の**内積**という．

（1） $(\boldsymbol{a}+\boldsymbol{b}, \boldsymbol{c}) = (\boldsymbol{a}, \boldsymbol{c})+(\boldsymbol{b}, \boldsymbol{c})$

（2） $(c\boldsymbol{a}, \boldsymbol{b}) = c(\boldsymbol{a}, \boldsymbol{b}) \quad (c \in \boldsymbol{R})$

（3） $(\boldsymbol{a}, \boldsymbol{b}) = (\boldsymbol{b}, \boldsymbol{a})$

（4） $(\boldsymbol{a}, \boldsymbol{a}) \geqq 0$，等号が成り立つのは $\boldsymbol{a} = \boldsymbol{0}$ のときに限る

また V が複素線形空間の場合は，内積 $(\boldsymbol{a}, \boldsymbol{b})$ のとる値は一般に複素数として，上記の条件の（1），（4）はそのままで，他は

（2）′ $(c\boldsymbol{a}, \boldsymbol{b}) = c(\boldsymbol{a}, \boldsymbol{b}) \quad (c \in \boldsymbol{C})$

（3）′ $(\boldsymbol{a}, \boldsymbol{b}) = \overline{(\boldsymbol{b}, \boldsymbol{a})}$

でおきかえる．この場合の内積を**エルミート内積**と呼ぶこともある．

実線形空間あるいは複素線形空間のいずれの場合も，内積が 1 つ指定されているとき**内積空間**あるいは**計量線形空間**という．

この内積の定義より，自動的に

$$(\boldsymbol{a}, \boldsymbol{b}+\boldsymbol{c}) = (\boldsymbol{a}, \boldsymbol{b})+(\boldsymbol{a}, \boldsymbol{c})$$

$$(\boldsymbol{a}, c\boldsymbol{b}) = c(\boldsymbol{a}, \boldsymbol{b}) \quad (c \in \boldsymbol{R}), \quad (\boldsymbol{a}, c\boldsymbol{b}) = \overline{c}(\boldsymbol{a}, \boldsymbol{b}) \quad (c \in \boldsymbol{C})$$

$$(\boldsymbol{a}, \boldsymbol{0}) = (\boldsymbol{0}, \boldsymbol{b}) = 0$$

などが成り立つことがわかる．

内積空間 V の任意のベクトル $\boldsymbol{a}$ に対して，$(\boldsymbol{a}, \boldsymbol{a}) \geqq 0$ であるから

$$\|\boldsymbol{a}\| = \sqrt{(\boldsymbol{a}, \boldsymbol{a})} \geqq 0$$

をベクトル $\boldsymbol{a}$ の**長さ**または**ノルム**という．

n 次元数ベクトル空間 $\boldsymbol{R}^n$ において

$$(\boldsymbol{a}, \boldsymbol{b}) = a_1 b_1 + a_2 b_2 + \cdots + a_n b_n = {}^t\boldsymbol{a}\boldsymbol{b}$$

は１つの内積である．これを $\boldsymbol{R}^n$ の**標準内積**という．このとき，$\boldsymbol{a}$ の長さは

$$\| \boldsymbol{a} \| = \sqrt{{a_1}^2 + {a_2}^2 + \cdots + {a_n}^2}$$

である．さらに，n 次実正方行列 A に対して，$(A\boldsymbol{a}, \boldsymbol{b}) = (\boldsymbol{a}, {}^tA\boldsymbol{b})$ が成り立つ．この標準内積が指定されている $\boldsymbol{R}^n$ のことを n 次元**ユークリッド空間**という．

また，n 次元複素数ベクトル空間 $\boldsymbol{C}^n$ において

$$(\boldsymbol{a}, \boldsymbol{b}) = a_1 \overline{b_1} + a_2 \overline{b_2} + \cdots + a_n \overline{b_n} = {}^t\boldsymbol{a}\,\overline{\boldsymbol{b}}$$

は１つの内積である．これを $\boldsymbol{C}^n$ の**標準内積**という．このとき，$\boldsymbol{a}$ の長さは

$$\| \boldsymbol{a} \| = \sqrt{| a_1 |^2 + | a_2 |^2 + \cdots + | a_n |^2}$$

である．さらに，n 次複素正方行列 A に対して，$(A\boldsymbol{a}, \boldsymbol{b}) = (\boldsymbol{a}, A^*\boldsymbol{b})$ が成り立つ．この標準内積が指定されている $\boldsymbol{C}^n$ のことを n 次元**ユニタリ空間**という．

注意　今後，とくに断らない限り，$\boldsymbol{R}^n$ および $\boldsymbol{C}^n$ における内積は標準内積をさすものとする．

区間 $I = [a, b]$ で定義されている実数値連続関数全体のつくる線形空間 $V = C(I)$ において

$$(f, g) = \int_a^b f(x)g(x)\,dx$$

は V の１つの内積になる．ベクトル f の長さは

$$\| f \|^2 = \int_a^b | f(x) |^2\,dx$$

である．この内積を L^2 内積，内積空間 $C(I)$ を L^2 空間という．

定理 6.1　内積空間 V の任意のベクトル $\boldsymbol{a}, \boldsymbol{b}$ とスカラー c に対して

（１）　$\| \boldsymbol{a} \| \geqq 0$；　$\| \boldsymbol{a} \| = 0 \iff \boldsymbol{a} = \boldsymbol{0}$

（２）　$\| c\boldsymbol{a} \| = | c | \, \| \boldsymbol{a} \|$

（３）　$|(\boldsymbol{a}, \boldsymbol{b})| \leqq \| \boldsymbol{a} \| \, \| \boldsymbol{b} \|$　**（シュヴァルツの不等式）**

（４）　$\| \boldsymbol{a} + \boldsymbol{b} \| \leqq \| \boldsymbol{a} \| + \| \boldsymbol{b} \|$　**（３角不等式）**

シュヴァルツの不等式(両辺を平方したもの)と3角不等式を $\boldsymbol{R}^n$ の標準内積にあてはめれば

$$(a_1b_1+a_2b_2+\cdots+a_nb_n)^2 \leqq (a_1{}^2+a_2{}^2+\cdots+a_n{}^2)(b_1{}^2+b_2{}^2+\cdots+b_n{}^2)$$

および

$$\sqrt{(a_1+b_1)^2+(a_2+b_2)^2+\cdots+(a_n+b_n)^2}$$
$$\leqq \sqrt{a_1{}^2+a_2{}^2+\cdots+a_n{}^2}+\sqrt{b_1{}^2+b_2{}^2+\cdots+b_n{}^2}.$$

◆ベクトルの直交◆　内積空間 V のベクトル $\boldsymbol{a}, \boldsymbol{b}$ について $(\boldsymbol{a}, \boldsymbol{b})=0$ となるとき，$\boldsymbol{a}$ と $\boldsymbol{b}$ は**直交する**といい

$$\boldsymbol{a} \perp \boldsymbol{b}$$

で表す．ベクトル $\boldsymbol{a}$ と V の部分集合 S に対して，$\boldsymbol{a}$ が S のすべてのベクトルと直交するとき

$$\boldsymbol{a} \perp S$$

で表す．

実内積空間 V においてシュヴァルツの不等式より，$\boldsymbol{0}$ でない任意のベクトル $\boldsymbol{a}, \boldsymbol{b}$ について

$$\cos\theta = \frac{(\boldsymbol{a}, \boldsymbol{b})}{\|\boldsymbol{a}\|\|\boldsymbol{b}\|}$$

となる $\theta\,(0 \leqq \theta \leqq \pi = 180^\circ)$ がただ1つ存在する．この θ を $\boldsymbol{a}$ と $\boldsymbol{b}$ のなす角という．したがって，$\theta = \dfrac{\pi}{2} = 90^\circ$ のときに限って $(\boldsymbol{a}, \boldsymbol{b})=0$，すなわち $\boldsymbol{a} \perp \boldsymbol{b}$ である．

例題 6.1　$\boldsymbol{R}^2$ のベクトル $\boldsymbol{a} = \begin{pmatrix} a_1 \\ b_1 \end{pmatrix}$, $\boldsymbol{b} = \begin{pmatrix} b_1 \\ b_2 \end{pmatrix}$ に対して

$$(\boldsymbol{a}, \boldsymbol{b}) = a_1b_1 - a_1b_2 - a_2b_1 + 2a_2b_2$$

とすると，これは $\boldsymbol{R}^2$ の１つの内積になることを示せ．また，この内積に関して

$$\| \boldsymbol{a} \| = \sqrt{a_1{}^2 - 2a_1a_2 + 2a_2{}^2}$$

を示せ．また，このときのシュヴァルツの不等式と３角不等式を述べよ．

解
$$(\boldsymbol{a}, \boldsymbol{b}) = {}^t\boldsymbol{a}A\boldsymbol{b} = (a_1 \quad a_2)\begin{pmatrix} 1 & -1 \\ -1 & 2 \end{pmatrix}\begin{pmatrix} b_1 \\ b_2 \end{pmatrix}$$

と表示できる．これから，内積の定義（１），（２），（３）が満たされることは理解できる．（１）は

$$(a_1+b_1 \quad a_2+b_2)\begin{pmatrix} 1 & -1 \\ -1 & 2 \end{pmatrix}\begin{pmatrix} c_1 \\ c_2 \end{pmatrix}$$
$$= (a_1 \quad a_2)\begin{pmatrix} 1 & -1 \\ -1 & 2 \end{pmatrix}\begin{pmatrix} c_1 \\ c_2 \end{pmatrix} + (b_1 \quad b_2)\begin{pmatrix} 1 & -1 \\ -1 & 2 \end{pmatrix}\begin{pmatrix} c_1 \\ c_2 \end{pmatrix}$$

であることは（計算してみれば）わかるから $(\boldsymbol{a}+\boldsymbol{b}, \boldsymbol{c}) = (\boldsymbol{a}, \boldsymbol{c}) + (\boldsymbol{b}, \boldsymbol{c})$ が成り立つ．（２），（３）は容易である．（４）および $\boldsymbol{a}$ の長さは

$$\| \boldsymbol{a} \|^2 = (\boldsymbol{a}, \boldsymbol{a}) = a_1{}^2 - 2a_1a_2 + 2a_2{}^2 = (a_1 - a_2)^2 + a_2{}^2 \geqq 0$$

よりわかる．

この内積の約束に従って定理 6.1 の（３）と（４）をそのまま書き下ろせば，シュヴァルツの不等式を平方した形は

$$(a_1b_1 - a_1b_2 - a_2b_1 + 2a_2b_2)^2 \leqq (a_1{}^2 - 2a_1a_2 + 2a_2{}^2)(b_1{}^2 - 2b_1b_2 + 2b_2{}^2),$$

３角不等式は

$$\sqrt{(a_1+b_1)^2 - 2(a_1+b_1)(a_2+b_2) + 2(a_2+b_2)^2}$$
$$\leqq \sqrt{a_1{}^2 - 2a_1a_2 + 2a_2{}^2} + \sqrt{b_1{}^2 - 2b_1b_2 + 2b_2{}^2}$$

である．

注意　$\boldsymbol{R}^n$, $\boldsymbol{C}^n$ には標準内積以外にもさまざまな内積を導入できることがわかる．

例題 6.2 内積空間 V において，ピタゴラスの定理

$$\boldsymbol{x} \perp \boldsymbol{y} \quad \text{ならば} \quad \|\boldsymbol{x}\|^2 + \|\boldsymbol{y}\|^2 = \|\boldsymbol{x}+\boldsymbol{y}\|^2$$

が成り立っていることを示せ．さらに V が実線形空間であれば，逆も成り立つことを証明せよ．しかし，V が複素線形空間であれば，逆は成立しない．この例（反例）をあげよ．

解 内積の定義（2），（3）または（2）′，（3）′ より

$$\|\boldsymbol{x}+\boldsymbol{y}\|^2 = (\boldsymbol{x}+\boldsymbol{y}, \boldsymbol{x}+\boldsymbol{y}) = (\boldsymbol{x}, \boldsymbol{x}) + (\boldsymbol{x}, \boldsymbol{y}) + (\boldsymbol{y}, \boldsymbol{x}) + (\boldsymbol{y}, \boldsymbol{y})$$

$$= \begin{cases} \|\boldsymbol{x}\|^2 + \|\boldsymbol{y}\|^2 + 2(\boldsymbol{x}, \boldsymbol{y}) & ((\boldsymbol{x}, \boldsymbol{y}) \in \boldsymbol{R}) \\ \|\boldsymbol{x}\|^2 + \|\boldsymbol{y}\|^2 + (\boldsymbol{x}, \boldsymbol{y}) + \overline{(\boldsymbol{x}, \boldsymbol{y})} & ((\boldsymbol{x}, \boldsymbol{y}) \in \boldsymbol{C}) \end{cases}$$

いま，$\boldsymbol{x} \perp \boldsymbol{y}$ すなわち $(\boldsymbol{x}, \boldsymbol{y}) = 0$ と仮定すると，いずれにしても

$$\|\boldsymbol{x}\|^2 + \|\boldsymbol{y}\|^2 = \|\boldsymbol{x}+\boldsymbol{y}\|^2$$

が得られる．

逆に，$\|\boldsymbol{x}+\boldsymbol{y}\|^2 = \|\boldsymbol{x}\|^2 + \|\boldsymbol{y}\|^2$ と仮定すると，V が実線形空間であれば，$(\boldsymbol{x}, \boldsymbol{y}) = 0$ すなわち $\boldsymbol{x} \perp \boldsymbol{y}$ が成り立つ．V が複素線形空間であれば

$$(\boldsymbol{x}, \boldsymbol{y}) + \overline{(\boldsymbol{x}, \boldsymbol{y})} = 2\,\mathrm{Re}\,(\boldsymbol{x}, \boldsymbol{y}) = 0$$

までしか保証されない．実際，$\boldsymbol{C}^2$ において，$\boldsymbol{x} = \begin{pmatrix} 1 \\ i \end{pmatrix}$，$\boldsymbol{y} = \begin{pmatrix} -i \\ 1 \end{pmatrix}$ のとき

$$\|\boldsymbol{x}\|^2 = |1|^2 + |i|^2 = 2, \quad \|\boldsymbol{y}\|^2 = |-i|^2 + |1|^2 = 2,$$
$$\|\boldsymbol{x}+\boldsymbol{y}\|^2 = |1-i|^2 + |i+1|^2 = 4$$

であるから，$\|\boldsymbol{x}\|^2 + \|\boldsymbol{y}\|^2 = \|\boldsymbol{x}+\boldsymbol{y}\|^2$ が成り立つ．しかし，$(\boldsymbol{x}, \boldsymbol{y}) = 1 \cdot \overline{(-i)} + i \cdot \overline{1} = 2i \neq 0$ である．

類題 内積空間 V において，中線定理

$$\|\boldsymbol{x}+\boldsymbol{y}\|^2 + \|\boldsymbol{x}-\boldsymbol{y}\|^2 = 2(\|\boldsymbol{x}\|^2 + \|\boldsymbol{y}\|^2)$$

が成り立つことを示せ（証明するだけでなく，この主張の図形的なイメージも考えよ）．

6.2 正規直交系

◆ **直交系** ◆　内積空間 V の $\mathbf{0}$ でないベクトルの組 $\{\boldsymbol{a}_1, \boldsymbol{a}_2, \cdots, \boldsymbol{a}_n\}$ のどの 2 つのベクトルも直交しているとき，これを**直交系**という．さらに，すべての i に対して $\|\boldsymbol{a}_i\| = 1$ であるとき，**正規直交系**という．その条件は

$$(\boldsymbol{a}_i, \boldsymbol{a}_j) = \delta_{ij} = \begin{cases} 1 & (i = j) \\ 0 & (i \neq j) \end{cases} \quad \text{（クロネッカーのデルタ）}$$

である．

区間 $I = [-\pi, \pi]$ で定義された連続関数のつくる線形空間 $V = C(I)$ における関数の無限列

$$\{1, \cos x, \sin x, \cos 2x, \sin 2x, \cdots, \cos nx, \sin nx, \cdots\}$$

について

$$\int_{-\pi}^{\pi} \cos mx \cos nx \, dx = \delta_{mn}\pi, \quad \int_{-\pi}^{\pi} \sin mx \sin nx \, dx = \delta_{mn}\pi,$$
$$\int_{-\pi}^{\pi} \cos mx \sin nx \, dx = 0$$

が成り立つ．したがって，この無限列は無限次元ベクトル空間 V の L^2 内積に関する 1 つの直交系である．

> **定理 6.2**　内積空間の直交系は 1 次独立である．

◆ **正規直交基底** ◆　内積空間 V の基底 $\{\boldsymbol{u}_1, \boldsymbol{u}_2, \cdots, \boldsymbol{u}_n\}$ が正規直交系であるとき，**正規直交基底**という．

n 次元ユークリッド空間 $\boldsymbol{R}^n$ およびユニタリ空間 $\boldsymbol{C}^n$ の標準的基底

$$\boldsymbol{e}_1 = \begin{pmatrix} 1 \\ 0 \\ \vdots \\ 0 \end{pmatrix}, \quad \boldsymbol{e}_2 = \begin{pmatrix} 0 \\ 1 \\ \vdots \\ 0 \end{pmatrix}, \quad \cdots, \quad \boldsymbol{e}_n = \begin{pmatrix} 0 \\ 0 \\ \vdots \\ 1 \end{pmatrix}$$

は正規直交基底である．

定理 6.3（グラム-シュミットの直交化法） 内積空間の基底 $\{\boldsymbol{a}_1, \boldsymbol{a}_2, \cdots, \boldsymbol{a}_n\}$ は次の手続きで正規直交基底 $\{\boldsymbol{u}_1, \boldsymbol{u}_2, \cdots, \boldsymbol{u}_n\}$ につくりかえることができる：

最初に $\boldsymbol{u}_1 = \dfrac{1}{\|\boldsymbol{a}_1\|}\boldsymbol{a}_1$ とする．このとき，$\|\boldsymbol{u}_1\| = 1$．次に，$\boldsymbol{u}_2{}' = \boldsymbol{a}_2 - (\boldsymbol{a}_2, \boldsymbol{u}_1)\boldsymbol{u}_1$ とすると，$\boldsymbol{u}_1 \perp \boldsymbol{u}_2{}'$，$\boldsymbol{u}_2{}' \neq \boldsymbol{0}$ である．このとき，$\boldsymbol{u}_2 = \dfrac{1}{\|\boldsymbol{u}_2{}'\|}\boldsymbol{u}_2{}'$ とおけば $\boldsymbol{u}_1 \perp \boldsymbol{u}_2$，$\|\boldsymbol{u}_2\| = 1$．以下 $k = 3, 4, \cdots, n$ について

$$\boldsymbol{u}_k{}' = \boldsymbol{a}_k - \sum_{i=1}^{k-1}(\boldsymbol{a}_k, \boldsymbol{u}_i)\boldsymbol{u}_i, \quad \boldsymbol{u}_k = \frac{1}{\|\boldsymbol{u}_k{}'\|}\boldsymbol{u}_k{}'$$

と続行する．

このことから，有限次元内積空間は正規直交基底をもつことがわかる．

◆ **直交補空間** ◆ W を内積空間 V の部分空間とする．このとき，V の部分空間

$$W^{\perp} = \{\boldsymbol{v} \in V \mid \boldsymbol{v} \perp W\}$$

を W の**直交補空間**という．

例題 6.3　3 次元ユークリッド空間 $\boldsymbol{R}^3$ の基底

$$\boldsymbol{a}_1=\begin{pmatrix}1\\1\\1\end{pmatrix},\quad \boldsymbol{a}_2=\begin{pmatrix}1\\0\\1\end{pmatrix},\quad \boldsymbol{a}_3=\begin{pmatrix}2\\1\\-1\end{pmatrix}$$

をグラム-シュミットの方法で正規直交基底 $\{\boldsymbol{u}_1, \boldsymbol{u}_2, \boldsymbol{u}_3\}$ につくりかえよ．

解　$\|\boldsymbol{a}_1\|=\sqrt{1^2+1^2+1^2}=\sqrt{3}$ であるから，$\boldsymbol{u}_1=\dfrac{1}{\sqrt{3}}\begin{pmatrix}1\\1\\1\end{pmatrix}$. 次に，$(\boldsymbol{a}_2, \boldsymbol{u}_1)=\dfrac{1}{\sqrt{3}}(1\cdot1+0\cdot1+1\cdot1)=\dfrac{2}{\sqrt{3}}$ であるから

$$\boldsymbol{u}_2{}'=\begin{pmatrix}1\\0\\1\end{pmatrix}-\frac{2}{\sqrt{3}}\frac{1}{\sqrt{3}}\begin{pmatrix}1\\1\\1\end{pmatrix}=\frac{1}{3}\begin{pmatrix}1\\-2\\1\end{pmatrix}$$

よって，$\|\boldsymbol{u}_2{}'\|=\dfrac{1}{3}\sqrt{1^2+(-2)^2+1^2}=\dfrac{\sqrt{6}}{3}$ より $\boldsymbol{u}_2=\dfrac{1}{\sqrt{6}}\begin{pmatrix}1\\-2\\1\end{pmatrix}$. さらに

$$(\boldsymbol{a}_3, \boldsymbol{u}_1)=\frac{1}{\sqrt{3}}(2\cdot1+1\cdot1+(-1)\cdot1)=\frac{2}{\sqrt{3}},$$

$$(\boldsymbol{a}_3, \boldsymbol{u}_2)=\frac{1}{\sqrt{6}}(2\cdot1+1\cdot(-2)+(-1)\cdot1)=\frac{-1}{\sqrt{6}}$$

$$\boldsymbol{u}_3{}'=\begin{pmatrix}2\\1\\-1\end{pmatrix}-\frac{2}{\sqrt{3}}\frac{1}{\sqrt{3}}\begin{pmatrix}1\\1\\1\end{pmatrix}-\frac{1}{\sqrt{6}}\frac{1}{\sqrt{6}}\begin{pmatrix}1\\-2\\1\end{pmatrix}=\frac{3}{2}\begin{pmatrix}1\\0\\-1\end{pmatrix}$$

よって，$\|\boldsymbol{u}_3{}'\|=\dfrac{3}{2}\sqrt{1^2+(-1)^2}=\dfrac{3}{\sqrt{2}}$ より，$\boldsymbol{u}_3=\dfrac{1}{\sqrt{2}}\begin{pmatrix}1\\0\\-1\end{pmatrix}$.

類題　$\boldsymbol{R}^3$ のベクトル $\boldsymbol{a}_1=\begin{pmatrix}1\\3\\2\end{pmatrix}$, $\boldsymbol{a}_2=\begin{pmatrix}-1\\1\\3\end{pmatrix}$, $\boldsymbol{a}_3=\begin{pmatrix}2\\0\\-1\end{pmatrix}$ を正規直交化せよ．

例題 6.4 W を有限次元内積空間 V の部分空間とする．このとき，V の任意のベクトル $\boldsymbol{v}$ は

$$\boldsymbol{v} = \boldsymbol{w} + \boldsymbol{v}_0, \quad \boldsymbol{w} \in W, \ \boldsymbol{v}_0 \perp W$$

と一意的に表されることを示せ．

解 W は有限次元内積空間であるから，W の正規直交基底 $\{\boldsymbol{u}_1, \boldsymbol{u}_2, \cdots, \boldsymbol{u}_r\}$ ($\dim W = r$) が存在する．$c_i = (\boldsymbol{v}, \boldsymbol{u}_i)$ $(i = 1, 2, \cdots, r)$ として

$$\boldsymbol{w} = c_1\boldsymbol{u}_1 + c_2\boldsymbol{u}_2 + \cdots + c_r\boldsymbol{u}_r$$

とおけば，$\boldsymbol{w}$ は W のベクトルである．このとき

$$\begin{aligned}(\boldsymbol{w}, \boldsymbol{u}_i) &= (c_1\boldsymbol{u}_1 + c_2\boldsymbol{u}_2 + \cdots + c_r\boldsymbol{u}_r, \boldsymbol{u}_i) \\ &= c_1(\boldsymbol{u}_1, \boldsymbol{u}_i) + c_2(\boldsymbol{u}_2, \boldsymbol{u}_i) + \cdots + c_r(\boldsymbol{u}_r, \boldsymbol{u}_i) = c_i(\boldsymbol{u}_i, \boldsymbol{u}_i) = c_i\end{aligned}$$

に注意すれば

$$(\boldsymbol{v} - \boldsymbol{w}, \boldsymbol{u}_i) = (\boldsymbol{v}, \boldsymbol{u}_i) - (\boldsymbol{w}, \boldsymbol{u}_i) = c_i - c_i = 0 \quad (i = 1, 2, \cdots, r)$$

であるから，$(\boldsymbol{v} - \boldsymbol{w}) \perp W$ となる．$\boldsymbol{v}_0 = \boldsymbol{v} - \boldsymbol{w}$ とおけば

$$\boldsymbol{v} = \boldsymbol{w} + \boldsymbol{v}_0, \quad \boldsymbol{w} \in W, \ \boldsymbol{v}_0 \perp W.$$

また，この表示が一意的であることは，次のようにして確認できる．

$$\boldsymbol{v} = \boldsymbol{w} + \boldsymbol{v}_0 = \boldsymbol{w}' + \boldsymbol{v}_0', \quad \boldsymbol{w}, \boldsymbol{w}' \in W, \ \boldsymbol{v}_0 \perp W, \ \boldsymbol{v}_0' \perp W$$

に対して，$\boldsymbol{w}' = c_1'\boldsymbol{u}_1 + c_2'\boldsymbol{u}_2 + \cdots + c_r'\boldsymbol{u}_r$ とすれば，$\boldsymbol{v}_0' \perp \boldsymbol{u}_i$ であるから

$$c_i = (\boldsymbol{v}, \boldsymbol{u}_i) = (\boldsymbol{w}' + \boldsymbol{v}_0', \boldsymbol{u}_i) = (\boldsymbol{w}', \boldsymbol{u}_i) + (\boldsymbol{v}_0', \boldsymbol{u}_i) = c_i' + 0 = c_i'$$

となり，$\boldsymbol{w} = \boldsymbol{w}'$．よって，$\boldsymbol{v}_0 = \boldsymbol{v}_0'$．

注意 $\boldsymbol{w}$ を $\boldsymbol{v}$ から W への**正射影**，$\boldsymbol{v}_0$ を**直交成分**という．また，$d = \|\boldsymbol{v}_0\|$ は $\boldsymbol{v}$ から W への**距離**と呼ばれる．

たとえば，$W = \left\langle \begin{pmatrix}1\\1\\0\end{pmatrix}, \begin{pmatrix}1\\1\\1\end{pmatrix} \right\rangle$ のとき，$\boldsymbol{R}^3$ のベクトル $\boldsymbol{v} = \begin{pmatrix}1\\2\\3\end{pmatrix}$ を

$\boldsymbol{v} = \begin{pmatrix}\frac{3}{2}\\ \frac{3}{2}\\ 3\end{pmatrix} + \begin{pmatrix}-\frac{1}{2}\\ \frac{1}{2}\\ 0\end{pmatrix}$ と書けば，$\boldsymbol{w} = \begin{pmatrix}\frac{3}{2}\\ \frac{3}{2}\\ 3\end{pmatrix}$，$\boldsymbol{v}_0 = \begin{pmatrix}-\frac{1}{2}\\ \frac{1}{2}\\ 0\end{pmatrix}$ はそれぞれ $\boldsymbol{v}$ から W への正射影，直交成分になる（これを確かめよ）．

例題 6.5 $\boldsymbol{R}^4$ のベクトル $\boldsymbol{v}=\begin{pmatrix}1\\2\\3\\4\end{pmatrix}$ と，$\boldsymbol{a}=\begin{pmatrix}1\\0\\1\\0\end{pmatrix}$，$\boldsymbol{b}=\begin{pmatrix}1\\-1\\1\\-1\end{pmatrix}$ が生成する部分空間 $W=\langle \boldsymbol{a}, \boldsymbol{b}\rangle$ に対して，例題6.4で扱った $\boldsymbol{v}$ から W への正射影 $\boldsymbol{w}$，直交成分 $\boldsymbol{v}_0$，距離 d，および $\boldsymbol{v}$ と W のなす角の余弦，すなわち $\boldsymbol{v}$ と W の任意のベクトルとのなす角 θ に対する $\cos\theta$ を求めよ．

解 W の基底 $\{\boldsymbol{a}, \boldsymbol{b}\}$ を正規直交化して，例題6.4の解で与えた方法をそのまま繰り返してもよいが，$\boldsymbol{w}=c\boldsymbol{a}+d\boldsymbol{b}\in W$ について

$$(\boldsymbol{v}-\boldsymbol{w})\perp W \quad \text{すなわち} \quad (\boldsymbol{v}-\boldsymbol{w})\perp \boldsymbol{a},\ (\boldsymbol{v}-\boldsymbol{w})\perp \boldsymbol{b}$$

となる実数 c, d を求める方が手っ取り早い．まず

$$(\boldsymbol{v}, \boldsymbol{a})=4,\ (\boldsymbol{v}, \boldsymbol{b})=-2,\ (\boldsymbol{a}, \boldsymbol{a})=2,\ (\boldsymbol{b}, \boldsymbol{b})=4,\ (\boldsymbol{a}, \boldsymbol{b})=(\boldsymbol{b}, \boldsymbol{a})=2$$

であるから

$$(\boldsymbol{v}-\boldsymbol{w}, \boldsymbol{a})=(\boldsymbol{v}-c\boldsymbol{a}-d\boldsymbol{b}, \boldsymbol{a})=4-2c-2d=0,$$
$$(\boldsymbol{v}-\boldsymbol{w}, \boldsymbol{b})=(\boldsymbol{v}-c\boldsymbol{a}-d\boldsymbol{b}, \boldsymbol{b})=-2-2c-4d=0$$

を解いて，$c=5,\quad d=-3$ を得る．

したがって，$\boldsymbol{v}$ の正射影と直交成分はそれぞれ

$$\boldsymbol{w}=5\boldsymbol{a}-3\boldsymbol{b}=\begin{pmatrix}2\\3\\2\\3\end{pmatrix},\quad \boldsymbol{v}_0=\boldsymbol{v}-\boldsymbol{w}=\begin{pmatrix}-1\\-1\\1\\1\end{pmatrix}.$$

また，$\boldsymbol{v}$ から W への距離は

$$d=\|\boldsymbol{v}_0\|=\sqrt{(-1)^2+(-1)^2+1^2+1^2}=2.$$

$\boldsymbol{v}$ と W のなす角 θ は $\boldsymbol{v}$ と $\boldsymbol{w}$ のなす角であるから

$$\cos\theta=\frac{(\boldsymbol{v}, \boldsymbol{w})}{\|\boldsymbol{v}\|\cdot\|\boldsymbol{w}\|}=\frac{1\cdot 2+2\cdot 3+3\cdot 2+4\cdot 3}{\sqrt{1^2+2^2+3^2+4^2}\sqrt{2^2+3^2+2^2+3^2}}=\sqrt{\frac{13}{15}}.$$

例題 6.6　V を有限次元内積空間とする．このとき，任意の部分空間 W について，次が成り立つことを示せ．

$$V = W + W^{\perp}, \quad W \cap W^{\perp} = \{\mathbf{0}\}, \quad (W^{\perp})^{\perp} = W$$

解　$\{\boldsymbol{u}_1, \boldsymbol{u}_2, \cdots, \boldsymbol{u}_r\}$ を W の1組の正規直交基底とし，これを延長して V の正規直交基底 $\{\boldsymbol{u}_1, \cdots, \boldsymbol{u}_r, \boldsymbol{u}_{r+1}, \cdots, \boldsymbol{u}_n\}$ をつくる（定理5.4，定理6.3を参照）．このとき

$$W^{\perp} = \langle \boldsymbol{u}_{r+1}, \boldsymbol{u}_{r+2}, \cdots, \boldsymbol{u}_n \rangle$$

となることを示そう．これがいえれば，V の任意のベクトル $\boldsymbol{v}$ は

$$\boldsymbol{v} = \boldsymbol{w} + \boldsymbol{w}', \quad \boldsymbol{w} = c_1\boldsymbol{u}_1 + \cdots + c_r\boldsymbol{u}_r \in W, \quad \boldsymbol{w}' = c_{r+1}\boldsymbol{u}_{r+1} + \cdots + c_n\boldsymbol{u}_n \in W^{\perp}$$

と書けることから，$V = W + W^{\perp}$．このとき，$W \cap W^{\perp} = \{\mathbf{0}\}$ も明らかに成り立っている．そこでまず

$$\boldsymbol{u}_{r+1} \perp W, \quad \boldsymbol{u}_{r+2} \perp W, \quad \cdots, \quad \boldsymbol{u}_n \perp W, \quad W = \langle \boldsymbol{u}_1, \boldsymbol{u}_2, \cdots, \boldsymbol{u}_r \rangle$$

であるから，$\langle \boldsymbol{u}_{r+1}, \cdots, \boldsymbol{u}_n \rangle \subset W^{\perp}$．逆に，任意の $\boldsymbol{x} \in W^{\perp}$ について，ともかく $\boldsymbol{x} \in V$ であるから

$$\boldsymbol{x} = d_1\boldsymbol{u}_1 + \cdots + d_r\boldsymbol{u}_r + d_{r+1}\boldsymbol{u}_{r+1} + \cdots + d_n\boldsymbol{u}_n$$

と表せる．ところで，$\boldsymbol{x} \perp W$ から

$$(\boldsymbol{x}, \boldsymbol{u}_i) = 0 \quad すなわち \quad d_i = 0 \quad (i = 1, 2, \cdots, r).$$

したがって，$\boldsymbol{x} = d_{r+1}\boldsymbol{u}_{r+1} + \cdots + d_n\boldsymbol{u}_n \in \langle \boldsymbol{u}_{r+1}, \cdots, \boldsymbol{u}_n \rangle$ となるから $W^{\perp} \subset \langle \boldsymbol{u}_{r+1}, \cdots, \boldsymbol{u}_n \rangle$.

また，以上の証明で，$W = \langle \boldsymbol{u}_1, \cdots, \boldsymbol{u}_r \rangle$ と $W^{\perp} = \langle \boldsymbol{u}_{r+1}, \cdots, \boldsymbol{u}_n \rangle$ の立場を入れかえれば $(W^{\perp})^{\perp} = W$ も得られる．

注意　一般に線形空間 V の2つの部分空間 W_1, W_2 について，$V = W_1 + W_2$，$W_1 \cap W_2 = \{\mathbf{0}\}$ が満たされているとき，V は W_1 と W_2 の**直和**であるといい，$V = W_1 \oplus W_2$ で表す（第5章練習問題［B］8を参照）．したがって，ここで $V = W \oplus W^{\perp}$ であるが，これを V の W に関する**直交分解**という．そして，$\dim W^{\perp} = \dim V - \dim W$ である．

たとえば，$W_1 = \left\langle \begin{pmatrix} 1 \\ -5 \\ 1 \end{pmatrix} \right\rangle$，$W_2 = \left\langle \begin{pmatrix} -1 \\ 0 \\ 1 \end{pmatrix}, \begin{pmatrix} 5 \\ 1 \\ 0 \end{pmatrix} \right\rangle$ とするとき，$\boldsymbol{R}^3 = W_1 \oplus W_2$ および $W_1{}^{\perp} = W_2$ が成り立つ（確かめよ）．

6.3 直交行列とユニタリ行列

◆ **直交行列** ◆　　n 次実正方行列 A が

$$ {}^tAA = A{}^tA = E \quad すなわち \quad {}^tA = A^{-1} $$

となるとき，**直交行列**という（11 ページを参照）．

A が直交行列であれば，その行列式は $|A| = \pm 1$ である．

2 次正方行列

$$ \begin{pmatrix} \cos\theta & -\sin\theta \\ \sin\theta & \cos\theta \end{pmatrix}, \quad \begin{pmatrix} \cos\theta & \sin\theta \\ \sin\theta & -\cos\theta \end{pmatrix} $$

は直交行列である．

> **定理 6.4**　n 次実正方行列 A と $\boldsymbol{R}^n$ の標準内積について，次の 4 条件は同値である：
>
> （1）　A は直交行列である
>
> （2）　$\|A\boldsymbol{a}\| = \|\boldsymbol{a}\|$　$(\boldsymbol{a} \in \boldsymbol{R}^n)$
>
> （3）　$(A\boldsymbol{a}, A\boldsymbol{b}) = (\boldsymbol{a}, \boldsymbol{b})$　$(\boldsymbol{a}, \boldsymbol{b} \in \boldsymbol{R}^n)$
>
> （4）　A の列ベクトル表示を $A = (\boldsymbol{a}_1 \ \ \boldsymbol{a}_2 \ \ \cdots \ \ \boldsymbol{a}_n)$ とするとき，$\{\boldsymbol{a}_1, \boldsymbol{a}_2, \cdots, \boldsymbol{a}_n\}$ は $\boldsymbol{R}^n$ の 1 組の正規直交基底である

実内積空間 V の線形変換 $f: V \to V$ が

$$ (f(\boldsymbol{a}), f(\boldsymbol{b})) = (\boldsymbol{a}, \boldsymbol{b}) $$

を満たすとき，f を**直交変換**という．

> **定理 6.5**　n 次実正方行列 A に対応する $\boldsymbol{R}^n$ の線形変換 f に対して
>
> $$ A \text{ は直交行列} \iff f: \boldsymbol{R}^n \to \boldsymbol{R}^n \text{ は直交変換} $$

◆ **ユニタリ行列** ◆　　上記の結果を複素行列に拡張する．

n 次複素正方行列 A が

$$ A^*A = AA^* = E \quad すなわち \quad A^* = A^{-1} $$

となるとき，**ユニタリ行列**という．ここで，$A^* = {}^t\overline{A}$ は A の随伴行列である（4ページ参照）．

A がユニタリ行列であれば，その行列式 $|A|$ は絶対値が1の複素数である．

複素行列 $A = \begin{pmatrix} \dfrac{1+i}{2} & \dfrac{1}{\sqrt{2}} \\ \dfrac{-1+i}{2} & \dfrac{-i}{\sqrt{2}} \end{pmatrix} = \dfrac{1}{2}\begin{pmatrix} 1+i & \sqrt{2} \\ -1+i & -i\sqrt{2} \end{pmatrix}$ はユニタリ行列である．

定理 6.6 n 次複素正方行列 A と $\boldsymbol{C}^n$ の標準内積について，次の条件は同値である：

（1） A はユニタリ行列である

（2） $\|A\boldsymbol{a}\| = \|\boldsymbol{a}\|$ （$\boldsymbol{a} \in \boldsymbol{C}^n$）

（3） $(A\boldsymbol{a}, A\boldsymbol{b}) = (\boldsymbol{a}, \boldsymbol{b})$ （$\boldsymbol{a}, \boldsymbol{b} \in \boldsymbol{C}^n$）

（4） A の列ベクトル表示を $A = (\boldsymbol{a}_1 \quad \boldsymbol{a}_2 \quad \cdots \quad \boldsymbol{a}_n)$ とするとき，$\{\boldsymbol{a}_1, \boldsymbol{a}_2, \cdots, \boldsymbol{a}_n\}$ は $\boldsymbol{C}^n$ の1組の正規直交基底である．

複素内積空間 V の線形変換 $f: V \to V$ が

$$(f(\boldsymbol{a}), f(\boldsymbol{b})) = (\boldsymbol{a}, \boldsymbol{b})$$

を満たすとき，f を**ユニタリ変換**という．

定理 6.7 n 次複素正方行列 A に対応する $\boldsymbol{C}^n$ の線形変換 f に対して

$$A \text{ はユニタリ行列} \iff f: \boldsymbol{C}^n \to \boldsymbol{C}^n \text{ はユニタリ変換}$$

例題 6.7　2次の直交行列は

$$\begin{pmatrix} \cos\theta & -\sin\theta \\ \sin\theta & \cos\theta \end{pmatrix} \quad および \quad \begin{pmatrix} \cos\theta & \sin\theta \\ \sin\theta & -\cos\theta \end{pmatrix}$$

に限ることを証明せよ．

解　実行列 $A = \begin{pmatrix} a & b \\ c & d \end{pmatrix}$ について

$$ {}^tAA = \begin{pmatrix} a & c \\ b & d \end{pmatrix}\begin{pmatrix} a & b \\ c & d \end{pmatrix} = \begin{pmatrix} a^2+c^2 & ab+cd \\ ab+cd & b^2+d^2 \end{pmatrix}$$

であるから，実数 a, b, c, d についての連立方程式

$$a^2+c^2 = 1, \quad ab+cd = 0, \quad b^2+d^2 = 1$$

を解けばよい．しかし，ここでは，本質的に同じ作業であるが，定理6.4の（4）に注目する．

まず，ベクトル $\boldsymbol{a} = \begin{pmatrix} a \\ c \end{pmatrix}$ は長さが1であるから，$\|\boldsymbol{a}\|^2 = a^2+c^2 = 1$ である．

したがって

$$a = \cos\theta, \quad c = \sin\theta$$

となる θ が存在する．そして $\boldsymbol{b} = \begin{pmatrix} b \\ d \end{pmatrix}$ は $\boldsymbol{a}$ と直交することから

$$(\boldsymbol{a}, \boldsymbol{b}) = b\cos\theta + d\sin\theta = 0$$

すなわち

$$b = -k\sin\theta, \quad d = k\cos\theta$$

と表される．$\boldsymbol{b}$ の長さも1であるから

$$1 = \|\boldsymbol{b}\|^2 = b^2+d^2 = (-k\sin\theta)^2+(k\cos\theta)^2 = k^2$$

よって，$k = \pm 1$ となって

$$A = \begin{pmatrix} \cos\theta & -\sin\theta \\ \sin\theta & \cos\theta \end{pmatrix}, \quad \begin{pmatrix} \cos\theta & \sin\theta \\ \sin\theta & -\cos\theta \end{pmatrix}.$$

類題　2次のユニタリ行列はすべて

$$\begin{pmatrix} \alpha & \beta \\ -e^{i\theta}\overline{\beta} & e^{i\theta}\overline{\alpha} \end{pmatrix} \quad (|\alpha|^2+|\beta|^2 = 1, \ \theta \in \boldsymbol{R})$$

の形で表されることを証明せよ．

例題 6.8 n 次実正方行列 A, B をそれぞれ実部，虚部とする n 次複素正方行列 $U = A+iB$ について，次の 3 条件は同値であることを示せ．

（1） U はユニタリ行列である．

（2） $2n$ 次実正方行列 $T = \begin{pmatrix} A & -B \\ B & A \end{pmatrix}$ は直交行列である．

（3） $A{}^tA+B{}^tB = E,\ \ B{}^tA = A{}^tB$

解 $U^* = {}^t\overline{(A+iB)} = {}^tA-i{}^tB$ であるから

$$UU^* = (A+iB)({}^tA-i{}^tB) = A{}^tA+B{}^tB+i(B{}^tA-A{}^tB).$$

したがって，U がユニタリ行列になる条件は

$$A{}^tA+B{}^tB = E,\ \ B{}^tA-A{}^tB = O.$$

よって，（1）と（3）は同値になる．

一方，（2）での T の転置行列 ${}^tT$ は $\begin{pmatrix} {}^tA & {}^tB \\ -{}^tB & {}^tA \end{pmatrix}$ であるから

$$T{}^tT = \begin{pmatrix} A{}^tA+B{}^tB & A{}^tB-B{}^tA \\ B{}^tA-A{}^tB & B{}^tB+A{}^tA \end{pmatrix}.$$

これより，T が直交行列である条件は，やはり

$$A{}^tA+B{}^tB = E,\ \ B{}^tA-A{}^tB = O$$

となることがわかる．よって，（2）と（3）は同値になる．

たとえば，$U = \begin{pmatrix} \dfrac{1+i}{2} & \dfrac{1}{\sqrt{2}} \\ \dfrac{-1+i}{2} & -\dfrac{i}{\sqrt{2}} \end{pmatrix} = \begin{pmatrix} \dfrac{1}{2} & \dfrac{1}{\sqrt{2}} \\ -\dfrac{1}{2} & 0 \end{pmatrix} + i\begin{pmatrix} \dfrac{1}{2} & 0 \\ \dfrac{1}{2} & -\dfrac{1}{\sqrt{2}} \end{pmatrix}$ はユニタリ行列である（156 ページ）．そして

$$T = \begin{pmatrix} \dfrac{1}{2} & \dfrac{1}{\sqrt{2}} & -\dfrac{1}{2} & 0 \\ -\dfrac{1}{2} & 0 & -\dfrac{1}{2} & \dfrac{1}{\sqrt{2}} \\ \dfrac{1}{2} & 0 & \dfrac{1}{2} & \dfrac{1}{\sqrt{2}} \\ \dfrac{1}{2} & -\dfrac{1}{\sqrt{2}} & -\dfrac{1}{2} & 0 \end{pmatrix}$$

は直交行列であって，（3）が成立する（確かめよ）．

練習問題6

[A]

1. （1） $\boldsymbol{R}^4$ のベクトル $\boldsymbol{a}=\begin{pmatrix}-1\\1\\0\\4\end{pmatrix}$, $\boldsymbol{b}=\begin{pmatrix}2\\3\\1\\2\end{pmatrix}$ について，次を計算せよ．

$$(\boldsymbol{a}, \boldsymbol{b}),\quad \|\boldsymbol{a}\|,\quad \|\boldsymbol{b}\|,\quad \boldsymbol{a} \text{ と } \boldsymbol{b} \text{ のなす角 } \theta$$

（2） $\boldsymbol{C}^2$ のベクトル $\boldsymbol{a}=\begin{pmatrix}2i\\1+i\end{pmatrix}$, $\boldsymbol{b}=\begin{pmatrix}3+i\\-i\end{pmatrix}$ について，次を計算せよ．

$$(\boldsymbol{a}, i\boldsymbol{b}),\quad (\boldsymbol{a}-\boldsymbol{b}, \boldsymbol{a}+\boldsymbol{b}),\quad \|\boldsymbol{a}\|,\quad \|\boldsymbol{a}+2\boldsymbol{b}\|$$

2. $V=\boldsymbol{R}^n$ または $\boldsymbol{C}^n$ のベクトル $\boldsymbol{x}, \boldsymbol{y}$ とスカラー c, d について

$$\|c\boldsymbol{x}+d\boldsymbol{y}\|^2=\begin{cases} c^2\|\boldsymbol{x}\|^2+2cd(\boldsymbol{x}, \boldsymbol{y})+d^2\|\boldsymbol{y}\|^2 & (V=\boldsymbol{R}^n) \\ |c|^2\|\boldsymbol{x}\|^2+2\,\mathrm{Re}\,[c\bar{d}(\boldsymbol{x}, \boldsymbol{y})]+|d|^2\|\boldsymbol{y}\|^2 & (V=\boldsymbol{C}^n) \end{cases}$$

であることを示せ．

3. 内積空間 V のベクトル $\boldsymbol{u}, \boldsymbol{v}$ の間の距離を

$$d(\boldsymbol{u}, \boldsymbol{v})=\|\boldsymbol{u}-\boldsymbol{v}\|$$

によって定義する．このとき，次（距離の公理）が成り立つことを示せ．

（1） $d(\boldsymbol{u}, \boldsymbol{v})=d(\boldsymbol{v}, \boldsymbol{u})$　　（2） $d(\boldsymbol{u}, \boldsymbol{w}) \leqq d(\boldsymbol{u}, \boldsymbol{v})+d(\boldsymbol{v}, \boldsymbol{w})$

（3） $d(\boldsymbol{u}, \boldsymbol{v}) \geqq 0$; $d(\boldsymbol{u}, \boldsymbol{v})=0 \iff \boldsymbol{u}=\boldsymbol{v}$

4. 内積空間 V のベクトル $\boldsymbol{a}, \boldsymbol{b}$ が1次従属であれば，シュヴァルツの不等式では等号 $|(\boldsymbol{a}, \boldsymbol{b})|=\|\boldsymbol{a}\|\|\boldsymbol{b}\|$ が成り立つことを示せ．この逆は成り立つか．

5. （1） $\boldsymbol{R}^3$ のベクトル $\begin{pmatrix}2\\-1\\a\end{pmatrix}, \begin{pmatrix}3\\a\\-2\end{pmatrix}$ が直交するように a を定めよ．

（2） $\boldsymbol{R}^3$ のベクトルで $\begin{pmatrix}1\\2\\3\end{pmatrix}, \begin{pmatrix}-3\\1\\-2\end{pmatrix}$ の両方に直交する単位ベクトルを求めよ．

6. 内積空間 V のベクトルの直交関係について，次を示せ．

（1） 零ベクトル $\boldsymbol{0}$ は V のすべてのベクトル $\boldsymbol{x}$ と直交する．

（2） $\boldsymbol{x}_1 \perp \boldsymbol{y}$, $\boldsymbol{x}_2 \perp \boldsymbol{y}$ ならば $(\boldsymbol{x}_1+\boldsymbol{x}_2) \perp \boldsymbol{y}$

（3） $\boldsymbol{x} \perp \boldsymbol{y}$ ならば，任意のスカラー c に対して $(c\boldsymbol{x}) \perp \boldsymbol{y}$

（4） $\boldsymbol{x} \perp \boldsymbol{x}$ ならば $\boldsymbol{x}=\boldsymbol{0}$

7. $\boldsymbol{R}^2$ のベクトル $\begin{pmatrix}3\\4\end{pmatrix}, \begin{pmatrix}2\\1\end{pmatrix}$ のなす角 θ の余弦 $\cos\theta$ を，$\boldsymbol{R}^2$ の標準内積および例題6.1で与えた内積に関して求めよ．

8. 区間 $I=[0,1]$ での L^2 空間 $V=C(I)$ の2つのベクトル $f=x$, $g=x^2+1$ に

対して，f と g の長さ，f と g の距離および f と g のなす角の余弦を計算せよ．

9. 次のベクトルを正規直交化せよ．

（1） $\begin{pmatrix} 3 \\ 1 \end{pmatrix}, \begin{pmatrix} -1 \\ 2 \end{pmatrix}$　　（2） $\begin{pmatrix} 1+i \\ -2 \end{pmatrix}, \begin{pmatrix} -i \\ 2-i \end{pmatrix}$

10. $\boldsymbol{R}^3$ の次の基底から正規直交基底をつくれ．

（1） $\left\{\begin{pmatrix} -1 \\ 0 \\ 1 \end{pmatrix}, \begin{pmatrix} 0 \\ 1 \\ 1 \end{pmatrix}, \begin{pmatrix} 1 \\ -2 \\ 0 \end{pmatrix}\right\}$　　（2） $\left\{\begin{pmatrix} 1 \\ -3 \\ 0 \end{pmatrix}, \begin{pmatrix} -1 \\ 1 \\ 2 \end{pmatrix}, \begin{pmatrix} 2 \\ -2 \\ 1 \end{pmatrix}\right\}$

11. $\boldsymbol{R}^4$ のベクトル $\begin{pmatrix} -1 \\ 0 \\ 1 \\ -1 \end{pmatrix}, \begin{pmatrix} 0 \\ 1 \\ 1 \\ 1 \end{pmatrix}, \begin{pmatrix} 1 \\ -2 \\ 0 \\ 1 \end{pmatrix}$ で生成される部分空間 W の正規直交基底を求めよ．

12. $\boldsymbol{a} = \begin{pmatrix} -1 \\ 0 \\ -1 \\ 5 \\ -5 \end{pmatrix}$, $\boldsymbol{b} = \begin{pmatrix} -1 \\ 1 \\ 3 \\ -8 \\ 7 \end{pmatrix}$, $\boldsymbol{c} = \begin{pmatrix} 2 \\ -1 \\ -1 \\ 3 \\ -7 \end{pmatrix}$ で生成される $\boldsymbol{R}^5$ の部分空間 W の直交補空間 $W^{\perp}$ を求めよ．

13. $\boldsymbol{R}^3$ の部分空間 $W = \left\langle \begin{pmatrix} -1 \\ 3 \\ 1 \end{pmatrix}, \begin{pmatrix} 1 \\ -2 \\ 0 \end{pmatrix} \right\rangle$ について次を求めよ．

（1） 直交補空間 $W^{\perp}$　　（2） W の正規直交基底

（3） $\begin{pmatrix} 2 \\ -1 \\ 1 \end{pmatrix}$ から W への正射影と直交成分

14. 次の行列が直交行列になるように a, b, c を定めよ．

（1） $\begin{pmatrix} 1/\sqrt{2} & a & 2/3 \\ 0 & b & -1/3 \\ -1/\sqrt{2} & c & 2/3 \end{pmatrix}$　　（2） $\begin{pmatrix} a & -a & a \\ -b & 0 & b \\ c & 2c & c \end{pmatrix}$

15. 次の行列がユニタリ行列になるように a, b, c を1組定めよ．

$$\begin{pmatrix} a & -i/\sqrt{2} & 1/\sqrt{3} \\ b & 0 & 1/\sqrt{3} \\ c & 1/\sqrt{2} & -i/\sqrt{3} \end{pmatrix}$$

16. A がユニタリ行列のとき，$|A| = \cos\theta + i\sin\theta = e^{i\theta}$ と書けることを示せ．

[B]

1. n 次実正方行列全部からなる線形空間 $M(n)$ において，$(A, B) = \mathrm{tr}({}^tAB)$ は $M(n)$ の内積であることを示せ．$A = \begin{pmatrix} a_1 & a_2 \\ a_3 & a_4 \end{pmatrix}$，$B = \begin{pmatrix} b_1 & b_2 \\ b_3 & b_4 \end{pmatrix}$ のとき，この内積における $(A, B), \|A\|$ を計算せよ．

2. $\boldsymbol{R}^n$ から $\boldsymbol{R}^n$ への写像 f が $(f(\boldsymbol{a}), f(\boldsymbol{b})) = (\boldsymbol{a}, \boldsymbol{b})$ を満たすとき，f は線形写像になることを示せ．

3. 内積空間 V の内積について，次を証明せよ．

$$\begin{vmatrix} (\boldsymbol{a}_1, \boldsymbol{a}_1) & (\boldsymbol{a}_1, \boldsymbol{a}_2) & \cdots & (\boldsymbol{a}_1, \boldsymbol{a}_n) \\ \vdots & \vdots & & \vdots \\ (\boldsymbol{a}_n, \boldsymbol{a}_1) & (\boldsymbol{a}_n, \boldsymbol{a}_2) & \cdots & (\boldsymbol{a}_n, \boldsymbol{a}_n) \end{vmatrix} \neq 0 \iff \boldsymbol{a}_1, \boldsymbol{a}_2, \cdots, \boldsymbol{a}_n \text{ が 1 次独立}$$

4. $\{\boldsymbol{u}_1, \boldsymbol{u}_2, \cdots, \boldsymbol{u}_n\}$ を内積空間 V の正規直交基底とする．任意のベクトルを $\boldsymbol{x} = c_1\boldsymbol{u}_1 + c_2\boldsymbol{u}_2 + \cdots + c_n\boldsymbol{u}_n$ と表すとき，係数は $c_i = (\boldsymbol{x}, \boldsymbol{u}_i)\ (i = 1, 2, \cdots, n)$ であることを示せ．さらに，$\boldsymbol{y} = d_1\boldsymbol{u}_1 + d_2\boldsymbol{u}_2 + \cdots + d_n\boldsymbol{u}_n$ について

$$(\boldsymbol{x}, \boldsymbol{y}) = c_1\overline{d_1} + c_2\overline{d_2} + \cdots + c_n\overline{d_n}$$

となることを示せ．

5. 次の複素ベクトルをこの順に正規直交化せよ．

（1） $\begin{pmatrix} 2 \\ 1 \\ i \end{pmatrix}, \begin{pmatrix} i \\ -i \\ i \end{pmatrix}, \begin{pmatrix} 1+i \\ 1 \\ -i \end{pmatrix}$　　（2） $\begin{pmatrix} 1 \\ 1 \\ 1 \\ 1 \end{pmatrix}, \begin{pmatrix} 1 \\ 1 \\ 1 \\ i \end{pmatrix}, \begin{pmatrix} 1 \\ 1 \\ i \\ i \end{pmatrix}, \begin{pmatrix} 1 \\ i \\ i \\ i \end{pmatrix}$

6. 区間 $I = [-1, 1]$ での L^2 空間 $V = C(I)$ で，1 次独立な関数の列 $\{1, x, x^2, x^3, \cdots\}$ をグラム-シュミットの方法で正規直交化せよ（最初の 4 つでよい）．これは正規化されたルジャンドル多項式と呼ばれる．

7. 有限次元内積空間 V の部分空間 W_1, W_2 について，次が成り立つことを示せ．

（1） $W_1 \subset W_2 \iff W_1{}^\perp \supset W_2{}^\perp$

（2） $(W_1 + W_2)^\perp = W_1{}^\perp \cap W_2{}^\perp$

（3） $(W_1 \cap W_2)^\perp = W_1{}^\perp + W_2{}^\perp$

8. 2 つの直交行列の積および直交行列の逆行列はまた直交行列である．ユニタリ行列に対しても同様なことが成り立つ．これらを証明せよ．

9. 問題［B］1 における $V = M(n)$ の内積 $(X, Y) = \mathrm{tr}({}^tXY)$ を考える．このとき，次を示せ．

（1） V の線形変換 $X \longmapsto AX\ (A \in M_n)$ が直交変換 $\iff$ A が直交行列

（2） V の線形変換 $X \longmapsto XB\ (B \in M_n)$ が直交変換 $\iff$ B が直交行列

（3） 直交行列 A, B について，V の線形変換 $X \longmapsto AXB$ は直交変換

練習問題 6 のヒントと解答

［A］

1. （1） $(\boldsymbol{a},\boldsymbol{b})=9$，$\|\boldsymbol{a}\|=\|\boldsymbol{b}\|=3\sqrt{2}$，$\cos\theta=\dfrac{1}{2}$ より $\theta=\dfrac{\pi}{3}$.

（2） $(\boldsymbol{a},i\boldsymbol{b})=\bar{i}(\boldsymbol{a},\boldsymbol{b})=-i(2i(3-i)+(1+i)i)=7-i$，$(\boldsymbol{a}-\boldsymbol{b},\boldsymbol{a}+\boldsymbol{b})=(-3+i)(3-3i)+1+2i=-5+14i$，$\|\boldsymbol{a}\|=\sqrt{|2i|^2+|1+i|^2}=\sqrt{6}$，$\|\boldsymbol{a}+2\boldsymbol{b}\|=\sqrt{|6+4i|^2+|1-i|^2}=3\sqrt{6}$.

2. $\|c\boldsymbol{x}+d\boldsymbol{y}\|^2=c\bar{c}(\boldsymbol{x},\boldsymbol{x})+c\bar{d}(\boldsymbol{x},\boldsymbol{y})+\overline{c\bar{d}(\boldsymbol{x},\boldsymbol{y})}+d\bar{d}(\boldsymbol{y},\boldsymbol{y})$

3. （2） $\boldsymbol{u}-\boldsymbol{v}=\boldsymbol{x}$，$\boldsymbol{v}-\boldsymbol{w}=\boldsymbol{y}$ とおけば $\boldsymbol{u}-\boldsymbol{w}=\boldsymbol{x}+\boldsymbol{y}$ であるので 3 角不等式からすぐわかる．他は明らかである．

4. 零ベクトルなら明らか．そうでないとき $\boldsymbol{a}=c\boldsymbol{b}$ とすると
$|(\boldsymbol{a},\boldsymbol{b})|=|c(\boldsymbol{b},\boldsymbol{b})|=|c|\|\boldsymbol{b}\|^2=\|c\boldsymbol{b}\|\|\boldsymbol{b}\|=\|\boldsymbol{a}\|\|\boldsymbol{b}\|$．逆は成り立つ．
いま $\boldsymbol{a},\boldsymbol{b}$ が 1 次独立とすると，どんな実数 t に対しても $t\boldsymbol{a}+\boldsymbol{b}\neq\boldsymbol{0}$.
$0<\|t\boldsymbol{a}+\boldsymbol{b}\|^2=(t\boldsymbol{a}+\boldsymbol{b},t\boldsymbol{a}+\boldsymbol{b})=\|\boldsymbol{a}\|^2t^2+2(\boldsymbol{a},\boldsymbol{b})t+\|\boldsymbol{b}\|^2$．この 2 次式の判別式 <0 より $|(\boldsymbol{a},\boldsymbol{b})|<\|\boldsymbol{a}\|\|\boldsymbol{b}\|$．ユニタリ空間でも同様．

5. （1） $a=2$ 　（2） $\begin{pmatrix}1/\sqrt{3}\\1/\sqrt{3}\\-1/\sqrt{3}\end{pmatrix}$

6. （1） $(\boldsymbol{x},\boldsymbol{0})=0$ から $\boldsymbol{x}\perp\boldsymbol{0}$.

（2） $(\boldsymbol{x}_1,\boldsymbol{y})=0$，$(\boldsymbol{x}_2,\boldsymbol{y})=0$ から $(\boldsymbol{x}_1+\boldsymbol{x}_2,\boldsymbol{y})=(\boldsymbol{x}_1,\boldsymbol{y})+(\boldsymbol{x}_2,\boldsymbol{y})=0$.

（3） $(\boldsymbol{x},\boldsymbol{y})=0$ から $(c\boldsymbol{x},\boldsymbol{y})=c(\boldsymbol{x},\boldsymbol{y})=0$.

（4） $(\boldsymbol{x},\boldsymbol{x})=0$ ならば $\boldsymbol{x}=\boldsymbol{0}$ でなければならない．

7. 標準内積：$\cos\theta=2/\sqrt{5}$，例題 6.1 の内積：$(\boldsymbol{a},\boldsymbol{b})=3$，$\|\boldsymbol{a}\|=\sqrt{17}$，$\|\boldsymbol{b}\|=\sqrt{2}$ より $\cos\theta=3/\sqrt{34}$.

8. $\displaystyle\int_0^1 x^2\,dx=\frac{1}{3}$，$\displaystyle\int_0^1(x^2+1)^2\,dx=\frac{28}{15}$，$\displaystyle\int_0^1(x^2+1-x)^2\,dx=\frac{7}{10}$ であるから $\|f\|=\dfrac{1}{\sqrt{3}}$，$\|g\|=2\sqrt{\dfrac{7}{15}}$，$\|f-g\|=\sqrt{\dfrac{7}{10}}$．また $(f,g)=\displaystyle\int_0^1(x^2+1)x\,dx=\frac{3}{4}$ から $\cos\theta=\dfrac{9}{8}\sqrt{\dfrac{5}{7}}$.

9. （1） $\dfrac{1}{\sqrt{10}}\begin{pmatrix}3\\1\end{pmatrix}$，$\dfrac{1}{\sqrt{10}}\begin{pmatrix}-1\\3\end{pmatrix}$ 　（2） $\dfrac{1}{\sqrt{6}}\begin{pmatrix}1+i\\-2\end{pmatrix}$，$\dfrac{1}{\sqrt{15}}\begin{pmatrix}3-i\\1-2i\end{pmatrix}$

10. （1） $\dfrac{1}{\sqrt{2}}\begin{pmatrix}-1\\0\\1\end{pmatrix}$，$\dfrac{1}{\sqrt{6}}\begin{pmatrix}1\\2\\1\end{pmatrix}$，$\dfrac{1}{\sqrt{3}}\begin{pmatrix}1\\-1\\1\end{pmatrix}$

（2） $\dfrac{1}{\sqrt{10}}\begin{pmatrix}1\\-3\\0\end{pmatrix}$, $\dfrac{1}{\sqrt{110}}\begin{pmatrix}3\\1\\-10\end{pmatrix}$, $\dfrac{1}{\sqrt{11}}\begin{pmatrix}3\\1\\1\end{pmatrix}$

11. $\dfrac{1}{\sqrt{3}}\begin{pmatrix}-1\\0\\1\\-1\end{pmatrix}$, $\dfrac{1}{\sqrt{3}}\begin{pmatrix}0\\1\\1\\1\end{pmatrix}$, $\dfrac{1}{\sqrt{39}}\begin{pmatrix}1\\-5\\3\\2\end{pmatrix}$

12. $W^{\perp}$ のベクトル $\boldsymbol{x}$ に対して，$(\boldsymbol{x}, \boldsymbol{a}) = (\boldsymbol{x}, \boldsymbol{b}) = (\boldsymbol{x}, \boldsymbol{c}) = 0$ であるから，連立1次方程式 $\begin{cases} -x_1 \quad\quad -x_3+5x_4-5x_5 = 0 \\ -x_1+x_2+3x_3-8x_4+7x_5 = 0 \\ 2x_1-x_2 \ -x_3+3x_4-7x_5 = 0 \end{cases}$ を解いて，$W^{\perp} = \left\langle \begin{pmatrix}5\\13\\0\\1\\0\end{pmatrix}, \begin{pmatrix}-10\\-32\\5\\0\\1\end{pmatrix} \right\rangle$.

13. （1） $\begin{cases} -x_1+3x_2+x_3 = 0 \\ x_1-2x_2 \quad\quad = 0 \end{cases}$ を解いて $W^{\perp} = \left\langle \begin{pmatrix}2\\1\\-1\end{pmatrix} \right\rangle$.

（2） $\dfrac{1}{\sqrt{11}}\begin{pmatrix}-1\\3\\1\end{pmatrix}$, $\dfrac{1}{\sqrt{66}}\begin{pmatrix}4\\-1\\7\end{pmatrix}$

（3）（2）を用いると例題6.4における $c_1 = -4/\sqrt{11}$，$c_2 = 16/\sqrt{66}$ から，正射影 $\boldsymbol{w} = \dfrac{4}{3}\begin{pmatrix}1\\-1\\1\end{pmatrix}$，直交成分 $\boldsymbol{v}_0 = \dfrac{1}{3}\begin{pmatrix}2\\1\\-1\end{pmatrix}$.

14. （1） $a = c$，$2a-b+2c = 0$，$a^2+b^2+c^2 = 1$ より $a = c = \pm\dfrac{1}{3\sqrt{2}}$，$b = \pm\dfrac{4}{3\sqrt{2}}$（複号同順）.

（2） $a^2 = 2c^2$，$a^2-b^2+c^2 = 0$，$a^2+b^2+c^2 = 1$ より $a = \pm\dfrac{1}{\sqrt{3}}$，$b = \pm\dfrac{1}{\sqrt{2}}$，$c = \pm\dfrac{1}{\sqrt{6}}$.

15. $ia+c = 0$，$a+b+ic = 0$，$|a|^2+|b|^2+|c|^2 = 1$ を解いて，たとえば $a = 1/\sqrt{6}$，$b = -2/\sqrt{6}$，$c = -i/\sqrt{6}$.

16. A の行列式を $\det A$ で表せば，$1 = \det E = \det(A^*A) = \overline{\det A}\det A = |\det A|^2$ より，$|\det A| = 1$，すなわち A の行列式は絶対値が1の複素数になる．よって，$\det A = |A| = e^{i\theta}$ と書ける．

[B]

1. $(A, B) = \mathrm{tr}({}^tAB) = \mathrm{tr}\,{}^t({}^tAB) = \mathrm{tr}({}^tBA) = (B, A)$．他の条件を満たすことも容易にわかる．$(A, B) = a_1b_1 + a_2b_2 + a_3b_3 + a_4b_4$,
$\| A \| = \sqrt{{a_1}^2 + {a_2}^2 + {a_3}^2 + {a_4}^2}$.

2. $\| f(\boldsymbol{a}+\boldsymbol{b}) - f(\boldsymbol{a}) - f(\boldsymbol{b}) \|, \| f(c\boldsymbol{a}) - cf(\boldsymbol{a}) \|$ を定義に従って計算すればどちらも 0 になる．

3. $c_1\boldsymbol{a}_1 + c_2\boldsymbol{a}_2 + \cdots + c_n\boldsymbol{a}_n = \boldsymbol{0}$ とする．$0 = (\boldsymbol{0}, \boldsymbol{a}_j) = (c_1\boldsymbol{a}_1 + \cdots + c_n\boldsymbol{a}_n, \boldsymbol{a}_j) = c_1(\boldsymbol{a}_1, \boldsymbol{a}_j) + \cdots + c_n(\boldsymbol{a}_n, \boldsymbol{a}_j)$ $(j = 1, 2, \cdots, n)$．このとき，$c_1, c_2, \cdots, c_n$ を未知数とする同次連立 1 次方程式が自明解だけをもつ条件は係数行列が正則なことである．

4. $$(\boldsymbol{x}, \boldsymbol{u}_j) = \left(\sum_{i=1}^{n} c_i\boldsymbol{u}_i, \boldsymbol{u}_j\right) = \sum_{i=1}^{n} c_i(\boldsymbol{u}_i, \boldsymbol{u}_j) = \sum_{i=1}^{n} c_i\delta_{ij} = c_j,$$
$$(\boldsymbol{x}, \boldsymbol{y}) = \left(\sum_{i=1}^{n} c_i\boldsymbol{u}_i, \sum_{j=1}^{n} d_i\boldsymbol{u}_i\right) = \sum_{i=1}^{n}\sum_{j=1}^{n} c_i\overline{d_j}(\boldsymbol{u}_i, \boldsymbol{u}_j) = \sum_{i=1}^{n} c_i\overline{d_i}$$

5. （1） $$\frac{1}{\sqrt{6}}\begin{pmatrix} 2 \\ 1 \\ i \end{pmatrix}, \quad \frac{1}{4\sqrt{6}}\begin{pmatrix} 2-4i \\ 1+7i \\ -1-5i \end{pmatrix}, \quad \frac{1}{4\sqrt{10}}\begin{pmatrix} 2+4i \\ 5-5i \\ 3-9i \end{pmatrix}$$

（2） $$\frac{1}{2}\begin{pmatrix} 1 \\ 1 \\ 1 \\ 1 \end{pmatrix}, \quad \frac{1}{2\sqrt{3}}\begin{pmatrix} 1 \\ 1 \\ 1 \\ -3 \end{pmatrix}, \quad \frac{1}{\sqrt{6}}\begin{pmatrix} 1 \\ 1 \\ -2 \\ 0 \end{pmatrix}, \quad \frac{1}{\sqrt{2}}\begin{pmatrix} 1 \\ -1 \\ 0 \\ 0 \end{pmatrix}$$

6. $\left\{\sqrt{\dfrac{1}{2}}, \sqrt{\dfrac{3}{2}}\,x, \dfrac{1}{2}\sqrt{\dfrac{5}{2}}(3x^2-1), \dfrac{1}{2}\sqrt{\dfrac{7}{2}}(5x^2-3x), \cdots\right\}$，実際

$$\| 1 \|^2 = \int_{-1}^{1} dx = 2, \quad \frac{1}{\| 1 \|} = \frac{1}{\sqrt{2}}, \quad x - \frac{1}{\sqrt{2}}\int_{-1}^{1} \frac{x}{\sqrt{2}}\,dx = x, \quad \| x \|^2 = \frac{2}{3},$$
$$\frac{x}{\| x \|} = \sqrt{\frac{3}{2}}\,x, \quad x^2 - \frac{1}{2}\int_{-1}^{1} x^2\,dx - \frac{3x}{2}\int_{-1}^{1} x^3\,dx = x^2 - \frac{1}{3}$$

と計算していく．

7. （1） 定義から明らか．

（2） $W_1, W_2 \subset W_1 + W_2$ より ${W_1}^\perp, {W_2}^\perp \supset (W_1 + W_2)^\perp$ になるから ${W_1}^\perp \cap {W_2}^\perp \supset (W_1 + W_2)^\perp$．逆に，$\boldsymbol{x} \in {W_1}^\perp \cap {W_2}^\perp$ をとれば，$(\boldsymbol{x}, \boldsymbol{w}_1) = 0$ $(\boldsymbol{w}_1 \in W_1)$，$(\boldsymbol{x}, \boldsymbol{w}_2) = 0$ $(\boldsymbol{w}_2 \in W_2)$．よって，任意の $\boldsymbol{w} = \boldsymbol{w}_1 + \boldsymbol{w}_2 \in W_1 + W_2$ に対して $(\boldsymbol{x}, \boldsymbol{w}) = (\boldsymbol{x}, \boldsymbol{w}_1 + \boldsymbol{w}_2) = (\boldsymbol{x}, \boldsymbol{w}_1) + (\boldsymbol{x}, \boldsymbol{w}_2) = 0$，すなわち $\boldsymbol{x} \in (W_1 + W_2)^\perp$ となって，${W_1}^\perp \cap {W_2}^\perp \subset (W_1 + W_2)^\perp$ が成り立つ．

（3） V の部分空間 W に対して $(W^\perp)^\perp = W$ であるから（例題6.6），上で示したことを ${W_1}^\perp, {W_2}^\perp$ に当てはめると，$(W_1 \cap W_2)^\perp = [({W_1}^\perp)^\perp \cap ({W_2}^\perp)^\perp]^\perp = [({W_1}^\perp + {W_2}^\perp)^\perp]^\perp = {W_1}^\perp + {W_2}^\perp$.

8. A, B を直交行列とする．${}^t(AB)(AB) = {}^tB({}^tAA)B = {}^tBEB = {}^tBB = E$,

${}^t(A^{-1})(A^{-1}) = (A^tA)^{-1} = E$ より AB, A^{-1} は直交行列になる．ユニタリ行列のときも同様に $(AB)^*(AB) = B^*(A^*A)B = B^*B = E$，$(A^{-1})^*A^{-1} = (A^*)^{-1}A^{-1} = (AA^*)^{-1} = E$.

9. （1） $(AX, AY) = (X, Y)$ から $\mathrm{tr}({}^tX({}^tAA)Y) = \mathrm{tr}({}^tXY)$.

（2） B が直交行列のとき，$(XB, YB) = \mathrm{tr}({}^tB({}^tXY)B)$
$= \mathrm{tr}(B^{-1}({}^tXY)B) = \mathrm{tr}({}^tXY)$（第1章問題1［A］16（2））.

7 行列の標準化

7.1 固有値と固有ベクトル

◆ **固有ベクトルと固有値** ◆　ここではスカラーを複素数とする線形空間（複素線形空間）で議論する．

複素線形空間 V での線形変換 $f: V \to V$ について

$$f(\boldsymbol{p}) = \lambda \boldsymbol{p}$$

となるような複素数 λ を f の**固有値**といい，ベクトル $\boldsymbol{p} \neq \boldsymbol{0}$ を固有値 λ に対応する f の**固有ベクトル**という．

とくに $V = \boldsymbol{C}^n$ であり，線形変換 $f: \boldsymbol{C}^n \to \boldsymbol{C}^n$ に対応する複素行列が A である場合は

$$A\boldsymbol{p} = \lambda \boldsymbol{p} \quad (\boldsymbol{p} \in \boldsymbol{C}^n,\ \lambda \in \boldsymbol{C})$$

すなわち

$$(A - \lambda E)\boldsymbol{p} = \boldsymbol{0}$$

となる．このとき，複素数 λ を行列 A の**固有値**，列ベクトル $\boldsymbol{p} \neq \boldsymbol{0}$ を λ に対応する A の**固有ベクトル**という．

$$\begin{pmatrix} 5 & -2 \\ -2 & 2 \end{pmatrix}\begin{pmatrix} 2 \\ -1 \end{pmatrix} = 6\begin{pmatrix} 2 \\ -1 \end{pmatrix}$$

であるから，6 は行列 $A = \begin{pmatrix} 5 & -2 \\ -2 & 2 \end{pmatrix}$ の 1 つの固有値で，$\begin{pmatrix} 2 \\ -1 \end{pmatrix}$ は固有値 6 に対応する A の固有ベクトルである．

$A=(a_{ij})$ を n 次正方行列とする．n 次多項式

$$\varphi_A(\lambda)=|\lambda E-A|=\begin{vmatrix}\lambda-a_{11} & -a_{12} & \cdots & -a_{1n}\\ -a_{21} & \lambda-a_{22} & \cdots & -a_{2n}\\ \vdots & \vdots & \ddots & \vdots\\ -a_{n1} & -a_{n2} & \cdots & \lambda-a_{nn}\end{vmatrix}$$

$$=\lambda^n+c_1\lambda^{n-1}+\cdots+c_{n-1}\lambda+c_n$$

を A の**固有多項式**という．そして，n 次代数方程式 $\varphi_A(\lambda)=0$ を A の**固有方程式**という．

定理 7.1　（1）　n 次正方行列 A の固有値は重複度をこめて n 個あり，それは固有方程式 $\varphi_A(\lambda)=0$ の解全体と一致する．

（2）　A の固有値 λ に対応する固有ベクトル $\boldsymbol{p}$ は，同次連立 1 次方程式

$$(A-\lambda E)\boldsymbol{p}=\boldsymbol{0}$$

の非自明解のことである．

定理 7.2　n 次正方行列 A の固有値を $\lambda_1, \lambda_2, \cdots, \lambda_n$ とするとき

（1）　$\mathrm{tr}\,A=\lambda_1+\lambda_2+\cdots+\lambda_n$

（2）　$|A|=\lambda_1\lambda_2\cdots\lambda_n$

（3）　A は正則 $\Longleftrightarrow$ A は 0 を固有値としてもたない

◆ 固有空間 ◆　　λ を n 次正方行列 A の 1 つの固有値とする．このとき，同次連立 1 次方程式 $(A-\lambda E)\boldsymbol{x}=\boldsymbol{0}$ の解空間，すなわち固有値 λ に対応する固有ベクトルの全体に零ベクトル $\boldsymbol{0}$ を付け加えたもの

$$V(\lambda)=\{\boldsymbol{x}\in\boldsymbol{C}^n \mid (A-\lambda E)\boldsymbol{x}=\boldsymbol{0}\}$$

を λ に対応する A の**固有空間**という．

A が実行列で固有値 λ も実数である場合は，$(A-\lambda E)\boldsymbol{x}=\boldsymbol{0}$ の解空間 $V(\lambda)$ を $\boldsymbol{R}^n$ の中で考えることができる．

定理 7.3 n 次正方行列 A の固有多項式を重複度でまとめて

$$\varphi_A(\lambda) = (\lambda-\lambda_1)^{r_1}(\lambda-\lambda_2)^{r_2}\cdots(\lambda-\lambda_s)^{r_s}$$

$$\lambda_i \neq \lambda_j \quad (i \neq j), \quad n = r_1+r_2+\cdots+r_s$$

とできる．このとき，$1 \leqq \dim V(\lambda_i) \leqq r_i\,(i = 1, 2, \cdots, s)$．

定理 7.4 n 次正方行列 A の相異なる固有値 $\lambda_1, \lambda_2, \cdots, \lambda_s$ に対応する固有ベクトル $\boldsymbol{p}_1, \boldsymbol{p}_2, \cdots, \boldsymbol{p}_s$ は 1 次独立である．

例題 7.1 2 次正方行列 $A=\begin{pmatrix}5 & -2\\ -2 & 2\end{pmatrix}$ の固有多項式，固有方程式，固有値，さらに対応する固有ベクトルと固有空間を求めよ．

解 $\varphi_A(\lambda)=\begin{vmatrix}\lambda-5 & 2\\ 2 & \lambda-2\end{vmatrix}=\lambda^2-7\lambda+6$：固有多項式

$\varphi_A(\lambda)=\lambda^2-7\lambda+6=(\lambda-1)(\lambda-6)=0$：固有方程式

$\lambda_1=1,\ \lambda_2=6$：固有値

固有値 $\lambda_1=1$ に対応する A の固有ベクトルは連立 1 次方程式

$$(A-E)\boldsymbol{p}=\begin{pmatrix}5-1 & -2\\ -2 & 2-1\end{pmatrix}\begin{pmatrix}x\\ y\end{pmatrix}=\begin{pmatrix}0\\ 0\end{pmatrix}$$

すなわち $2x-y=0$ を解いて

$$\boldsymbol{p}_1=\begin{pmatrix}1\\ 2\end{pmatrix}c \quad (c \neq 0 \text{ は任意定数})$$

また，固有値 $\lambda_2=6$ に対応する A の固有ベクトルは連立 1 次方程式

$$(A-6E)\boldsymbol{p}=\begin{pmatrix}5-6 & -2\\ -2 & 2-6\end{pmatrix}\begin{pmatrix}x\\ y\end{pmatrix}=\begin{pmatrix}0\\ 0\end{pmatrix}$$

すなわち $x+2y=0$ を解いて

$$\boldsymbol{p}_2=\begin{pmatrix}2\\ -1\end{pmatrix}c \quad (c \neq 0 \text{ は任意定数})$$

したがって，固有空間はそれぞれ $V(1)=\left\langle\begin{pmatrix}1\\ 2\end{pmatrix}\right\rangle$，$V(6)=\left\langle\begin{pmatrix}2\\ -1\end{pmatrix}\right\rangle$．

類題 行列 $\begin{pmatrix}-1 & 2\\ -2 & -5\end{pmatrix}$, $\begin{pmatrix}3 & 2\\ -1 & 1\end{pmatrix}$ の固有値と固有ベクトルをそれぞれ求めよ．

類題の解 順に -3 と $\begin{pmatrix}1\\ -1\end{pmatrix}c$，$2\pm i$ と $\begin{pmatrix}1+i\\ -1\end{pmatrix}c$，$\begin{pmatrix}1-i\\ -1\end{pmatrix}c$ $(c \neq 0)$

例題 7.2 行列

$$A = \begin{pmatrix} 1 & -1 & 0 \\ 2 & 3 & 2 \\ 1 & 1 & 2 \end{pmatrix}$$

の固有多項式と固有値，および対応する固有空間を求めよ．

解 固有多項式は

$$\varphi_A(\lambda) = \begin{vmatrix} \lambda-1 & 1 & 0 \\ -2 & \lambda-3 & -2 \\ -1 & -1 & \lambda-2 \end{vmatrix} = \lambda^3-6\lambda^2+11\lambda-6$$

である．固有値は，固有方程式

$$\varphi_A(\lambda) = \lambda^3-6\lambda^2+11\lambda-6 = (\lambda-1)(\lambda-2)(\lambda-3) = 0$$

を解いて，$\lambda_1 = 1$，$\lambda_2 = 2$，$\lambda_3 = 3$ の 3 個である．

固有値 $\lambda_1 = 1$ に対応する固有空間は，連立 1 次方程式

$$\begin{pmatrix} 1-1 & -1 & 0 \\ 2 & 3-1 & 2 \\ 1 & 1 & 2-1 \end{pmatrix}\begin{pmatrix} x \\ y \\ z \end{pmatrix} = \begin{pmatrix} 0 \\ 0 \\ 0 \end{pmatrix}$$

すなわち $y = 0$，$x+y+z = 0$ を解いて，$V(1) = \left\langle \begin{pmatrix} 1 \\ 0 \\ -1 \end{pmatrix} \right\rangle$.

固有値 $\lambda_2 = 2$ に対応する固有空間は，連立 1 次方程式

$$\begin{pmatrix} 1-2 & -1 & 0 \\ 2 & 3-2 & 2 \\ 1 & 1 & 2-2 \end{pmatrix}\begin{pmatrix} x \\ y \\ z \end{pmatrix} = \begin{pmatrix} 0 \\ 0 \\ 0 \end{pmatrix}$$

すなわち $x+y = 0$，$2x+y+2z = 0$ を解いて，$V(2) = \left\langle \begin{pmatrix} -2 \\ 2 \\ 1 \end{pmatrix} \right\rangle$.

固有値 $\lambda_3 = 3$ に対応する固有空間は，連立 1 次方程式

$$\begin{pmatrix} 1-3 & -1 & 0 \\ 2 & 3-3 & 2 \\ 1 & 1 & 2-3 \end{pmatrix}\begin{pmatrix} x \\ y \\ z \end{pmatrix} = \begin{pmatrix} 0 \\ 0 \\ 0 \end{pmatrix}$$

すなわち $2x+y = 0$，$x+z = 0$ を解いて，$V(3) = \left\langle \begin{pmatrix} -1 \\ 2 \\ 1 \end{pmatrix} \right\rangle$.

例題 7.3 実行列 $A=\begin{pmatrix} a & -b \\ b & a \end{pmatrix}$ $(b \neq 0)$ および $B=\begin{pmatrix} a & b \\ b & -a \end{pmatrix}$ $(b \neq 0)$ のそれぞれの固有値と固有ベクトルを求めよ.

解 A の固有多項式は

$$\varphi_A(\lambda)=\begin{vmatrix} \lambda-a & b \\ -b & \lambda-a \end{vmatrix}=\lambda^2-2a\lambda+a^2+b^2.$$

$\lambda^2-2a\lambda+(a^2+b^2)=0$ を解くと $\lambda=a\pm\sqrt{a^2-(a^2+b^2)}=a\pm ib$ であるから，A の固有値は 2 つの複素数 $\lambda_1=a+ib$，$\lambda_2=a-ib$ である.

固有値 $a\pm ib$ に対応する固有ベクトルは，連立 1 次方程式

$$\begin{pmatrix} a-(a\pm ib) & -b \\ b & a-(a\pm ib) \end{pmatrix}\begin{pmatrix} x \\ y \end{pmatrix}=\begin{pmatrix} 0 \\ 0 \end{pmatrix}$$

すなわち $x\pm iy=0$ を解いて

$$\boldsymbol{p}_1=\begin{pmatrix} i \\ 1 \end{pmatrix}c, \quad \boldsymbol{p}_2=\begin{pmatrix} i \\ -1 \end{pmatrix}c \in \boldsymbol{C}^2 \quad (c \neq 0).$$

B の固有多項式は

$$\varphi_A(\lambda)=\begin{vmatrix} \lambda-a & -b \\ -b & \lambda+a \end{vmatrix}=\lambda^2-(a^2+b^2).$$

よって，B の固有値は 2 つの実数 $\lambda_1=\sqrt{a^2+b^2}$，$\lambda_2=-\sqrt{a^2+b^2}$ である.

これらの固有値に対応する固有ベクトルは，連立 1 次方程式

$$\begin{pmatrix} a-(\pm\sqrt{a^2+b^2}) & b \\ b & -a-(\pm\sqrt{a^2+b^2}) \end{pmatrix}\begin{pmatrix} x \\ y \end{pmatrix}=\begin{pmatrix} 0 \\ 0 \end{pmatrix}$$

を解いて

$$\boldsymbol{p}_1=\begin{pmatrix} b \\ -a+\sqrt{a^2+b^2} \end{pmatrix}c, \quad \boldsymbol{p}_2=\begin{pmatrix} b \\ -a-\sqrt{a^2+b^2} \end{pmatrix}c \in \boldsymbol{R}^2 \quad (c \neq 0).$$

注意 $a=\cos\theta$，$b=\sin\theta$ の場合：A（原点を中心とする角 θ の回転行列）の固有値は $\cos\theta+i\sin\theta=e^{i\theta}$，$\cos\theta-i\sin\theta=e^{-i\theta}$ である. B の固有値 1, −1 に対応する長さ 1 の固有ベクトルは，それぞれ $\boldsymbol{p}_1=\begin{pmatrix} \cos\frac{\theta}{2} \\ \sin\frac{\theta}{2} \end{pmatrix}$，$\boldsymbol{p}_2=\begin{pmatrix} \sin\frac{\theta}{2} \\ -\cos\frac{\theta}{2} \end{pmatrix}$ となり，x 軸と角度 $\frac{\theta}{2}$ の直線に関しての反転（鏡像変換）である.

例題 7.4 5次正方行列

$$A = \begin{pmatrix} 0 & 1 & 0 & 0 & 0 \\ 0 & 0 & 1 & 0 & 0 \\ 0 & 0 & 0 & 1 & 0 \\ 0 & 0 & 0 & 0 & 1 \\ 1 & 0 & 0 & 0 & 0 \end{pmatrix}$$

の固有値と対応する固有空間を求めよ．

解 A の固有多項式は

$$\varphi_A(\lambda) = \begin{vmatrix} \lambda & -1 & 0 & 0 & 0 \\ 0 & \lambda & -1 & 0 & 0 \\ 0 & 0 & \lambda & -1 & 0 \\ 0 & 0 & 0 & \lambda & -1 \\ -1 & 0 & 0 & 0 & \lambda \end{vmatrix} = \lambda^5 - 1$$

であることは，第1列で展開すれば容易にわかる．したがって，A の固有値は1の5乗根（複素平面上の単位円周の5等分点）

$$\omega_k = \cos\frac{2\pi k}{5} + i\sin\frac{2\pi k}{5} \quad (k = 0, 1, \cdots, 4)$$

である．固有値 ω_k に対応する固有空間は連立1次方程式

$$\begin{pmatrix} -\omega_k & 1 & 0 & 0 & 0 \\ 0 & -\omega_k & 1 & 0 & 0 \\ 0 & 0 & -\omega_k & 1 & 0 \\ 0 & 0 & 0 & -\omega_k & 1 \\ 1 & 0 & 0 & 0 & -\omega_k \end{pmatrix} \begin{pmatrix} x_1 \\ x_2 \\ x_3 \\ x_4 \\ x_5 \end{pmatrix} = \begin{pmatrix} 0 \\ 0 \\ 0 \\ 0 \\ 0 \end{pmatrix}$$

すなわち $\omega_k x_1 = x_2$，$\omega_k x_2 = x_3$，$\omega_k x_3 = x_4$，$\omega_k x_4 = x_5$ を解いて

$$\begin{pmatrix} x_1 \\ x_2 \\ x_3 \\ x_4 \\ x_5 \end{pmatrix} = c\begin{pmatrix} 1 \\ \omega_k \\ {\omega_k}^2 \\ {\omega_k}^3 \\ {\omega_k}^4 \end{pmatrix} (c \neq 0) \quad より \quad V(\omega_k) = \left\langle \begin{pmatrix} 1 \\ \omega_k \\ {\omega_k}^2 \\ {\omega_k}^3 \\ {\omega_k}^4 \end{pmatrix} \right\rangle.$$

$$(k = 0, 1, 2, 3, 4)$$

注意 これは一般の n についてもそのまま通用する．

7.2 行列の対角化

n 次正方行列 A に対して，適当な n 次正則行列 P を選んで

$$P^{-1}AP = \begin{pmatrix} \lambda_1 & & & \\ & \lambda_2 & & O \\ & O & \ddots & \\ & & & \lambda_n \end{pmatrix}$$

とできるとき，A を**対角化可能**という．

> **定理 7.5** n 次正方行列 A に対して，次の条件は同値である：
> （1） A は対角化可能である．
> （2） n 個の 1 次独立な A の固有ベクトルが存在する．
> （3） $\lambda_1, \lambda_2, \cdots, \lambda_r$ を A のすべての相異なる固有値とするとき
> $$n = \dim V(\lambda_1) + \dim V(\lambda_2) + \cdots + \dim V(\lambda_r)$$

$\boldsymbol{p}_1, \boldsymbol{p}_2, \cdots, \boldsymbol{p}_n$ を A の 1 次独立である n 個の固有ベクトルとするとき，A は正則行列

$$P = (\boldsymbol{p}_1 \quad \boldsymbol{p}_2 \quad \cdots \quad \boldsymbol{p}_n)$$

によって対角化が実現され，対応する固有値が対角成分となる．

> **定理 7.6** n 次正方行列 A の固有値がすべて相異なれば，A は対角化可能である．

例題 7.5 2 次正方行列 $A = \begin{pmatrix} 5 & -2 \\ -2 & 2 \end{pmatrix}$ および 3 次正方行列 $B = \begin{pmatrix} 1 & -1 & 0 \\ 2 & 3 & 2 \\ 1 & 1 & 2 \end{pmatrix}$ は対角化可能である．その理由を述べて，対角化を実現する正則行列 P を求めよ．

解 すでに例題 7.1 で A は 2 個の異なる固有値 1 と 6 をもっていることを調べてある．よって，定理 7.6 より A は対角化可能であることがわかる．このとき，この固有値に対応する固有ベクトルを並べた正則行列

$$P = (\boldsymbol{p}_1 \quad \boldsymbol{p}_2) = \begin{pmatrix} 1 & 2 \\ 2 & -1 \end{pmatrix}$$

によって A は対角化される：$P^{-1}AP = \begin{pmatrix} 1 & 0 \\ 0 & 6 \end{pmatrix}$.

実際に $P^{-1} = \dfrac{1}{5}\begin{pmatrix} 1 & 2 \\ 2 & -1 \end{pmatrix}$ であるから

$$P^{-1}AP = \frac{1}{5}\begin{pmatrix} 1 & 2 \\ 2 & -1 \end{pmatrix}\begin{pmatrix} 5 & -2 \\ -2 & 2 \end{pmatrix}\begin{pmatrix} 1 & 2 \\ 2 & -1 \end{pmatrix} = \begin{pmatrix} 1 & 0 \\ 0 & 6 \end{pmatrix}$$

になる．

また，例題 7.2 で B は 3 個の異なる固有値 $1, 2, 3$ をもっていることを調べてある．したがって，B も対角化可能である．そして，これらの固有値に対応する固有空間を生成するベクトル（固有ベクトル）を並べた正則行列

$$Q = \begin{pmatrix} 1 & -2 & -1 \\ 0 & 2 & 2 \\ -1 & 1 & 1 \end{pmatrix}$$

によって B は対角化される：$Q^{-1}BQ = \begin{pmatrix} 1 & 0 & 0 \\ 0 & 2 & 0 \\ 0 & 0 & 3 \end{pmatrix}$.（これを確かめよ）

例題 7.6 3 次複素行列 $A = \begin{pmatrix} 0 & i & i \\ i & 0 & i \\ i & i & 0 \end{pmatrix}$ は対角化可能である．その理由を述べて，対角化を実現する正則行列を求めよ．

解 A の固有値は

$$\varphi_A(\lambda) = \begin{vmatrix} \lambda & -i & -i \\ -i & \lambda & -i \\ -i & -i & \lambda \end{vmatrix} = \lambda^3 + 3\lambda + 2i = (\lambda + i)^2(\lambda - 2i) = 0$$

から，$-i$（重複度 2）と $2i$ の 2 個である．

固有値 $-i$ に対応する固有ベクトルとして，連立 1 次方程式

$$\begin{pmatrix} 0-(-i) & i & i \\ i & 0-(-i) & i \\ i & i & 0-(-i) \end{pmatrix} \begin{pmatrix} x \\ y \\ z \end{pmatrix} = \begin{pmatrix} 0 \\ 0 \\ 0 \end{pmatrix}$$

すなわち $x + y + z = 0$ を解けば，たとえば $\begin{pmatrix} 1 \\ -1 \\ 0 \end{pmatrix}, \begin{pmatrix} 1 \\ 0 \\ -1 \end{pmatrix}$ がとれる．

固有値 $2i$ に対応する固有ベクトルとしては，連立 1 次方程式

$$\begin{pmatrix} 0-2i & i & i \\ i & 0-2i & i \\ i & i & 0-2i \end{pmatrix} \begin{pmatrix} x \\ y \\ z \end{pmatrix} = \begin{pmatrix} 0 \\ 0 \\ 0 \end{pmatrix}$$

すなわち $-2x + y + z = 0$，$x - 2y + z = 0$ を解いて，たとえば $\begin{pmatrix} 1 \\ 1 \\ 1 \end{pmatrix}$ がとれる．

よって，3 個の 1 次独立な固有ベクトルが存在するから，定理 7.5 より A は対角化可能である．

これら 3 個の固有ベクトルを並べた正則行列 $P = \begin{pmatrix} 1 & 1 & 1 \\ -1 & 0 & 1 \\ 0 & -1 & 1 \end{pmatrix}$ によって対角化が実現されて

$$P^{-1}AP = \begin{pmatrix} -i & 0 & 0 \\ 0 & -i & 0 \\ 0 & 0 & 2i \end{pmatrix}.$$

例題 7.7　n 次正方行列

$$A = \begin{pmatrix} 0 & 1 & \cdots & 1 \\ 1 & 0 & \cdots & 1 \\ \vdots & \vdots & \ddots & \vdots \\ 1 & 1 & \cdots & 0 \end{pmatrix}$$

は対角化可能である．その理由を述べ，対角化を実現する正則行列を求めて対角化せよ．

解　行列式

$$\varphi_A(\lambda) = |\lambda E - A| = \begin{vmatrix} \lambda & -1 & -1 & \cdots & -1 \\ -1 & \lambda & -1 & \cdots & -1 \\ -1 & -1 & \lambda & \cdots & -1 \\ \vdots & \vdots & \vdots & \ddots & \vdots \\ -1 & -1 & -1 & \cdots & \lambda \end{vmatrix}$$

の第 2 列から第 n 列までをすべて第 1 列に加えると

$$= \begin{vmatrix} \lambda-n+1 & -1 & -1 & \cdots & -1 \\ \lambda-n+1 & \lambda & -1 & \cdots & -1 \\ \lambda-n+1 & -1 & \lambda & \cdots & -1 \\ \vdots & \vdots & \vdots & \ddots & \vdots \\ \lambda-n+1 & -1 & -1 & \cdots & \lambda \end{vmatrix} = (\lambda-n+1) \begin{vmatrix} 1 & -1 & -1 & \cdots & -1 \\ 1 & \lambda & -1 & \cdots & -1 \\ 1 & -1 & \lambda & \cdots & -1 \\ \vdots & \vdots & \vdots & \ddots & \vdots \\ 1 & -1 & -1 & \cdots & \lambda \end{vmatrix}$$

この第 1 列を第 2 列以降のすべてに加えて，第 1 行で展開すると

$$= (\lambda-n+1) \begin{vmatrix} \lambda+1 & 0 & \cdots & 0 \\ 0 & \lambda+1 & \cdots & 0 \\ \vdots & \vdots & \ddots & \vdots \\ 0 & 0 & \cdots & \lambda+1 \end{vmatrix} = (\lambda-n+1)(\lambda+1)^{n-1}.$$

したがって，A の固有値は -1（重複度 $n-1$）と $n-1$ になる．

固有値 $\lambda_1 = -1$ に対応する固有空間は，1 次方程式

$$x_1 + x_2 + \cdots + x_n = 0$$

の解空間であるから，$\boldsymbol{R}^n$ の $n-1$ 次元部分空間

$$V(-1) = \left\langle \begin{pmatrix} 1 \\ -1 \\ 0 \\ \vdots \\ 0 \end{pmatrix}, \begin{pmatrix} 1 \\ 0 \\ -1 \\ \vdots \\ 0 \end{pmatrix}, \cdots, \begin{pmatrix} 1 \\ 0 \\ 0 \\ \vdots \\ -1 \end{pmatrix} \right\rangle$$

になり，固有値 $n-1$ に対応する A の固有空間は

$$A-(n-1)E=\begin{pmatrix} 1-n & 1 & \cdots & 1 \\ 1 & 1-n & \cdots & 1 \\ \vdots & \vdots & \ddots & \vdots \\ 1 & 1 & \cdots & 1-n \end{pmatrix}$$

$$\xrightarrow[\text{のあと}-1/n\text{倍する}]{\text{第1行}-\text{第2行，第2行}-\text{第3行，}\cdots}\begin{pmatrix} 1 & -1 & 0 & \cdots & 0 \\ & 1 & -1 & \cdots & 0 \\ & O & \ddots & \ddots & \vdots \\ & & & 1 & -1 \\ 1 & 1 & \cdots & 1 & 1-n \end{pmatrix}$$

から $x_1=x_2=\cdots=x_n$ を解いて，$V(n-1)=\left\langle\begin{pmatrix} 1 \\ 1 \\ \vdots \\ 1 \end{pmatrix}\right\rangle$.

よって

$$\dim V(-1)+\dim V(n-1)=(n-1)+1=n$$

であるから，A は対角化可能である．

したがって，$V(-1)$ の $n-1$ 個の基底と $V(n-1)$ の1個の基底を並べた正則行列

$$P=\begin{pmatrix} 1 & 1 & \cdots & 1 & 1 \\ -1 & 0 & \cdots & 0 & 1 \\ 0 & -1 & \cdots & 0 & 1 \\ \vdots & \vdots & \ddots & \vdots & \vdots \\ 0 & 0 & \cdots & -1 & 1 \end{pmatrix}$$

によって

$$P^{-1}AP=\begin{pmatrix} -1 & 0 & \cdots & 0 & 0 \\ 0 & -1 & \cdots & 0 & 0 \\ \vdots & \vdots & \ddots & \vdots & \vdots \\ 0 & 0 & \cdots & -1 & 0 \\ 0 & 0 & \cdots & 0 & n-1 \end{pmatrix}.$$

例題 7.8 3 次正方行列 $A = \begin{pmatrix} 0 & 0 & -1 \\ 1 & 0 & -3 \\ 0 & 1 & -3 \end{pmatrix}$ は対角化が不可能である．その理由を述べよ．

解 A の固有値は

$$\varphi_A(\lambda) = \begin{vmatrix} \lambda & 0 & 1 \\ -1 & \lambda & 3 \\ 0 & -1 & \lambda+3 \end{vmatrix} = \lambda^3+3\lambda^2+3\lambda+1 = (\lambda+1)^3$$

から，$\lambda = -1$（重複度 3）の 1 個だけである．

その対応する固有空間は，連立 1 次方程式

$$\begin{pmatrix} 0+1 & 0 & -1 \\ 1 & 0+1 & -3 \\ 0 & 1 & -3+1 \end{pmatrix}\begin{pmatrix} x \\ y \\ z \end{pmatrix} = \begin{pmatrix} 0 \\ 0 \\ 0 \end{pmatrix}$$

すなわち $x-z=0$，$y-2z=0$ を解いて

$$V(-1) = \left\langle \begin{pmatrix} 1 \\ 2 \\ 1 \end{pmatrix} \right\rangle, \quad \dim V(-1) = 1 < 3$$

である．したがって，定理 7.5（3）は満たされていないので，A は対角化は不可能である．

注意 ここで A は対角化不可能であることを実際に確認してみよう．もし A が対角化可能であれば，その対角成分は A の固有値 -1 でなければならないから，適当な 3 次正則行列 P によって

$$P^{-1}AP = \begin{pmatrix} -1 & 0 & 0 \\ 0 & -1 & 0 \\ 0 & 0 & -1 \end{pmatrix} = -E$$

となるはずである．この両辺に左から P を，右から P^{-1} を掛ければ

$$A = P(-E)P^{-1} = -E$$

となるが，これは不合理である．よって，このことからも A は対角化は不可能であることがわかる．

7.3　正方行列の 3 角化

◆ 3 角化 ◆　　一般には正方行列は対角化可能とは限らないが次の事実がある：

定理 7.7　任意の正方行列 A は適当な正則行列 U を選んで，対角成分に固有値が並んだ 3 角行列

$$U^{-1}AU = \begin{pmatrix} \lambda_1 & * & \cdots & * \\ & \lambda_2 & \cdots & * \\ & O & \ddots & \vdots \\ & & & \lambda_n \end{pmatrix}$$

に **3 角化**することが可能である．このとき U としてユニタリ行列をとることができる．とくに，A が実行列でその固有値がすべて実数であれば U として直交行列が選べる．

◆ 3 角化の応用 ◆　　多項式 $f(t) = c_0t^m + c_1t^{m-1} + \cdots + c_{m-1}t + c_m$ に n 次正方行列 A を代入した

$$f(A) = c_0A^m + c_1A^{m-1} + \cdots + c_{m-1}A + c_mE_n$$

を A の**行列多項式**という．

定理 7.8（フロベニウス）　n 次正方行列 A のすべての固有値を $\lambda_1, \lambda_2, \cdots, \lambda_n$ とする．このとき，行列多項式 $f(A)$ の固有値は $f(\lambda_1), f(\lambda_2), \cdots, f(\lambda_n)$ である．

定理 7.9（ハミルトン-ケーリー）　n 次正方行列 A の固有多項式 $\varphi_A(\lambda)$ に対して，$\varphi_A(A) = O$ が成り立つ．

例題 7.9 フロベニウスの定理（定理 7.8）を利用して，5 次正方行列

$$X = \begin{pmatrix} a & b & c & d & e \\ e & a & b & c & d \\ d & e & a & b & c \\ c & d & e & a & b \\ b & c & d & e & a \end{pmatrix}$$

の固有値を求めよ．

解 例題 7.4 の 5 次正方行列 $A = \begin{pmatrix} 0 & 1 & 0 & 0 & 0 \\ 0 & 0 & 1 & 0 & 0 \\ 0 & 0 & 0 & 1 & 0 \\ 0 & 0 & 0 & 0 & 1 \\ 1 & 0 & 0 & 0 & 0 \end{pmatrix}$ について，

$$A^2 = \begin{pmatrix} 0 & 0 & 1 & 0 & 0 \\ 0 & 0 & 0 & 1 & 0 \\ 0 & 0 & 0 & 0 & 1 \\ 1 & 0 & 0 & 0 & 0 \\ 0 & 1 & 0 & 0 & 0 \end{pmatrix}, \quad A^3 = \begin{pmatrix} 0 & 0 & 0 & 1 & 0 \\ 0 & 0 & 0 & 0 & 1 \\ 1 & 0 & 0 & 0 & 0 \\ 0 & 1 & 0 & 0 & 0 \\ 0 & 0 & 1 & 0 & 0 \end{pmatrix},$$

$$A^4 = \begin{pmatrix} 0 & 0 & 0 & 0 & 1 \\ 1 & 0 & 0 & 0 & 0 \\ 0 & 1 & 0 & 0 & 0 \\ 0 & 0 & 1 & 0 & 0 \\ 0 & 0 & 0 & 1 & 0 \end{pmatrix}, \quad A^5 = E$$

となることは計算してみれば容易にわかる（確認せよ）．

したがって

$$X = aE + bA + cA^2 + dA^3 + eA^4$$

と分解される．一方，A の固有値は 1 の 5 乗根

$$\omega_k = \cos\frac{2\pi k}{5} + i\sin\frac{2\pi k}{5} = e^{\frac{2\pi ki}{5}} \quad (k = 0, 1, 2, 3, 4)$$

であることはすでに例題 7.4 で確認してあるから，フロベニウスの定理より X の固有値は

$$a + b\omega_k + c{\omega_k}^2 + d{\omega_k}^3 + e{\omega_k}^4 \quad (k = 0, 1, 2, 3, 4)$$

であることがわかる．

例題 7.10　ハミルトン-ケーリーの定理（定理 7.9）を利用して，正方行列

$$A = \begin{pmatrix} 2 & -1 & 1 \\ -1 & 2 & -1 \\ 1 & -1 & 2 \end{pmatrix}$$

の逆行列 A^{-1} と A^3 を計算せよ．

解　まず A の固有多項式を求めると

$$\varphi_A(\lambda) = \begin{vmatrix} \lambda-2 & 1 & -1 \\ 1 & \lambda-2 & 1 \\ -1 & 1 & \lambda-2 \end{vmatrix} = \lambda^3-6\lambda^2+9\lambda-4$$

であるから，ハミルトン-ケーリーの定理より

$$\varphi_A(A) = A^3-6A^2+9A-4E = O.$$

これより

$$4E = A^3-6A^2+9A = A(A^2-6A+9E), \quad A^3 = 6A^2-9A+4E.$$

したがって

$$\begin{aligned} A^{-1} &= \frac{1}{4}(A^2-6A+9E) \\ &= \frac{1}{4}\left\{\begin{pmatrix} 6 & -5 & 5 \\ -5 & 6 & -5 \\ 5 & -5 & 6 \end{pmatrix} - 6\begin{pmatrix} 2 & -1 & 1 \\ -1 & 2 & -1 \\ 1 & -1 & 2 \end{pmatrix} + 9\begin{pmatrix} 1 & 0 & 0 \\ 0 & 1 & 0 \\ 0 & 0 & 1 \end{pmatrix}\right\} \\ &= \frac{1}{4}\begin{pmatrix} 3 & 1 & -1 \\ 1 & 3 & 1 \\ 1 & 1 & 3 \end{pmatrix}, \end{aligned}$$

$$\begin{aligned} A^3 &= 6\begin{pmatrix} 6 & -5 & 5 \\ -5 & 6 & -5 \\ 5 & -5 & 6 \end{pmatrix} - 9\begin{pmatrix} 2 & -1 & 1 \\ -1 & 2 & -1 \\ 1 & -1 & 2 \end{pmatrix} + 4\begin{pmatrix} 1 & 0 & 0 \\ 0 & 1 & 0 \\ 0 & 0 & 1 \end{pmatrix} \\ &= \begin{pmatrix} 22 & -21 & 21 \\ -21 & 22 & -21 \\ 21 & -21 & 22 \end{pmatrix}. \end{aligned}$$

7.4　実対称行列の対角化と 2 次形式

◆ **実対称行列** ◆　　実対称行列に対しては次の 2 つの重要な事実がある：

> **定理 7.10**　実対称行列の固有値はすべて実数である．

> **定理 7.11**　実対称行列 A は適当な直交行列 T によって
>
> $$T^{-1}AT = {}^tTAT = \begin{pmatrix} \lambda_1 & & & \\ & \lambda_2 & & O \\ & O & \ddots & \\ & & & \lambda_n \end{pmatrix}$$
>
> と対角化できる．$\lambda_1, \lambda_2, \cdots, \lambda_n$ は A の固有値である．

◆ **エルミート行列** ◆　　これらの結果はエルミート行列に対しても保存されている．

> **定理 7.12**　エルミート行列 A の固有値はすべて実数である．そして，A は適当なユニタリ行列 U によって
>
> $$U^{-1}AU = U^*AU = \begin{pmatrix} \lambda_1 & & & \\ & \lambda_2 & & O \\ & O & \ddots & \\ & & & \lambda_n \end{pmatrix}$$
>
> と対角化できる．$\lambda_1, \lambda_2, \cdots, \lambda_n$ は A の固有値である．

◆ **2 次形式** ◆　　n 変数 $\boldsymbol{x} = (x_1, x_2, \cdots, x_n)$ の実係数の 2 次関数

$$Q(\boldsymbol{x}) = Q(x_1, x_2, \cdots, x_n) = \sum_{i=1}^{n}\sum_{j=1}^{n} a_{ij}x_ix_j, \quad a_{ij} = a_{ji}$$

を **2 次形式**という．これは n 次実対称行列 $A = (a_{ij})$ を利用して

$$Q(\boldsymbol{x}) = {}^t\boldsymbol{x}A\boldsymbol{x} = (A\boldsymbol{x}, \boldsymbol{x}) = (\boldsymbol{x}, A\boldsymbol{x})$$

と表すことができる．

$$Q(x_1, x_2, x_3) = {x_1}^2 + 2{x_2}^2 - 3{x_3}^2 - 2x_1x_2 + 4x_1x_3$$
$$= (x_1 \quad x_2 \quad x_3)\begin{pmatrix} 1 & -1 & 2 \\ -1 & 2 & 0 \\ 2 & 0 & -3 \end{pmatrix}\begin{pmatrix} x_1 \\ x_2 \\ x_3 \end{pmatrix}$$

定理 7.13（**2 次形式の標準形**） 2 次形式 $Q(\boldsymbol{x})$ は適当な直交行列 T を選んで $\boldsymbol{x} = T\boldsymbol{y}$ と変数変換すると標準形

$$Q(\boldsymbol{x}) = Q(T\boldsymbol{y}) = \lambda_1{y_1}^2 + \lambda_2{y_2}^2 + \cdots + \lambda_n{y_n}^2$$

の形に表すことができる．$\lambda_1, \lambda_2, \cdots, \lambda_n$ は A の固有値である．

注意 この定理で，直交行列 T の列ベクトルを並べかえて

$$\lambda_1, \cdots, \lambda_p > 0$$
$$\lambda_{p+1}, \cdots, \lambda_{p+q} < 0$$
$$\lambda_{p+q+1} = \cdots = \lambda_n = 0$$

とすることができる．このときの (p, q) を 2 次形式 $Q(\boldsymbol{x})$ の**符号数**という．

例題 7.11 次の実対称行列を直交行列によって対角化せよ．

（1） $A=\begin{pmatrix} 5 & -2 \\ -2 & 2 \end{pmatrix}$ （2） $B=\begin{pmatrix} 3 & -1 & 1 \\ -1 & 5 & -1 \\ 1 & -1 & 3 \end{pmatrix}$

解 （1） A の固有値は $\lambda_1=1$，$\lambda_2=6$ であり，対応する固有ベクトルとして $\boldsymbol{p}_1=\begin{pmatrix} 1 \\ 2 \end{pmatrix}$，$\boldsymbol{p}_2=\begin{pmatrix} 2 \\ -1 \end{pmatrix}$ がとれる（例題 7.1 を参照）．$\boldsymbol{p}_1 \perp \boldsymbol{p}_2$ であるから，これらを正規化した $\boldsymbol{q}_1=\dfrac{1}{\sqrt{5}}\boldsymbol{p}_1$，$\boldsymbol{q}_2=\dfrac{1}{\sqrt{5}}\boldsymbol{p}_2$ は $\boldsymbol{R}^2$ の正規直交基底であり，これらもまた λ_1, λ_2 に対応する固有ベクトルになる．よって，A は直交行列

$$T=(\boldsymbol{q}_1 \quad \boldsymbol{q}_2)=\begin{pmatrix} 1/\sqrt{5} & 2/\sqrt{5} \\ 2/\sqrt{5} & -1/\sqrt{5} \end{pmatrix}$$

で対角化される：

$$^tTAT = T^{-1}AT=\begin{pmatrix} 1 & 0 \\ 0 & 6 \end{pmatrix}.$$

（2） B の固有多項式を計算すると

$$\varphi_B(\lambda)=|\lambda E-B|=\lambda^3-11\lambda^2+36\lambda-36=(\lambda-2)(\lambda-3)(\lambda-6)$$

となるから，B の固有値は $2, 3, 6$ である．それぞれに対応する固有ベクトルを求めると

$$\boldsymbol{p}_1=\begin{pmatrix} 1 \\ 0 \\ -1 \end{pmatrix},\quad \boldsymbol{p}_2=\begin{pmatrix} 1 \\ 1 \\ 1 \end{pmatrix},\quad \boldsymbol{p}_3=\begin{pmatrix} 1 \\ -2 \\ 1 \end{pmatrix}$$

となることがわかる．これらの固有ベクトルの組 $\{\boldsymbol{p}_1, \boldsymbol{p}_2, \boldsymbol{p}_3\}$ は直交系になっているから，正規化したものを並べた

$$T=\begin{pmatrix} 1/\sqrt{2} & 1/\sqrt{3} & 1/\sqrt{6} \\ 0 & 1/\sqrt{3} & -2/\sqrt{6} \\ -1/\sqrt{2} & 1/\sqrt{3} & 1/\sqrt{6} \end{pmatrix}$$

は直交行列であって，$^tTBT = T^{-1}BT=\begin{pmatrix} 2 & 0 & 0 \\ 0 & 3 & 0 \\ 0 & 0 & 6 \end{pmatrix}$.

注意 実対称行列（あるいはエルミート行列）の相異なる固有値に対応する固有ベクトルは直交する．

例題 7.12　実対称行列

$$A = \begin{pmatrix} 2 & -1 & 1 \\ -1 & 2 & -1 \\ 1 & -1 & 2 \end{pmatrix}$$

を直交行列によって対角化せよ．

解　A の固有多項式は

$$\varphi_A(\lambda) = \lambda^3 - 6\lambda^2 + 9\lambda - 4 = (\lambda-1)^2(\lambda-4)$$

であるから（例題 7.10 を参照），固有値は 1（重複度 2）と 4 であって，対応する固有空間を求めると

$$V(1) = \left\langle \begin{pmatrix} 1 \\ 1 \\ 0 \end{pmatrix}, \begin{pmatrix} 1 \\ 0 \\ -1 \end{pmatrix} \right\rangle, \quad V(4) = \left\langle \begin{pmatrix} 1 \\ -1 \\ 1 \end{pmatrix} \right\rangle$$

がわかる（確認せよ）．この 2 次元部分空間 $V(1)$ の基底をグラム-シュミットの方法で正規化すると

$$\boldsymbol{p}_1 = \frac{1}{\sqrt{2}} \begin{pmatrix} 1 \\ 1 \\ 0 \end{pmatrix}, \quad \boldsymbol{p}_2 = \frac{1}{\sqrt{6}} \begin{pmatrix} -1 \\ 1 \\ 2 \end{pmatrix}$$

となる（確認せよ）．これと $V(4)$ の正規化された基底

$$\boldsymbol{p}_3 = \frac{1}{\sqrt{3}} \begin{pmatrix} 1 \\ -1 \\ 1 \end{pmatrix}$$

を並べて得られる直交行列

$$T = (\boldsymbol{p}_1 \quad \boldsymbol{p}_2 \quad \boldsymbol{p}_3) = \begin{pmatrix} 1/\sqrt{2} & -1/\sqrt{6} & 1/\sqrt{3} \\ 1/\sqrt{2} & 1/\sqrt{6} & -1/\sqrt{3} \\ 0 & 2/\sqrt{6} & 1/\sqrt{3} \end{pmatrix}$$

によって

$${}^tTAT = \begin{pmatrix} 1 & 0 & 0 \\ 0 & 1 & 0 \\ 0 & 0 & 4 \end{pmatrix}$$

と対角化される．

例題7.13 2次形式 $Q(\boldsymbol{x})$ の符号数を (p, q) とする．このとき，適当な正則行列 P で $\boldsymbol{x} = P\boldsymbol{y}$ と変換すれば

$$Q(\boldsymbol{x}) = Q(P\boldsymbol{y}) = {y_1}^2 + \cdots + {y_p}^2 - {y_{p+1}}^2 - \cdots - {y_{p+q}}^2$$

の形に変形できることを示せ．

解 $Q(\boldsymbol{x}) = {}^t\boldsymbol{x}A\boldsymbol{x}$ は適当な直交行列 T をとれば，定理7.13と注意により

$$Q(T\boldsymbol{y}) = \sum_{i=1}^{p} \lambda_i {y_i}^2 - \sum_{i=1}^{q} \mu_i {y_i}^2$$

$(\lambda_1 > 0,\ \cdots,\ \lambda_p > 0,\ \mu_1 > 0,\ \cdots,\ \mu_q > 0$ は A の固有値)

と標準化できる．ここで

$$P = T\begin{pmatrix} 1/\sqrt{\lambda_1} & & & & & & & & \\ & \ddots & & & & & & O & \\ & & 1/\sqrt{\lambda_p} & & & & & & \\ & & & -1/\sqrt{\mu_1} & & & & & \\ & & & & \ddots & & & & \\ & & & & & -1/\sqrt{\mu_q} & & & \\ & O & & & & & 1 & & \\ & & & & & & & \ddots & \\ & & & & & & & & 1 \end{pmatrix}$$

とおくと，P は正則行列で

$${}^tPAP = \begin{pmatrix} 1 & & & & & & & & \\ & \ddots & & & & & & O & \\ & & 1 & & & & & & \\ & & & -1 & & & & & \\ & & & & \ddots & & & & \\ & & & & & -1 & & & \\ & O & & & & & 0 & & \\ & & & & & & & \ddots & \\ & & & & & & & & 0 \end{pmatrix}$$

となる．この P による変数変換 $\boldsymbol{x} = P\boldsymbol{y}$ を考えればよい．

例題 7.14 2 次形式

$$Q(\boldsymbol{x}) = {x_1}^2 - 2{x_2}^2 + {x_3}^2 + 4x_1x_2 - 2x_1x_3 + 4x_2x_3$$

の標準形と変換行列 T を求めよ．

解
$$Q(\boldsymbol{x}) = (x_1 \quad x_2 \quad x_3)\begin{pmatrix} 1 & 2 & -1 \\ 2 & -2 & 2 \\ -1 & 2 & 1 \end{pmatrix}\begin{pmatrix} x_1 \\ x_2 \\ x_3 \end{pmatrix} = {}^t\boldsymbol{x}A\boldsymbol{x}$$

であって，実対称行列 $A = \begin{pmatrix} 1 & 2 & -1 \\ 2 & -2 & 2 \\ -1 & 2 & 1 \end{pmatrix}$ の固有値は

$$\varphi_A(\lambda) = \lambda^3 - 12\lambda + 16 = (\lambda-2)^2(\lambda+4)$$

から 2（重複度 2），-4．これらの固有値 2，-4 に対応する固有ベクトルとして，それぞれ $\begin{pmatrix} 2 \\ 1 \\ 0 \end{pmatrix}, \begin{pmatrix} -1 \\ 0 \\ 1 \end{pmatrix}$ および $\begin{pmatrix} 1 \\ -2 \\ 1 \end{pmatrix}$ がとれる．正規直交化すれば $\dfrac{1}{\sqrt{5}}\begin{pmatrix} 2 \\ 1 \\ 0 \end{pmatrix}$，$\dfrac{1}{\sqrt{30}}\begin{pmatrix} -1 \\ 2 \\ 5 \end{pmatrix}, \dfrac{1}{\sqrt{6}}\begin{pmatrix} 1 \\ -2 \\ 1 \end{pmatrix}$．したがって，直交行列

$$T = \begin{pmatrix} 2/\sqrt{5} & -1/\sqrt{30} & 1/\sqrt{6} \\ 1/\sqrt{5} & 2/\sqrt{30} & -2/\sqrt{6} \\ 0 & 5/\sqrt{30} & 1/\sqrt{6} \end{pmatrix}$$

による変換 $\boldsymbol{x} = T\boldsymbol{y}$ により，標準形 $Q(\boldsymbol{x}) = Q(T\boldsymbol{y}) = 2{y_1}^2 + 2{y_2}^2 - 4{y_3}^2$ を得る．

注意 $Q(\boldsymbol{x}) = \{{x_1}^2 + 2(2x_2 - x_3)x_1 + (2x_2 - x_3)^2\} - 6{x_2}^2 + 8x_2x_3$

$$= (x_1 + 2x_2 - x_3)^2 - 6\left(x_2 - \frac{2}{3}x_2x_3\right)^2 + \frac{8}{3}{x_3}^2$$

$$= (x_1 + 2x_2 - x_3)^2 - \left(\sqrt{6}\,x_2 - \frac{2}{3}\sqrt{6}\,x_3\right)^2 + \left(\frac{2}{3}\sqrt{6}\,x_3\right)^2 = {z_1}^2 - {z_2}^2 + {z_3}^2$$

としても例題 7.13 の形の標準形が得られる（**ラグランジュの方法**）．このときの変換行列は $\boldsymbol{z} = \begin{pmatrix} z_1 \\ z_2 \\ z_3 \end{pmatrix} = \begin{pmatrix} 1 & 2 & -1 \\ 0 & \sqrt{6} & -2\sqrt{6}/3 \\ 0 & 0 & 2\sqrt{6}/3 \end{pmatrix}\begin{pmatrix} x_1 \\ x_2 \\ x_3 \end{pmatrix} = P\boldsymbol{x}$ より

$$\boldsymbol{x} = P^{-1}\boldsymbol{z}, \quad P^{-1} = \begin{pmatrix} 1 & -2/\sqrt{6} & -1/2\sqrt{6} \\ 0 & 1/\sqrt{6} & 1/\sqrt{6} \\ 0 & 0 & 3/2\sqrt{6} \end{pmatrix}.$$

7.5 ジョルダン標準形

次の形をした k 次正方行列を複素数 λ に対する k 次の**ジョルダン・ブロック**または**ジョルダン細胞**という．

$$J(\lambda, k) = \begin{pmatrix} \lambda & 1 & & & \\ & \lambda & 1 & O & \\ & & \ddots & \ddots & \\ & O & & \lambda & 1 \\ & & & & \lambda \end{pmatrix}$$

そして，対角線にジョルダン・ブロックを並べた行列

$$J = \begin{pmatrix} J(\lambda_1, k_1) & & & O \\ & J(\lambda_2, k_2) & & \\ & & \ddots & \\ O & & & J(\lambda_r, k_r) \end{pmatrix}$$

を**ジョルダン行列**といい

$$J = J(\lambda_1, k_1) \oplus J(\lambda_2, k_2) \oplus \cdots \oplus J(\lambda_r, k_r)$$

で表す．

このジョルダン行列 J の固有多項式は

$$\varphi_J(\lambda) = (\lambda - \lambda_1)^{k_1}(\lambda - \lambda_2)^{k_2} \cdots (\lambda - \lambda_r)^{k_r}$$

である．

定理 7.14 任意の n 次正方行列 A は適当な n 次正則行列 P によってジョルダン行列

$$J = P^{-1}AP$$

に変換できる．この J を A の**ジョルダン標準形**という．

注意 線形変換の構造を分析するときに，このジョルダン標準形の理論は重要であるが，ここでは深入りしない．その理論構造のイラスト（実例）は例題 7.15 の解を参照すること．

例題 7.15 $A = \begin{pmatrix} 0 & 0 & -1 \\ 1 & 0 & -3 \\ 0 & 1 & -3 \end{pmatrix}$ は対角化不可能である（例題 7.8）．しかし，定理 7.14 より A のジョルダン標準形を実現する正則行列 P が存在するはずである．それを求めよ．

解 例題 7.8 により，A の固有多項式は $\varphi_A(\lambda) = (\lambda+1)^3$ であり，ただ 1 つの固有値 $\lambda = -1$ に対応する固有空間は $\boldsymbol{R}^3$ の 1 次元部分空間 $V(\lambda) = \left\langle \begin{pmatrix} 1 \\ 2 \\ 1 \end{pmatrix} \right\rangle$ である．

よって，A のジョルダン標準形は

$$J = J(\lambda, 2) \oplus J(\lambda, 1) \text{ または } J(\lambda, 3)$$

すなわち

$$J = \begin{pmatrix} \lambda & 1 & 0 \\ 0 & \lambda & \varepsilon \\ 0 & 0 & \lambda \end{pmatrix}, \quad \varepsilon = 0 \text{ または } 1, \ \lambda = -1$$

でなければならない．したがって，3 次正則行列

$$P = (\boldsymbol{p}_1 \quad \boldsymbol{p}_2 \quad \boldsymbol{p}_3)$$

で $P^{-1}AP = J$ となるもの，すなわち

$$A(\boldsymbol{p}_1 \quad \boldsymbol{p}_2 \quad \boldsymbol{p}_3) = (\boldsymbol{p}_1 \quad \boldsymbol{p}_2 \quad \boldsymbol{p}_3)\begin{pmatrix} \lambda & 1 & 0 \\ 0 & \lambda & \varepsilon \\ 0 & 0 & \lambda \end{pmatrix}, \quad \varepsilon = 0 \text{ または } 1$$

となる 1 次独立なベクトル $\boldsymbol{p}_1, \boldsymbol{p}_2, \boldsymbol{p}_3$ を求めればよい．このとき

$$A\boldsymbol{p}_1 = \lambda\boldsymbol{p}_1, \quad A\boldsymbol{p}_2 = \boldsymbol{p}_1 + \lambda\boldsymbol{p}_2, \quad A\boldsymbol{p}_3 = \varepsilon\boldsymbol{p}_2 + \lambda\boldsymbol{p}_3$$

が成り立つ．ここで，もし $\varepsilon = 0$ ならば，第 1 と第 3 の式から $\boldsymbol{p}_1$ と $\boldsymbol{p}_3$ はともに A の固有ベクトルである．しかし $\dim V(\lambda) = 1$ であるから，$\boldsymbol{p}_1, \boldsymbol{p}_3$ の 1 次独立性に反する．したがって，$\varepsilon = 1$ でなければならない．そこで $\boldsymbol{p}_1 = \begin{pmatrix} 1 \\ 2 \\ 1 \end{pmatrix}$ がとれるから，連立 1 次方程式 $(A - \lambda E)\boldsymbol{x} = \boldsymbol{p}_1$，$\lambda = -1$ を解いて，たとえば

$$\boldsymbol{x} = \boldsymbol{p}_2 = \begin{pmatrix} 0 \\ -1 \\ -1 \end{pmatrix}$$

を得る．さらに，連立 1 次方程式 $(A - \lambda E)\boldsymbol{x} = \boldsymbol{p}_2$，$\lambda = -1$ を解いて

$$\boldsymbol{x} = \boldsymbol{p}_3 = \begin{pmatrix} 1 \\ 1 \\ 1 \end{pmatrix}$$

を得る．そして，この $\boldsymbol{p}_1, \boldsymbol{p}_2, \boldsymbol{p}_3$ は1次独立であるから，A は $P = (\boldsymbol{p}_1 \quad \boldsymbol{p}_2 \quad \boldsymbol{p}_3) = \begin{pmatrix} 1 & 0 & 1 \\ 2 & -1 & 1 \\ 1 & -1 & 1 \end{pmatrix}$ によって，ジョルダン標準形

$$P^{-1}AP = \begin{pmatrix} -1 & 1 & 0 \\ 0 & -1 & 1 \\ 0 & 0 & -1 \end{pmatrix}$$

に変換される（この式を確認せよ）.

注意　$(A-\lambda E)\boldsymbol{p}_2 = \boldsymbol{p}_1$，$(A-\lambda E)\boldsymbol{p}_3 = \boldsymbol{p}_2$ にそれぞれ $A-\lambda E, (A-\lambda E)^2$ を掛けると，ベクトル $\boldsymbol{p}_2, \boldsymbol{p}_3$ は

$$(A-\lambda E)^2\boldsymbol{p}_2 = (A-\lambda E)\boldsymbol{p}_1 = \boldsymbol{0},$$
$$(A-\lambda E)^3\boldsymbol{p}_3 = (A-\lambda E)^2\boldsymbol{p}_2 = \boldsymbol{0}$$

を満足することがわかる．そこで，連立1次方程式

$$(A-\lambda E)^k\boldsymbol{x} = \boldsymbol{0} \quad (k = 2, 3)$$

を解くと，解空間はそれぞれ

$$V_2(\lambda) = \left\langle \begin{pmatrix} 1 \\ 2 \\ 1 \end{pmatrix}, \begin{pmatrix} 0 \\ -1 \\ -1 \end{pmatrix} \right\rangle, \quad V_3(\lambda) = \left\langle \begin{pmatrix} 1 \\ 2 \\ 1 \end{pmatrix}, \begin{pmatrix} 0 \\ -1 \\ -1 \end{pmatrix}, \begin{pmatrix} 1 \\ 1 \\ 1 \end{pmatrix} \right\rangle = \boldsymbol{R}^3$$

となり，包含関係 $V(\lambda) \subset V_2(\lambda) \subset V_3(\lambda)$ が成り立っていることがわかる．

一般に n 次正方行列 A の固有値 λ に対して，連立1次方程式 $(A-\lambda E)^k\boldsymbol{x} = \boldsymbol{0}$ の解空間 $V_k(\lambda)$ は λ に対応する**一般化された固有空間**といい，ジョルダン標準形の理論で大切な役割をもっている．

類題　$A = \begin{pmatrix} 5 & -2 & -1 \\ 2 & 2 & -1 \\ 2 & -3 & 2 \end{pmatrix}$ のジョルダン標準形を求めよ．

類題の解　$P^{-1}AP = \begin{pmatrix} 3 & 1 & 0 \\ 0 & 3 & 1 \\ 0 & 0 & 3 \end{pmatrix}$，たとえば $P = \begin{pmatrix} 1 & 0 & 0 \\ 0 & -1 & -1 \\ 2 & 1 & 2 \end{pmatrix}$

練習問題7

[A]

1. 次の行列 A の固有値と固有ベクトルを求めよ．A が対角化可能なら，正則行列 P を求めて対角化せよ．

（1）$\begin{pmatrix} 1 & 1 \\ -1 & 3 \end{pmatrix}$　（2）$\begin{pmatrix} i & -1 \\ 1 & i \end{pmatrix}$　（3）$\begin{pmatrix} 5 & 2 & 1 \\ 1 & 4 & -1 \\ -1 & -2 & 3 \end{pmatrix}$

（4）$\begin{pmatrix} 3 & 1 & -1 \\ -1 & 1 & 1 \\ 1 & 1 & 1 \end{pmatrix}$　（5）$\begin{pmatrix} 2 & -2 & 1 & 2 \\ -2 & 0 & 0 & 1 \\ 2 & 12 & -3 & -11 \\ -2 & 6 & 2 & 7 \end{pmatrix}$

2. 2次の実正方行列 $A = \begin{pmatrix} a & b \\ c & d \end{pmatrix}$ の固有値が実数であるための必要十分条件は $(a-d)^2+4bc \geqq 0$ であることを示せ．

3. 正方行列 A が0を固有値としてもつための必要十分条件は $|A|=0$ であることを示せ．

4. n 次正方行列 A を n 次正則行列 P によって $B=P^{-1}AP$ と変形するとき，A と B の固有多項式は一致することを示せ．したがって A と B の固有値は一致する．そして $\boldsymbol{x}$ を A の固有値 λ に対応する固有ベクトルとするとき，$\boldsymbol{y}=P^{-1}\boldsymbol{x}$ は B の固有値 λ に対応する固有ベクトルになることを示せ．

5. 3角行列 $A = \begin{pmatrix} \alpha_1 & & * \\ & \alpha_2 & \\ O & & \ddots & \\ & & & \alpha_n \end{pmatrix}$ の固有多項式は

$$\varphi_A(\lambda) = (\lambda_1-\alpha_1)(\lambda_2-\alpha_2)\cdots(\lambda_n-\alpha_n)$$

すなわち，A の固有値は対角成分 $\alpha_1, \alpha_2, \cdots, \alpha_n$ になることを示せ．

6. n 次正方行列 $A = \begin{pmatrix} a_1 & a_2 & \cdots & a_n \\ a_1 & a_2 & \cdots & a_n \\ \vdots & \vdots & \ddots & \vdots \\ a_1 & a_2 & \cdots & a_n \end{pmatrix}$ の固有多項式と固有値を求めよ．

7. λ を正方行列 A の1つの固有値とするとき，次を示せ．

（1） スカラー c に対して，$c\lambda$ は cA の固有値である．

（2） 正の整数 r に対して，λ^r は A^r の固有値である．

（3） $\lambda \neq 0$ ならば，$1/\lambda$ は A^{-1} の固有値である．

8. B を r 次正方行列，C を $n-r$ 次正方行列とする．このとき n 次正方行列

$A=\begin{pmatrix} B & * \\ O & C \end{pmatrix}$ の固有多項式は $\varphi_A(\lambda)=\varphi_B(\lambda)\varphi_C(\lambda)$ であることを示せ．

9. $A=\begin{pmatrix} 1 & & & * \\ 0 & 2 & & \\ 0 & 0 & 3 & \\ 0 & 0 & 0 & 4 \end{pmatrix}$ は対角化可能であるが，$B=\begin{pmatrix} 2 & & & * \\ 0 & 2 & & \\ 0 & 0 & 2 & \\ 0 & 0 & 0 & 2 \end{pmatrix}$ $(\neq 2E_4)$

を対角化することは不可能である．理由を述べよ．

10. 行列 $A=\begin{pmatrix} 3 & -1 & -2 \\ 0 & 3 & 0 \\ 4 & 0 & -3 \end{pmatrix}$ に対して

（1） ハミルトン-ケーリーの定理を用いて A^{-1} および $A^5-2A^4-3A^3-A^2+3A$ を計算せよ．

（2） 対角化を用いて A のべき A^n を計算せよ．

11. 次の対称行列 A を直交行列 T によって対角化せよ．

（1） $\begin{pmatrix} 2 & 2 \\ 2 & 2 \end{pmatrix}$ （2） $\begin{pmatrix} 8 & -6 & 2 \\ -6 & 7 & -4 \\ 2 & -4 & 3 \end{pmatrix}$ （3） $\begin{pmatrix} 1 & 2 & -1 \\ 2 & -2 & 2 \\ -1 & 2 & 1 \end{pmatrix}$

12. 0 でない実数 a, b に対して，対称行列 $A=\begin{pmatrix} a & b \\ b & a \end{pmatrix}$ および $B=\begin{pmatrix} a & b & b \\ b & a & b \\ b & b & a \end{pmatrix}$

を対角化する直交行列を求めて対角化せよ．

13. 次のエルミート行列をユニタリ行列によって対角化せよ．

（1） $\begin{pmatrix} 1 & -i \\ i & 1 \end{pmatrix}$ （2） $\begin{pmatrix} 0 & 1 & i \\ 1 & 0 & 0 \\ -i & 0 & 0 \end{pmatrix}$

14. 対称行列の固有値を求めることで，次の 2 次形式の標準形と符号数を求めよ．

（1） ${x_1}^2-2{x_2}^2+4x_1x_2$

（2） $2{x_1}^2+5{x_2}^2+2{x_3}^2-2x_1x_2+4x_1x_3-2x_2x_3$

（3） $2x_1x_2+2x_1x_3+2x_2x_3$

15. ラグランジュの方法で，次の 2 次形式の標準形とその変換行列を求めよ．

（1） ${x_1}^2+13{x_2}^2-3{x_3}^2+6x_1x_2-4x_2x_3$

（2） $2{x_1}^2+13{x_2}^2+2{x_3}^2-12x_1x_2+8x_1x_3-14x_2x_3$

[B]

1. 正方行列 A, B について $AB=BA$ とする．$\boldsymbol{x}$ が固有値 λ に対応する A の固有ベクトルならば，$B\boldsymbol{x}$ もまた λ に対応する A の固有ベクトルであることを示せ．

2. A を複素正方行列とする．$\boldsymbol{x}$ を固有値 λ に対応する A の固有ベクトル，$\boldsymbol{y}$ を固

有値 μ に対応する A の随伴行列 A^* の固有ベクトルとする．このとき，$\bar{\lambda} \neq \mu$ ならば $\boldsymbol{x}$ と $\boldsymbol{y}$ は直交することを証明せよ．

3. エルミート行列（したがって実対称行列でもよい）の相異なる固有値に対応する固有ベクトルは互いに直交することを示せ．

4. ユニタリ行列の固有値はすべて絶対値が1の複素数であることを示せ．

5. n 次正方行列 A に対して，$E_n, A, A^2, \cdots, A^m$ が1次従属になるような最小の自然数 m のことを A の指数という．このとき，次を証明せよ．

（1） n 次正方行列 A の指数を m とする．このとき，ハミルトン-ケーリーの定理を利用すれば $m \leqq n$ である．

（2） 正方行列 A の指数を m とするとき，m 次多項式

$$\mu_A(\lambda) = \lambda^m + c_1\lambda^{m-1} + \cdots + c_m$$

で $\mu_A(A) = O$ となるものがただ1つ存在する．この $\mu_A(\lambda)$ を A の**最小多項式**という．

（3） 正方行列 A の固有多項式 $\varphi_A(\lambda)$ は A の最小多項式 $\mu_A(\lambda)$ で割り切れる．

（4） 正方行列 A を正則行列 P によって $B = P^{-1}AP$ と変形するとき，$\mu_B(\lambda) = \mu_A(\lambda)$ が成り立つ．

（5） λ を正方行列 A の固有値とするとき，$\mu_A(\lambda) = 0$ である．

6. 次の行列の最小多項式を求めよ．

（1） $\begin{pmatrix} 1 & -1 & 0 \\ 2 & 3 & 2 \\ 1 & 1 & 2 \end{pmatrix}$　（2） $\begin{pmatrix} 0 & i & i \\ i & 0 & i \\ i & i & 0 \end{pmatrix}$　（3） $\begin{pmatrix} 0 & 0 & -1 \\ 1 & 0 & -3 \\ 0 & 1 & -3 \end{pmatrix}$

7. $A = \begin{pmatrix} -5 & 4 & -6 & 3 & 8 \\ -2 & 3 & -2 & 1 & 2 \\ 4 & -3 & 4 & -1 & -6 \\ 4 & -2 & 4 & 0 & -4 \\ -1 & 0 & -2 & 1 & 2 \end{pmatrix}$ の固有多項式 $\varphi_A(\lambda)$ および最小多項式 $\mu_A(\lambda)$ はそれぞれ $\varphi_A(\lambda) = (\lambda-2)^3(\lambda+1)^2$，$\mu_A(\lambda) = (\lambda-2)(\lambda+1)$ であることを確認せよ．これを利用して逆行列 A^{-1} を求めよ．

8. ジョルダン細胞

$$J = J(2,4) = \begin{pmatrix} 2 & 1 & 0 & 0 \\ 0 & 2 & 1 & 0 \\ 0 & 0 & 2 & 1 \\ 0 & 0 & 0 & 2 \end{pmatrix}$$

の固有多項式と最小多項式を求めよ．また，ジョルダン行列

$$K = J(2,2) \oplus J(2,2) = \begin{pmatrix} 2 & 1 & 0 & 0 \\ 0 & 2 & 0 & 0 \\ 0 & 0 & 2 & 1 \\ 0 & 0 & 0 & 2 \end{pmatrix}$$

の固有多項式と最小多項式を求めよ．そして，その結果を比較せよ．

9. 次の行列 A のジョルダン標準形とそのときの P を求めよ．

（1）$\begin{pmatrix} 3 & -1 \\ 1 & 1 \end{pmatrix}$　（2）$\begin{pmatrix} 5 & -1 & 1 \\ 4 & 0 & -2 \\ 3 & -3 & 1 \end{pmatrix}$　（3）$\begin{pmatrix} 0 & 2 & 1 \\ -4 & 6 & 2 \\ 4 & -4 & 0 \end{pmatrix}$

練習問題 7 のヒントと解答

[**A**]

1. （1） $\varphi_A(\lambda)=(\lambda-2)^2$ より固有値は 2，固有ベクトルは $\begin{pmatrix}1\\1\end{pmatrix}c$（$c\neq 0$，以下では省略），対角化はできない．

（2） $\varphi_A(\lambda)=\lambda(\lambda-2i)$ より固有値は $0, 2i$，対応する固有ベクトルは $\begin{pmatrix}1\\i\end{pmatrix}c$，$\begin{pmatrix}i\\1\end{pmatrix}c$，対角化は $P^{-1}AP=\begin{pmatrix}0&0\\0&2i\end{pmatrix}$，$P=\begin{pmatrix}1&i\\i&1\end{pmatrix}$．

（3） $\varphi_A(\lambda)=(\lambda-2)(\lambda-4)(\lambda-6)$ より固有値は $2, 4, 6$，対応する固有ベクトルは $\begin{pmatrix}-1\\1\\1\end{pmatrix}c$, $\begin{pmatrix}1\\-1\\1\end{pmatrix}c$, $\begin{pmatrix}1\\1\\-1\end{pmatrix}c$，対角化は $P^{-1}AP=\begin{pmatrix}2&0&0\\0&4&0\\0&0&6\end{pmatrix}$，

$P=\begin{pmatrix}-1&1&1\\1&-1&1\\1&1&-1\end{pmatrix}$．

（4） $\varphi_A(\lambda)=(\lambda-1)(\lambda-2)^2$ より固有値は $1, 2$（重複度 2），対応する固有ベクトルは $\begin{pmatrix}1\\-1\\1\end{pmatrix}c$, $\begin{pmatrix}-1\\1\\0\end{pmatrix}c_1+\begin{pmatrix}1\\0\\1\end{pmatrix}c_2$，対角化は

$$P^{-1}AP=\begin{pmatrix}1&0&0\\0&2&0\\0&0&2\end{pmatrix},\quad P=\begin{pmatrix}1&-1&1\\-1&1&0\\1&0&1\end{pmatrix}$$

（5） $\varphi_A(\lambda)=(\lambda-1)(\lambda-2)(\lambda+2)(\lambda-5)$ より固有値は異なる $1, 2, -2, 5$ であるから，対応する固有ベクトルを求めれば，対角化は

$$P^{-1}AP=\begin{pmatrix}1&0&0&0\\0&2&0&0\\0&0&-2&0\\0&0&0&5\end{pmatrix},\quad P=\begin{pmatrix}1&1&7&7\\0&0&3&4\\-5&-4&-38&-39\\2&2&8&34\end{pmatrix}$$

2. 2 次方程式 $\varphi_A(\lambda)=\lambda^2-(a+d)\lambda+ad-bc=0$ が実数解をもつためには，判別式 $D=(a+d)^2-4(ad-bc)=(a-d)^2+4bc\geqq 0$．

3. $\varphi_A(\lambda)=\lambda^n+\cdots+(-1)^n|A|$（定理 7.2）からわかる．

4. $\varphi_B(\lambda)=|\lambda E-B|=|P^{-1}(\lambda E-A)P|=|P^{-1}||\lambda E-A||P|$
$=|P|^{-1}|P||\lambda E-A|=|\lambda E-A|=\varphi_A(\lambda)$．$\boldsymbol{y}=P^{-1}\boldsymbol{x}$ に対して
$B\boldsymbol{y}=P^{-1}APP^{-1}\boldsymbol{x}=P^{-1}A\boldsymbol{x}=P^{-1}\lambda\boldsymbol{x}=\lambda P^{-1}\boldsymbol{x}=\lambda\boldsymbol{y}$ となり，$\boldsymbol{y}$ は B の固有値 λ に対応する固有ベクトルになる．

5. 3角行列の行列式は対角成分の積であることから明らか.

6. $\varphi_A(\lambda) = \begin{vmatrix} \lambda - a_1 & -a_2 & \cdots & -a_n \\ -a_1 & \lambda - a_2 & \cdots & -a_n \\ \vdots & \vdots & \ddots & \vdots \\ -a_1 & -a_2 & \cdots & \lambda - a_n \end{vmatrix}$

$$\underset{\text{第1列+第2列+}\cdots\text{+第}n\text{列}}{=} (\lambda - a_1 - \cdots - a_n) \begin{vmatrix} 1 & -a_2 & \cdots & -a_n \\ 1 & \lambda - a_2 & \cdots & -a_n \\ \vdots & \vdots & \ddots & \vdots \\ 1 & -a_2 & \cdots & \lambda - a_n \end{vmatrix}$$

次に，第2行−第1行，第3行−第1行，… として

$$\varphi_A(\lambda) = \lambda^{n-1}\{\lambda - (a_1 + a_2 + \cdots + a_n)\}$$

よって，固有値は $0,\ a_1 + a_2 + \cdots + a_n$.

7. 定理 7.8 参照. $\boldsymbol{x}$ を固有値 λ に対応する A の固有ベクトルとする：$A\boldsymbol{x} = \lambda\boldsymbol{x}$.

（1） $(cA)\boldsymbol{x} = c(A\boldsymbol{x}) = c(\lambda\boldsymbol{x}) = (c\lambda)\boldsymbol{x}$ であるから $c\lambda$ は cA の固有値である.

（2） $A^r\boldsymbol{x} = A^{r-1}A\boldsymbol{x} = A^{r-1}\lambda\boldsymbol{x} = \lambda A^{r-1}\boldsymbol{x} = \lambda A^{r-2}\lambda\boldsymbol{x} = \lambda^2 A^{r-2}\boldsymbol{x} = \cdots = \lambda^r\boldsymbol{x}$ による.

（3） $A\boldsymbol{x} = \lambda\boldsymbol{x}$ の両辺に左から A^{-1} と λ^{-1} を掛ければよい.

8. $\varphi_A(\lambda) = |\lambda E_n - A| = \begin{vmatrix} \lambda E_r - B & * \\ O & \lambda E_{n-r} - C \end{vmatrix} = |\lambda E_r - B||\lambda E_{n-r} - C|$

$= \varphi_B(\lambda)\varphi_C(\lambda)$

9. 問題 [A] 5 より，固有値は異なる4個の $1, 2, 3, 4$ である. よって定理 7.6 より，A は対角化可能である. $B(\neq 2E)$ の固有値は2(重複度4)である. もし対角化可能であれば，適当な正則行列 P によって $P^{-1}AP = 2E$ となる. この両辺に左から P を，右から P^{-1} を掛ければ $A = P(2E)P^{-1} = 2E$ となって矛盾.

10. （1） $\varphi_A(\lambda) = \lambda^3 - 3\lambda^2 - \lambda + 3 = (\lambda+1)(\lambda-1)(\lambda-3)$，$\lambda^5 - 2\lambda^4 - 3\lambda^3 - \lambda^2 + 3\lambda = (\lambda^3 - 3\lambda^2 - \lambda + 3)(\lambda^2 + \lambda + 1) + \lambda - 3$，$A^3 - 3A^2 - A + 3E = 0$ であるから

$$A^5 - 2A^4 - 3A^3 - A^2 + 3A = A - 3E = \begin{pmatrix} 0 & -1 & -2 \\ 0 & 0 & 0 \\ 4 & 0 & -6 \end{pmatrix},$$

$$A^{-1} = \frac{1}{3}(-A^2 + 3A + E) = \begin{pmatrix} 3 & 1 & -2 \\ 0 & 1/3 & 0 \\ 4 & 4/3 & -3 \end{pmatrix}$$

（2） $P^{-1}AP = \begin{pmatrix} -1 & 0 & 0 \\ 0 & 1 & 0 \\ 0 & 0 & 3 \end{pmatrix}$，$P = \begin{pmatrix} 1 & 1 & 3 \\ 0 & 0 & -4 \\ 2 & 1 & 2 \end{pmatrix}$，

$$P^{-1}=\begin{pmatrix}-1 & -1/4 & 1\\ 2 & 1 & -1\\ 0 & -1/4 & 0\end{pmatrix} \text{により} (P^{-1}AP)^n=P^{-1}A^nP=\begin{pmatrix}(-1)^n & 0 & 0\\ 0 & 1^n & 0\\ 0 & 0 & 3^n\end{pmatrix}$$

したがって

$$\begin{aligned}A^n&=P\begin{pmatrix}(-1)^n & 0 & 0\\ 0 & 1^n & 0\\ 0 & 0 & 3^n\end{pmatrix}P^{-1}\\ &=\begin{pmatrix}2-(-1)^n & 1-\dfrac{1}{4}(3^{n+1}+(-1)^n) & (-1)^n-1\\ 0 & 3^n & 0\\ 2-2(-1)^n & 1-\dfrac{1}{2}(3^n+(-1)^n) & 2(-1)^n-1\end{pmatrix}\end{aligned}$$

11. （1） 固有値は 0, 4. 固有ベクトルとして $\begin{pmatrix}1\\ -1\end{pmatrix}, \begin{pmatrix}1\\ 1\end{pmatrix}$ がとれるから

$$T=\begin{pmatrix}1/\sqrt{2} & 1/\sqrt{2}\\ -1/\sqrt{2} & 1/\sqrt{2}\end{pmatrix},\quad {}^tTAT=\begin{pmatrix}0 & 0\\ 0 & 4\end{pmatrix}$$

（2） 固有値は 0, 3, 15. 対応する固有ベクトルとして $\begin{pmatrix}1\\ 2\\ 2\end{pmatrix}, \begin{pmatrix}2\\ 1\\ -2\end{pmatrix}, \begin{pmatrix}2\\ -2\\ 1\end{pmatrix}$ がとれるから，正規化して

$$T=\begin{pmatrix}1/3 & 2/3 & 2/3\\ 2/3 & 1/3 & -2/3\\ 2/3 & -2/3 & 1/3\end{pmatrix},\quad {}^tTAT=\begin{pmatrix}0 & 0 & 0\\ 0 & 3 & 0\\ 0 & 0 & 15\end{pmatrix}$$

（3） 固有値は 2（重複度 2）, −4，対応する固有ベクトルとして $\begin{pmatrix}-1\\ 0\\ 1\end{pmatrix}, \begin{pmatrix}2\\ 1\\ 0\end{pmatrix}$, $\begin{pmatrix}1\\ -2\\ 1\end{pmatrix}$ がとれるから，正規化して

$$T=\begin{pmatrix}-1/\sqrt{2} & 1/\sqrt{3} & 1/\sqrt{6}\\ 0 & 1/\sqrt{3} & -2/\sqrt{6}\\ 1/\sqrt{2} & 1/\sqrt{3} & 1/\sqrt{6}\end{pmatrix},\quad {}^tTAT=\begin{pmatrix}2 & 0 & 0\\ 0 & 2 & 0\\ 0 & 0 & -4\end{pmatrix}$$

12. $\varphi_A(\lambda)=\lambda^2-2a\lambda+(a^2-b^2)$ より，固有値は $a+b, a-b$. 対応する固有ベクトルとして $\begin{pmatrix}1\\ 1\end{pmatrix}, \begin{pmatrix}1\\ -1\end{pmatrix}$ がとれるから，直交行列 $T=\begin{pmatrix}1/\sqrt{2} & 1/\sqrt{2}\\ 1/\sqrt{2} & -1/\sqrt{2}\end{pmatrix}$ により

${}^tTAT = \begin{pmatrix} a+b & 0 \\ 0 & a-b \end{pmatrix}$. 次に $\varphi_B(\lambda) = \lambda^3 - 3a\lambda^2 + 3(a^2-b^2)\lambda - (a^3-3ab^2+2b^3)$ $= \{\lambda-(a-b)\}^2\{\lambda-(a+2b)\}$ より，固有値は $a-b$（重複度 2), $a+2b$，対応する固有ベクトルは $\begin{pmatrix} 1 \\ -1 \\ 0 \end{pmatrix}, \begin{pmatrix} 0 \\ -1 \\ 1 \end{pmatrix}, \begin{pmatrix} 1 \\ 1 \\ 1 \end{pmatrix}$ である．正規直交化して並べた直交行列 T $= \begin{pmatrix} 1/\sqrt{2} & 1/\sqrt{6} & 1/\sqrt{3} \\ -1/\sqrt{2} & 1/\sqrt{6} & 1/\sqrt{3} \\ 0 & -2/\sqrt{6} & 1/\sqrt{3} \end{pmatrix}$ により ${}^tTAT = \begin{pmatrix} a-b & 0 & 0 \\ 0 & a-b & 0 \\ 0 & 0 & a+2b \end{pmatrix}$.

13. （1） 固有値は 0, 2．固有ベクトルとして $\begin{pmatrix} i \\ 1 \end{pmatrix}, \begin{pmatrix} 1 \\ i \end{pmatrix}$ がとれるからユニタリ行列 $U = \begin{pmatrix} i/\sqrt{2} & 1/\sqrt{2} \\ 1/\sqrt{2} & i/\sqrt{2} \end{pmatrix}$ により $U^*AU = \begin{pmatrix} 0 & 0 \\ 0 & 2 \end{pmatrix}$.

（2） 固有値は $0, \sqrt{2}, -\sqrt{2}$．対応する固有ベクトルとして $\begin{pmatrix} 0 \\ -i \\ 1 \end{pmatrix}, \begin{pmatrix} \sqrt{2} \\ 1 \\ -i \end{pmatrix}$, $\begin{pmatrix} \sqrt{2} \\ -1 \\ i \end{pmatrix}$ がとれるから，正規化して

$$U = \begin{pmatrix} \sqrt{2}/2 & 0 & \sqrt{2}/2 \\ 1/2 & -i/\sqrt{2} & -1/2 \\ -i/2 & 1/\sqrt{2} & i/2 \end{pmatrix}, \quad U^*AU = \begin{pmatrix} \sqrt{2} & 0 & 0 \\ 0 & 0 & 0 \\ 0 & 0 & -\sqrt{2} \end{pmatrix}$$

14. （1） 行列 $\begin{pmatrix} 1 & 2 \\ 2 & -2 \end{pmatrix}$ の固有値は $2, -3$ であるから，標準形は $2{y_1}^2 - 3{y_2}^2$，符号数は (1, 1).

（2） 行列 $\begin{pmatrix} 2 & -1 & 2 \\ -1 & 5 & -1 \\ 2 & -1 & 2 \end{pmatrix}$ の固有値は 0, 3, 6 であるから，標準形は $3{y_1}^2 + 6{y_2}^2$，符号数は (2, 0).

（3） 行列 $\begin{pmatrix} 0 & 1 & 1 \\ 1 & 0 & 1 \\ 1 & 1 & 0 \end{pmatrix}$ の固有値は $2, -1$（重複度 2）であるから，標準形は $2{y_1}^2 - {y_2}^2 - {y_3}^2$，符号数は (1, 2).

15. （1） $(x_1+3x_2)^2 + 4{x_2}^2 - 4x_2x_3 - 3{x_3}^2 = (x_1+3x_2)^2 + (2x_2-x_3)^2 - (2x_3)^2$ から，標準形は ${y_1}^2 + {y_2}^2 - {y_3}^2$．$\boldsymbol{x} = P^{-1}\boldsymbol{y}$ より，変換行列は

$$\begin{pmatrix}1 & 3 & 0\\0 & 2 & -1\\0 & 0 & 2\end{pmatrix}^{-1}=\begin{pmatrix}1 & -3/2 & -3/4\\0 & 1/2 & 1/4\\0 & 0 & 1/2\end{pmatrix}$$

（2） $2(x_1-3x_2+2x_3)^2-5(x_2-x_3)^2-{x_3}^2$ から，標準形は ${y_1}^2-{y_2}^2-{y_3}^2$．変換行列は

$$\begin{pmatrix}\sqrt{2} & -3\sqrt{2} & 2\sqrt{2}\\0 & \sqrt{5} & -\sqrt{5}\\0 & 0 & 1\end{pmatrix}^{-1}=\begin{pmatrix}1/\sqrt{2} & 3/\sqrt{5} & 1\\0 & 1/\sqrt{5} & 1\\0 & 0 & 1\end{pmatrix}$$

[B]

1. $A\boldsymbol{x}=\lambda\boldsymbol{x}$ の両辺に左から B を掛けると $BA\boldsymbol{x}=B\lambda\boldsymbol{x}$．$BA=AB$ より $A(B\boldsymbol{x})=\lambda(B\boldsymbol{x})$ となり，$B\boldsymbol{x}$ は λ に対応する A の固有ベクトルである．

2. 仮定により $A\boldsymbol{x}=\lambda\boldsymbol{x}$，$A^*\boldsymbol{y}=\mu\boldsymbol{y}$．第1式の両辺の $*$ をとれば $\boldsymbol{x}^*A^*=\bar{\lambda}\boldsymbol{x}^*$．この両辺に右から $\boldsymbol{y}$ を掛ければ $\boldsymbol{x}^*A^*\boldsymbol{y}=\bar{\lambda}\boldsymbol{x}^*\boldsymbol{y}$ であるから，第2式より $\mu\boldsymbol{x}^*\boldsymbol{y}=\bar{\lambda}\boldsymbol{x}^*\boldsymbol{y}$，すなわち $(\bar{\lambda}-\mu)\boldsymbol{x}^*\boldsymbol{y}=0$．$\bar{\lambda}\neq\mu$ より $0=\boldsymbol{x}^*\boldsymbol{y}={}^t\bar{\boldsymbol{x}}\boldsymbol{y}$．よって $0=\bar{0}=\overline{{}^t\bar{\boldsymbol{x}}\boldsymbol{y}}={}^t\boldsymbol{x}\bar{\boldsymbol{y}}=(\boldsymbol{x},\boldsymbol{y})$．

3. エルミート行列 A の相異なる固有値 λ_1,λ_2 に対応する固有ベクトルを $\boldsymbol{x}_1,\boldsymbol{x}_2$ とする．$\lambda_1(\boldsymbol{x}_1,\boldsymbol{x}_2)=(\lambda_1\boldsymbol{x}_1,\boldsymbol{x}_2)=(A\boldsymbol{x}_1,\boldsymbol{x}_2)=(\boldsymbol{x}_1,A^*\boldsymbol{x}_2)=(\boldsymbol{x}_1,A\boldsymbol{x}_2)=(\boldsymbol{x}_1,\lambda_2\boldsymbol{x}_2)=\overline{\lambda_2}(\boldsymbol{x}_1,\boldsymbol{x}_2)=\lambda_2(\boldsymbol{x}_1,\boldsymbol{x}_2)$ から $(\boldsymbol{x}_1,\boldsymbol{x}_2)=0$（184ページを参照，また固有値は実数であることに注意）．

4. ユニタリ行列 U の固有値 λ に対応する固有ベクトルを $\boldsymbol{x}$ とする．定理6.6により $(\boldsymbol{x},\boldsymbol{x})=(U\boldsymbol{x},U\boldsymbol{x})=(\lambda\boldsymbol{x},\lambda\boldsymbol{x})=\lambda\bar{\lambda}(\boldsymbol{x},\boldsymbol{x})=|\lambda|^2(\boldsymbol{x},\boldsymbol{x})$ であるから $|\lambda|=1$．

5. （1） $\varphi_A(\lambda)=\lambda^n+c_1\lambda^{n-1}+\cdots+c_n$ とする．ハミルトン-ケーリーの定理より $\varphi_A(A)=A^n+c_1A^{n-1}+\cdots+c_nE=O$ であるから，$E,A,\cdots,A^n$ は1次従属．したがって，指数の定義より $m\leqq n$．

（2） 指数 m の定義より関係式 $c_0A^m+c_1A^{m-1}+\cdots+E=O$ がある．ここで $c_0=0$ ならば，$E,A,\cdots,A^{m-1}$ は1次従属となり m の定義に反するから $c_0\neq 0$．よって，$c_0=1$ としてよいから $\mu_A(A)=O$ を満たす m 次多項式 $\mu_A(\lambda)$ の存在がわかる．また m 次多項式 $\nu(\lambda)$ で $\nu(A)=O$ となるものが別に存在すれば，$m-1$ 次以下の $f(\lambda)=\mu_A(\lambda)-\nu(\lambda)$ について $f(A)=O$ である．これも m の定義に反する．したがって，A を代入して O となる m 次多項式は $\mu_A(\lambda)$ だけである．

（3） A の固有多項式 $\varphi_A(\lambda)$ を最小多項式 $\mu_A(\lambda)$ で割って $\varphi_A(\lambda)=\nu(\lambda)\mu_A(\lambda)+\rho(\lambda)$ とする．この両辺に A を代入すれば，$\varphi_A(A)=O$，$\mu_A(A)=O$ より $\rho(A)=O$ である．しかし，$\rho(\lambda)$ は $m-1$ 次以下であるから $\rho(\lambda)=0$ でなければならない．

（4） A と $B=P^{-1}AP$ の指数は一致する．$\mu_A(B)=P^{-1}\mu_A(A)P=P^{-1}OP=O$ であるから，（2）より $\mu_B(\lambda)=\mu_A(\lambda)$ がわかる．

（5） 一般に3角行列 C と多項式 $f(\lambda)$ について，$f(C)$ も3角行列であって，λ_i を C の i 番目の対角成分とすると，$f(C)$ の i 番目の対角成分は $f(\lambda_i)$ である．正則行列 P で $B=P^{-1}AP$ が3角行列となるものが存在する（定理7.7）．そして A の固有値は B の対角成分であるから，$\mu_B(B)=O$ の対角成分をみればよい．

6. 行列を A とおく．

（1） A の固有値は異なる $1, 2, 3$ であるから上の問題［B］5（5）より $\mu_A(\lambda)=\varphi_A(\lambda)=(\lambda-1)(\lambda-2)(\lambda-3)$．

（2） $A^2=\begin{pmatrix}-2 & -1 & -1\\ -1 & -2 & -1\\ -1 & -1 & -2\end{pmatrix}=i\begin{pmatrix}0 & i & i\\ i & 0 & i\\ i & i & 0\end{pmatrix}-2\begin{pmatrix}1 & 0 & 0\\ 0 & 1 & 0\\ 0 & 0 & 1\end{pmatrix}$ であるから $\mu_A(\lambda)$ $=\lambda^2-i\lambda+2=(\lambda+i)(\lambda-2i)$（例題7.6参照）．

（3） $\varphi_A(\lambda)=(\lambda+1)^3$ であるから，$\mu_A(A)=(A+E)^r=O$ となる最小の r を計算すれば $r=3$．

7. $\mu_A(A)=A^2-A-2E=O$ より

$$A^{-1}=\frac{1}{2}(A-E)=\begin{pmatrix}-3 & 2 & -3 & 3/2 & 4\\ -1 & 1 & -1 & 1/2 & 1\\ 2 & -3/2 & 3/2 & -1/2 & -3\\ 2 & -1 & 2 & -1/2 & -2\\ -1/2 & 0 & -1 & 1/2 & 1/2\end{pmatrix}.$$

8. J の固有多項式は $(\lambda-2)^4$．$J-2E=\begin{pmatrix}0 & 1 & 0 & 0\\ 0 & 0 & 1 & 0\\ 0 & 0 & 0 & 1\\ 0 & 0 & 0 & 0\end{pmatrix}$ について，$(J-2E)^2\neq O$，$(J-2E)^3\neq O$，$(J-2E)^4=O$ であるから，J の最小多項式も $(\lambda-2)^4$．K の固有多項式は $(\lambda-2)^4$．$K-2E=\begin{pmatrix}0 & 1 & 0 & 0\\ 0 & 0 & 0 & 0\\ 0 & 0 & 0 & 1\\ 0 & 0 & 0 & 0\end{pmatrix}$ について，$(K-2E)^2=O$ であるから K の最小多項式は $(\lambda-2)^2$．

9. （1） たとえば $P=\begin{pmatrix}1 & 1\\ 1 & 0\end{pmatrix}$ をとれば，$P^{-1}AP=\begin{pmatrix}2 & 1\\ 0 & 2\end{pmatrix}$．

（2） たとえば $P=\begin{pmatrix}0 & 2 & 1\\ 1 & 2 & 0\\ 1 & 0 & 1\end{pmatrix}$ をとれば，$P^{-1}AP=\begin{pmatrix}-2 & 0 & 0\\ 0 & 4 & 1\\ 0 & 0 & 4\end{pmatrix}$．

（3） たとえば $P=\begin{pmatrix}1 & 0 & 1\\ 2 & 0 & 0\\ -2 & 1 & 2\end{pmatrix}$ をとれば，$P^{-1}AP=\begin{pmatrix}2 & 1 & 0\\ 0 & 2 & 0\\ 0 & 0 & 2\end{pmatrix}$．

付録

複　素　数

◆ **複素数** ◆　$i^2=-1$ を満たす数 i（これを**虚数単位**と呼ぶ）と実数 x, y に対して $z=x+iy$ で表される数 z を**複素数**と呼ぶ．実数全体からなる集合を $\boldsymbol{R}$ で表し，複素数全体からなる集合を $\boldsymbol{C}$ で表す：

$$\boldsymbol{C}=\{x+iy \mid x, y \in \boldsymbol{R},\ i^2=-1\}$$

$y=0$ のとき，z は実数 x を表す．複素数といえば実数を含めた呼び名で $\boldsymbol{R} \subset \boldsymbol{C}$ が成り立つ．実数でない複素数を**虚数**ということもある．とくに，$z=iy$ の形の複素数を**純虚数**という．

複素数 $z=x+iy$ に対して，x を z の**実部**といい $\mathrm{Re}\, z$ で表す．また，y を z の**虚部**といい $\mathrm{Im}\, z$ で表す．明らかに

$$z=x+iy=0 \Longleftrightarrow x=y=0$$

が成り立つ．また，複素数には大小関係はない．

2 つの複素数 $z_1=x_1+iy_1$，$z_2=x_2+iy_2$ の四則は

$$z_1 \pm z_2=(x_1+iy_1)\pm(x_2+iy_2)=(x_1 \pm x_2)+i(y_1 \pm y_2)$$

$$z_1 z_2=(x_1+iy_1)(x_2+iy_2)=(x_1x_2-y_1y_2)+i(x_1y_2+x_2y_1)$$

$$\frac{z_1}{z_2}=\frac{x_1+iy_1}{x_2+iy_2}=\frac{x_1x_2+y_1y_2}{{x_2}^2+{y_2}^2}+i\,\frac{x_2y_1-x_1y_2}{{x_2}^2+{y_2}^2} \quad (z_2 \neq 0)$$

複素数 $z=x+iy$ に対して，虚部の符号を変えた $\bar{z}=x-iy$ を z の**共役複素数**という．このとき，次が成り立つ．

$$\overline{(\bar{z})}=z, \quad \mathrm{Re}\, z=\frac{z+\bar{z}}{2}, \quad \mathrm{Im}\, z=\frac{z-\bar{z}}{2i}$$

$$\overline{z_1 \pm z_2}=\overline{z_1} \pm \overline{z_2}, \quad \overline{z_1 z_2}=\overline{z_1}\,\overline{z_2}, \quad \overline{\left(\frac{z_1}{z_2}\right)}=\frac{\overline{z_1}}{\overline{z_2}}$$

$$z = \bar{z} \iff z \text{は実数}$$

◆ **複素平面と極形式** ◆　複素数 $z = x + iy$ に平面上の座標 (x, y) をもつ点を対応させると，平面上の各点 (x, y) は1つの複素数 $x + iy$ を表すものと考えることができる．このように各点が複素数 $z = x + iy$ を表しているような平面を**複素平面**または**ガウス平面**という．実数 $z = x + 0i = x$ は x 軸上の点 $(x, 0)$ を表すから，x 軸を**実軸**という．純虚数 $z = 0 + iy$ は y 軸上の点 $(0, y)$ を表すから，y 軸を**虚軸**という．

$z = x + iy$ と原点Oとの距離を z の**絶対値**といい，$|z|$ で表す．すなわち

$$|z| = \sqrt{x^2 + y^2}$$

このとき，$z\bar{z} = x^2 + y^2 = |z|^2$，および $|z| > 0 \iff z \neq 0$ が成り立つ．

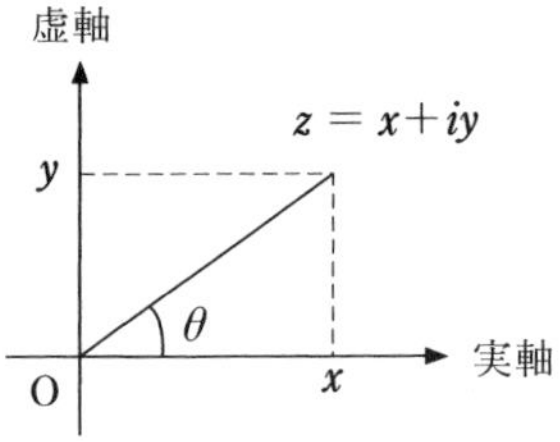

また，Oz と実軸の正の向きとのなす角 θ（ラジアン）を z の**偏角**といい，$\arg z$ で表す．すなわち，$\theta = \arg z = \tan^{-1}\dfrac{y}{x}$．$\theta$ が偏角のとき，$\theta + 2n\pi$（$n = \pm 1, \pm 2, \cdots$）も偏角になって偏角は1通りには定まらないが，通常は $0 \leqq \theta < 2\pi$（$= 360°$）にとる．

$$|3 + 2i| = \sqrt{3^2 + 2^2} = \sqrt{13}, \quad \arg(1 + \sqrt{3}\,i) = \frac{\pi}{3}\,(= 60°)$$

$|z| < 1$ を満たす z の範囲は，原点Oを中心とする半径1の円の内部になる．

$|z| = r$，$\arg z = \theta$ とおくとき，$x = r\cos\theta$，$y = r\sin\theta$ であるから

$$z = x + iy = r(\cos\theta + i\sin\theta)$$

と書かれる．この表し方を z の**極表示**または**極形式**という．

$$i = \cos\frac{\pi}{2} + i\sin\frac{\pi}{2},\quad 2+2i = 2\sqrt{2}\left(\cos\frac{\pi}{4} + i\sin\frac{\pi}{4}\right)$$

また，$\cos\theta + i\sin\theta = e^{i\theta}$ と表すことがある．このときは，z の極形式は $z = re^{i\theta}$ と書かれる．

絶対値と偏角について，次が成り立つ．

$$|z| = |\bar{z}|,\quad |z_1 z_2| = |z_1||z_2|,\quad \left|\frac{z_1}{z_2}\right| = \left|\frac{z_1}{z_2}\right|,$$

$$\arg(z_1 z_2) = \arg z_1 + \arg z_2,\quad \arg\left(\frac{z_1}{z_2}\right) = \arg z_1 - \arg z_2$$

また，すべての整数 n に対して，**ド・モアブルの公式**と呼ばれる

$$(\cos\theta + i\sin\theta)^n = \cos n\theta + i\sin n\theta$$

が成り立つ．

◆ **代数学の基本定理** ◆　複素数や実数を係数とする多項式について，次の定理が成り立つ：

> **定理**（代数学の基本定理）複素数を係数とする n 次多項式 $f(z) = a_0 z^n + a_1 z^{n-1} + \cdots + a_n$ に対して，方程式 $f(z) = 0$ は必ず複素数の範囲で解をもつ．いいかえれば，$f(z)$ は複素数 $\alpha_1, \alpha_2, \cdots, \alpha_n$ を用いて
>
> $$f(z) = a_0(z-\alpha_1)(z-\alpha_2)\cdots(z-\alpha_n)$$
>
> と 1 次式の積で表される．

とくに方程式 $f(z) = z^n - 1 = 0$ の解は 1 の ***n* 乗根**と呼ばれ

$$\cos\frac{2\pi k}{n} + i\sin\frac{2\pi k}{n}\quad (k = 0, 1, \cdots, n-1)$$

で与えられる．$\alpha = \cos\frac{2\pi}{n} + i\sin\frac{2\pi}{n}$ とおけば，これらの解は $1, \alpha, \alpha^2, \cdots, \alpha^{n-1}$ と表される．これらは，複素平面で原点を中心とする半径 1 の円に内接する正 n 角形の頂点に位置している．

例題 1　$z_1=3+2i$，$z_2=2-i$ のとき

（1）　$5z_1-3z_2,\ z_1z_2+2\overline{z_1},\ \dfrac{z_1}{z_2}$ を $x+yi$ の形で表せ．

（2）　$|z_1+z_2|,\ |z_1{}^2\,\overline{z_2}|,\ |z_2{}^6|$ を計算せよ．

解　（1）　$5z_1-3z_2=5(3+2i)-3(2-i)=15+10i-6+3i=9+13i$

$$z_1z_2+2\overline{z_1}=(3+2i)(2-i)+2(3-2i)=8+i+6-4i=14-3i$$

$$\frac{z_1}{z_2}=\frac{3+2i}{2-i}=\frac{(3+2i)(2+i)}{(2-i)(2+i)}=\frac{4+7i}{5}=\frac{4}{5}+\frac{7}{5}i$$

（2）　$|z_1+z_2|=|(3+2i)+(2-i)|=|5+i|=\sqrt{5^2+1}=\sqrt{26}$

$$|z_1{}^2\,\overline{z_2}|=|z_1|^2|z_2|=(3^2+2^2)\sqrt{2^2+1}=13\sqrt{5}$$

$$|z_2{}^6|=|z_2|^6=\sqrt{5}^{\,6}=5^3=125$$

例題 2　（1）　$-\sqrt{3}+i$ を極形式で表すことにより $(-\sqrt{3}+i)^6$ を計算せよ．

（2）　方程式 $z^6=1$ のすべての解を極形式と $x+iy$ の形の両方で表せ．

解　（1）　$|-\sqrt{3}+i|=2$，$\arg(-\sqrt{3}+i)=\dfrac{5\pi}{6}$ であるから，

$$-\sqrt{3}+i=2\left(\cos\frac{5\pi}{6}+i\sin\frac{5\pi}{6}\right).$$

よって

$$(-\sqrt{3}+i)^6=2^6\left(\cos\frac{5\pi}{6}+i\sin\frac{5\pi}{6}\right)^6=2^6(\cos 5\pi+i\sin 5\pi)=-64.$$

（2）　$|z^6|=|z|^6=1$ により $|z|=1$．そこで $z=\cos\theta+i\sin\theta$ とおく．

$$z^6=(\cos\theta+i\sin\theta)^6=\cos 6\theta+i\sin 6\theta=1=\cos 2k\pi+i\sin 2k\pi$$

であるから，$6\theta=2k\pi$．よって，6 個の解は極形式では

$$\cos\frac{k\pi}{3}+i\sin\frac{k\pi}{3}\quad(k=0,1,2,3,4,5).$$

これらを $x+iy$ の形で表すと，$k=0,1,2,3,4,5$ に応じてそれぞれ

$$1,\quad \frac{1}{2}+\frac{\sqrt{3}}{2}i,\quad -\frac{1}{2}+\frac{\sqrt{3}}{2}i,\quad -1,\quad -\frac{1}{2}-\frac{\sqrt{3}}{2}i,\quad \frac{1}{2}-\frac{\sqrt{3}}{2}i.$$

練習問題

1. 次の複素数を $x+yi$ の形で表せ．

（1）$(1-i)^6$　（2）$\left(\dfrac{-2+3i}{5-i}\right)^2$　（3）$(3+i)^3+(3-i)^3$

（4）$\dfrac{1+2i}{1-2i}+\dfrac{4-i}{4+i}$　（5）$\overline{(2+5i)}(1+2i)^{-1}$

2. $z_1=2+i$，$z_2=1-3i$ のとき次を計算せよ（$x+yi$ の形で表せ）．

（1）$3z_1+4z_2$　（2）$z_1{z_2}^2$　（3）$z_1{z_2}^{-1}$　（4）$\dfrac{\overline{z_2}}{z_1+z_2}$

3. $i(x-i)^2$ が実数になるように実数 x を定めよ．

4. 0 でない複素数に対して，次を示せ．

（1）z が純虚数 $\Longleftrightarrow$ $\overline{z}=-z$

（2）$z^2-\overline{z}^2$ および $\overline{z_1}z_2-z_1\overline{z_2}$ は純虚数

5. 次の複素数の絶対値を計算せよ．

（1）$-i^5$　（2）$(3+4i)^2i$　（3）$(1-i)^{10}$

（4）$-i(1+2i)(\sqrt{2}+i)$　（5）$\dfrac{2+i}{1-2i}$　（6）$\dfrac{2+i}{i}-\dfrac{i}{2+i}$

6. $z=x+iy$ に対して，$|x|-|y|\leqq|z|\leqq|x|+|y|$ を示せ．

7. 絶対値を直接計算することにより，3 角不等式 $|z_1+z_2|\leqq|z_1|+|z_2|$ を示せ．

8. 次の式を満たす z からなる集合を図示せよ．

（1）$|z-i|=1$　（2）$1\leqq|z|\leqq2$　（3）$0\leqq\arg z\leqq\dfrac{\pi}{4}$

（4）$|z|<|z+i|$　（5）$|z-1|+|z+1|=3$

9. 次の複素数を極形式で表せ．

（1）$-2i$　（2）$-\sqrt{2}+\sqrt{2}\,i$　（3）$-\dfrac{\sqrt{3}}{4}-\dfrac{i}{4}$　（4）$(1+\sqrt{3}\,i)^2$

10. $z=1+2i$ のとき，次の値を求めよ．

（1）z^3-4z^2+z+3　（2）$z-2+\dfrac{4}{z}$

11. $|z|=1$ のとき，$|z-w|=|1-z\overline{w}|$ を示せ．

12. ド・モアブルの公式を用いて，次の 3 倍角の公式を導け．

（1）$\sin 3\theta=3\sin\theta-4\sin^3\theta$　（2）$\cos 3\theta=4\cos^3\theta-3\cos\theta$

13. 次の値を極形式で表せ．

（1）1 の 5 乗根　（2）i の 3 乗根　（4）-1 の 4 乗根

14. 次の方程式の解を $x+yi$ の形で表せ．

（1）$z^2+i=0$　（2）$iz^2+z+3-9i=0$　（3）$z^4+z^2+1=0$

練習問題のヒントと解答

1. （１） $8i$　（２） $-\frac{1}{2}i$　（３） 36　（４） $\frac{24}{85}+\frac{28}{85}i$

（５） $-\frac{8}{5}-\frac{9}{5}i$

2. （１） $10-9i$　（２） $-10-20i$　（３） $-\frac{1}{10}+\frac{7}{10}i$　（４） $-\frac{3}{13}+\frac{11}{13}i$

3. ± 1

4. （２） $z=x+iy$ とおけば，$z^2-\overline{z}^2=4xyi$，次に $z_1=x_1+iy_1$，$z_2=x_2+iy_2$ とおけば $\overline{z_1}z_2-z_1\overline{z_2}=2(x_1y_2-x_2y_1)i$．

5. （１） 1　（２） $|3+4i|^2|i|=25$　（３） $|1-i|^{10}=32$

（４） $|-i||1+2i||\sqrt{2}+i|=\sqrt{15}$　（５） $\frac{|2+i|}{|1-2i|}=1$　（６） $\frac{4}{5}\sqrt{10}$

7. $z_1=x_1+iy_1$，$z_2=x_2+iy_2$ として２回平方すれば，$(x_1x_2+y_1y_2)^2 \leqq (x_1{}^2+y_1{}^2)(x_2{}^2+y_2{}^2)$．これを示せばよい．

8.

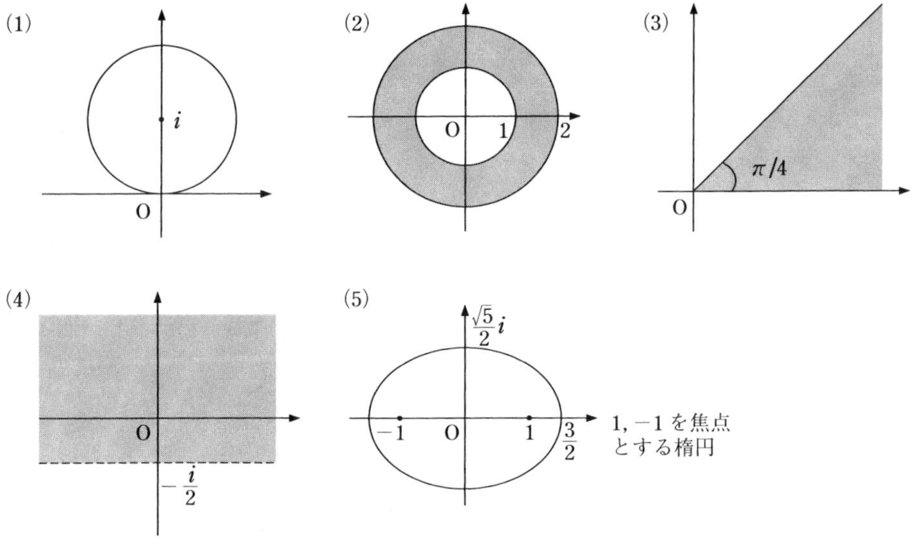

9. （１） $2\left(\cos\frac{3\pi}{2}+i\sin\frac{3\pi}{2}\right)$　（２） $2\left(\cos\frac{3\pi}{4}+i\sin\frac{3\pi}{4}\right)$

（３） $\frac{1}{2}\left(\cos\frac{7\pi}{6}+i\sin\frac{7\pi}{6}\right)$　（４） $4\left(\cos\frac{2\pi}{3}+i\sin\frac{2\pi}{3}\right)$

10. $z^2-2z+5=0$ であるから，（1） $5-16i$ （2） $-\dfrac{1}{5}+\dfrac{2}{5}i$

11. $|1-z\overline{w}|=|z\overline{z}-z\overline{w}|=|z||\overline{z}-\overline{w}|=|\overline{z-w}|=|z-w|$

13. （1） $\cos\dfrac{2k\pi}{5}+i\sin\dfrac{2k\pi}{5}$ $(k=0, 1, 2, 3, 4)$

（2） $\cos\dfrac{k\pi}{6}+i\sin\dfrac{k\pi}{6}$ $(k=1, 5, 9)$

（3） $\cos\dfrac{k\pi}{4}+i\sin\dfrac{k\pi}{4}$ $(k=1, 3, 5, 7)$

14. （1） $\pm\dfrac{1}{\sqrt{2}}\mp\dfrac{1}{\sqrt{2}}i$ （複号同順） （2） -3, $3+i$

（3） $\dfrac{1}{2}(\pm1\pm\sqrt{3}\,i)$

索　引

硲野（はだの）	敏博（としひろ）	名城大学理工学部
山田（やまだ）	浩（ひろし）	元名古屋工業大学
山辺（やまべ）	元雄（もとお）	名城大学理工学部

理工系の演習線形代数学

2001年3月30日　第1版　第1刷　発行
2017年4月20日　第1版　第16刷　発行

著　者　硲野敏博
　　　　山田　浩
　　　　山辺元雄
発行者　発田和子
発行所　株式会社 学術図書出版社
〒113-0033　東京都文京区本郷5-4-6
電話03-3811-0889　振替00110-4-28454
印刷　三美印刷（株）

定価はカバーに表示してあります．

Printed in Japan

ISBN978-4-87361-237-9